高等院校电脑美术教材

After Effects CC 基础教程

王明皓　张　宇　编著

清华大学出版社
北　京

内 容 简 介

本书由浅入深、循序渐进地介绍了 Adobe After Effects CC 的使用方法和操作技巧。全书共分 15 章，分别为：初识 Adobe After Effects CC、After Effects CC 基础操作、图层与矢量图形、三维合成、关键帧动画与高级运动控制、文字与表达式、蒙版与蒙版特效、颜色校正与抠像特效、仿真特效、扭曲与透视特效、第三方插件与渲染输出、常用文字特效、常用特效的制作方法与技巧、制作旅游宣传片、电视节目预告。

本书内容翔实，结构清晰，语言流畅，实例分析透彻，操作步骤简洁实用，适合广大初学 After Effects CC 的用户使用，也可作为各类高等院校相关专业的教材。

图书在版编目(CIP)数据

After Effects CC 基础教程/王明皓，张宇编著. --北京：清华大学出版社，2014
(高等院校电脑美术教材)
ISBN 978-7-302-36455-9

Ⅰ. ①A… Ⅱ. ①王… ②张… Ⅲ. ①图象处理软件—高等学校—教材 Ⅳ. ①TP391.41

中国版本图书馆 CIP 数据核字(2014)第 095408 号

责任编辑：张彦青
封面设计：杨玉兰
责任校对：马素伟
责任印制：沈　露

出版发行：清华大学出版社
网　　　址：http://www.tup.com.cn，http://www.wqbook.com
地　　　址：北京清华大学学研大厦 A 座　　　邮　　编：100084
社 总 机：010-62770175　　　　　　　　　　邮　　购：010-62786544
投稿与读者服务：010-62776969，c-service@tup.tsinghua.edu.cn
质 量 反 馈：010-62772015，zhiliang@tup.tsinghua.edu.cn
课 件 下 载：http://www.tup.com.cn，010-62791865
印 刷 者：清华大学印刷厂
装 订 者：三河市金元印装有限公司
经　 销：全国新华书店
开　 本：185mm×260mm　　　印　张：26.25　　　字　数：638 千字
　　　　　（附 DVD1 张）
版　 次：2014 年 7 月第 1 版　　　　　　　印　次：2014 年 7 月第 1 次印刷
印　 数：1～3500
定　 价：58.00 元

产品编号：058375-01

前　　言

1. After Effects CC 中文版简介

Adobe After Effects CC 软件是为动态图形图像、网页设计人员以及专业的电视后期编辑人员所提供的一款功能强大的影视后期特效软件。其简单友好的工作界面、方便快捷的操作方式，使得视频编辑进入家庭成为可能。从普通的视频处理到高端的影视特技，After Effects 都能应付自如。

Adobe After Effects CC 可以帮助用户高效、精确地创建无数种引人注目的动态图形和视觉效果。利用与其他 Adobe 软件的紧密集成，高度灵活的 2D、3D 合成，以及数百种预设的效果和动画，能为电影、视频、DVD 和 Macromedia Flash 作品增添令人激动的效果。其全新设计的流线型工作界面、全新的曲线编辑器都将给人们带来耳目一新的感觉。

Adobe After Effects CC 较之旧版本而言有了较大的升级，为了使读者能够更好地学习它，我们对本书进行了详尽的编排，希望通过基础知识与实例相结合的学习方式，让读者以最有效的方式来尽快掌握 Adobe After Effects CC。

2. 本书内容介绍

本书以循序渐进的方式，全面介绍了 Adobe After Effects CC 中文版的基本操作和功能，详尽说明了各种工具的使用，全面解析视频的制作及创作技巧。本书实例丰富，步骤清晰，与实践结合非常密切。具体内容如下：

第 1 章　主要介绍视频编辑的基本内容。其次，对 After Effects CC 的安装与启动进行简单的介绍，使读者对这款软件有一个大概的了解。

第 2 章　主要介绍 After Effects CC 的基础操作，例如：项目操作、合成操作、导入素材文件等。这些操作都是在使用 After Effects CC 进行复杂合成制作之前所必须掌握的。

第 3 章　主要介绍使用 After Effects CC 制作初级影片合成。首先，对 After Effects CC 中层的概念进行了解，并学习层的属性、模式及管理等相关设置。然后介绍了绘制矢量图形的相关内容。

第 4 章　主要介绍使用 After Effects CC 制作三维合成影片。其中重点涉及了摄像机和灯光，对摄像机以及灯光的属性、类型等都做了详细的讲解。

第 5 章　详细介绍关键帧在视频动画中的创建、编辑和应用，以及与关键帧动画相关的动画控制功能。

第 6 章　主要讲解 After Effects CC 中文字的创建及使用。另外，对使用及编辑表达式进行了简单介绍。

第 7 章　主要对蒙版的创建、编辑蒙版的形状、【蒙版】属性设置以及蒙版特效的使用进行介绍。

第 8 章　主要介绍一些颜色校正方面的特效以及抠像特效。色彩的调整主要是通过对图像的明暗、对比度、饱和度以及色相等对色彩效果加以调整，而抠像是通过利用一定的特效手段，对素材进行整合的一种手段。

第9章　主要介绍 After Effects CC 中的【仿真】特效。该组特效包括【卡片动画】特效、【碎片】特效、【焦散】特效、【泡沫】特效等，这些特效功能强大、参数众多，可制作多种逼真的效果。

第10章　主要介绍 After Effects CC 中的扭曲与透视特效。这是两种在合成中经常用到的特效，用它们可以在层上创建变形效果。

第11章　主要介绍 After Effects CC 的几款常用的第三方插件，有很多的软件厂商在为 After Effects 开发第三方插件。这些第三方插件，可拓展用户的思路，节省时间，并制作出丰富、精彩的效果。

第12章　主要介绍5种常用文字特效的制作方法。

第13章　主要介绍4种常用特效的制作方法与技巧。

第14章和第15章　介绍使用 After Effects CC 制作的两个大型综合案例，将很多的技术点融合在一起综合运用。通过综合案例的制作，读者可更全面、更熟练地掌握一些技术点，更重要的是学会一种创作思路，使自己根据要求制作出不同的作品。

本书主要有以下几大优点：

● 内容全面。几乎覆盖了 After Effects CC 中文版所有选项和命令。

● 语言通俗易懂，讲解清晰，前后呼应。以最小的篇幅、最易读懂的语言来讲述每一项功能和每一个实例。

● 实例丰富，技术含量高，与实践紧密结合。每一个实例都倾注了作者多年的实践经验，每一个功能都经过技术认证。

● 版面美观，图例清晰，并具有针对性。每一个图例都经过作者精心策划和编辑。只要仔细阅读本书，就会发现从中能够学到很多知识和技巧。

一本书的出版可以说凝聚了许多人的心血、汗水和思想。在这里衷心感谢在本书出版过程中给予我们帮助的老师，以及为这本书付出辛勤劳动的出版社的老师们。

本书由王明皓、张宇编著，同时参与编写的还有刘蒙蒙、徐文秀、高甲斌、任大为、白文才、刘鹏磊、张炜、张紫欣、王玉、张云、李娜、贾玉印、张春燕、刘杰、罗冰、陈月娟、陈月霞、刘希林、黄健、黄永生、田冰、徐昊，北方电脑学校的温振宁、黄荣芹、刘德生、宋明、刘景君老师，德州职业技术学院的张锋、相世强两位老师，在此一并表示感谢。本书可用作视频合成和视频特效初、中级读者的学习用书，而且也可以作为大、中专院校相关专业及视频制作培训班的教材。当然，在创作的过程中，由于时间仓促，疏漏和错误在所难免，希望广大读者批评指正。

3. 本书约定

本书以 Windows 7 为操作平台来介绍，不涉及在苹果机上的使用方法。但基本功能和操作，苹果机与 PC 相同。为便于阅读理解，本书作如下约定：

● 本书中出现的中文菜单和命令将用"【】"括起来，以区分其他中文信息。

● 用"+"连接的两个或三个键，表示组合键，在操作时表示同时按下这两个或三个键。例如，Ctrl+V 是指在按 Ctrl 键的同时，按 V 字母键；Ctrl+Alt+F10 是指在按 Ctrl 和 Alt 键的同时，按功能键 F10。

　　在没有特殊指定时，单击、双击和拖曳是指用鼠标左键单击、双击和拖曳；右击是指用鼠标右键单击。

编　者

目　　录

第 1 章　初识 Adobe After Effects CC

After Effects 简称 AE，是 Adobe 公司开发的一个视频剪辑及设计软件，是制作动态影像设计不可或缺的辅助工具，是视频后期合成处理的专业非线性编辑软件。

1.1　Adobe After Effects 简介

After Effects 是一款用于高端视频特效系统的专业特效合成软件。与 Adobe Premiere 等基于时间轴的视频编辑程序不同的是，After Effects 提供了一条基于帧的视频设计途径。它借鉴了许多优秀软件的成功之处，将视频特效合成上升到了新的高度。After Effects 几经升级，功能越来越强大，本书所要了解的是 After Effects CC。

1.1.1　After Effects CC 的系统要求

在不同的操作系统平台下，After Effects CC 有不同的系统要求，对 Windows 系统的要求如下：

- Intel® Core™2 Duo 或 AMD Phenom® II 处理器，要求 64 位支持；
- Microsoft® Windows® 7 Service Pack 1 和 Windows® 8；
- 4GB RAM(建议 8GB)；
- 3GB 可用硬盘空间；安装过程中需要额外可用空间(无法安装在可移动闪存设备上)；
- 用于磁盘缓存的额外磁盘空间(建议 10GB)；
- 1280×900 显示器；
- 支持 OpenGL 2.0 的系统；
- DVD-ROM 驱动器，用于从 DVD 介质进行安装；
- QuickTime 功能所需的 QuickTime 7.6.6 软件；
- 可选：Adobe 认证的 GPU 显卡，用于 GPU 加速的光线追踪 3D 渲染器*；
- 在线服务需要宽带 Internet 连接。

对 Mac 系统的要求如下：

- 具有 64 位支持的多核 Intel 处理器；
- Mac OS 10.6.8、10.7 或 10.8；
- 4GB RAM(建议 8GB)；
- 4GB 可用硬盘空间用于安装；安装过程中需要额外可用空间(无法安装在使用区分大小写的文件系统的卷上，也无法安装在可移动闪存设备上)；
- 用于磁盘缓存的额外磁盘空间(建议 10GB)；
- 1280×900 显示器；
- 支持 OpenGL 2.0 的系统；

- DVD-ROM 驱动器，用于从 DVD 介质进行安装；
- QuickTime 功能所需的 QuickTime 7.6.6 软件；
- 可选：Adobe 认证的 GPU 显卡，用于 GPU 加速的光线追踪 3D 渲染器*；
- 在线服务需要宽带 Internet 连接。

1.1.2 After Effects CC 的新增功能

较之前的版本，After Effects CC 在多个方面进行了升级，After Effects CC 的新增功能如下。

1. 与 Cinema 4D 整合

Cinema 4D 字面意思是 4D 电影，不过其本身还是 3D 的表现软件，是一套由德国公司 Maxon Computer 开发的 3D 绘图软件，以其很高的运算速度和强大的渲染插件著称。

与 Cinema 4D 较紧密的整合允许将 Adobe After Effects 和 MAXON Cinema 4D 结合使用。可在 After Effects 中创建 Cinema 4D 文件。将 Cinema 4D 文件的图层添加到合成后，可在 Cinema 4D 中对其进行修改和保存，并将结果实时显示在 After Effects 中。此简化工作流无须缓慢地将通程批量渲染至磁盘或创建图像序列文件。通程图像可通过实时渲染连接至 Cinema 4D 文件，无须使用中间文件。

通过 Cinema 4D 与 After Effects 之间的紧密集成，可以导入和渲染 Cinema 4D 文件 (R12 或更高版本)。CINEWARE 效果可让人们直接使用 3D 场景及其元素。

选择【文件】|【导入】命令，将基于文件的素材项目添加到项目面板中。使用 Cinema 4D 文件创建合成时，将会创建图层，并自动向图层应用 CINEWARE 效果。

2. 增强型动态抠像工具集

使前景对象与背景分开是大多数视觉效果和合成工作流中的重要步骤。此版本的 After Effects 提供多个改进功能和新功能使动态抠像更容易、更有效。这些工具位于【图层】面板中。

3. 图层的双立方采样

此版本的 After Effects 引入了素材图层的双立方采样。现在，可以为缩放之类的变换选择双立方或双线性采样。在某些情况下，双立方采样可获得明显更好的结果，但速度更慢。指定的采样算法可应用于质量设置为【最佳品质】的图层。

4. 同步设置

After Effects 现在支持用户配置文件以及通过 Adobe Creative Cloud 使首选项同步。利用新的【同步设置】功能，可将应用程序首选项同步到 Creative Cloud。如果使用两台计算机，【同步设置】功能可让人们在这两台计算机之间轻松保持这些设置的同步性。选择【编辑】|【同步设置】(Windows) 或 After Effects|【同步设置】(Mac OS) 并且选择选项。同步设置之后，【同步设置】菜单被替换成当前 Adobe ID。

5. 效果和动画

(1) 像素运动模糊效果

通过像素运动模糊在视觉上传递运动计算机生成的运动或加速素材通常看起来很虚假，这是因为没有进行运动模糊。新的"像素运动模糊"效果会分析视频素材，并根据运动矢量人工合成运动模糊。添加运动模糊可使运动更加真实，因为其中包含了通常由摄像机在拍摄时引入的模糊。选择图层，然后选择【效果】|【时间】|【像素运动模糊】命令，即可添加"像素运动模糊"效果。

(2) 3D 摄像机跟踪器

现在可以在 3D 摄像机追踪器效果中定义地平面或参考面以及原点。使用新的跨时间自动删除跟踪点选项，当人们在【合成】面板中删除跟踪点时，相应的跟踪点(即，同一特性/对象上的跟踪点)将在其他时间在图层上予以删除。After Effects 会分析素材，并且尝试删除其他帧上相应的轨迹点。例如，如果跑过场景的人的运动不应考虑用于确定摄像机的摄像运动方式，则可以删除此人身上的跟踪点。

(3) 变形稳定器 VFX 效果

新的变形稳定器 VFX 效果取代了 After Effects 早期版本中提供的变形稳定器效果。它现在提供更强的控制，并且提供类似于更新的 3D 摄像机跟踪器的控件。

相应效果属性的下面提供了额外选项保持缩放、目标和跨时间自动删除点。目标的选项(如可逆稳定、反向稳定和向目标应用运动)在稳定或应用效果至抖动素材时非常有用。

(4) 渐变曲线效果

早期的渐变效果现在已重命名为渐变曲线效果，使寻求渐变方式的用户更容易发现它。选择【效果】|【生成】|【渐变曲线】命令，即可添加渐变曲线效果。

6. 渲染和编码

(1) 发送到 Adobe Media Encoder 队列

现在可使用两个新命令和关联的键盘快捷键将活动的或选定的合成发送到 Adobe Media Encoder 队列。

要将合成发送到 Adobe Media Encoder 编码队列，可以执行以下任意一种操作：

● 选择【合成】|【添加到 Adobe Media Encoder 队列】菜单命令；

● 选择【文件】|【导出】|【添加到 Adobe Media Encoder 队列】菜单命令；

● 按 Ctrl+Alt+M 组合键。

(2) H.264、MPEG-2 和 WMV

对 H.264、MPEG-2 和 WMV 格式使用 Adobe Media Encoder 队列。默认情况下，这些格式不再在 After Effects 渲染队列中启用。如果仍然想使用 After Effects 渲染队列，从输出首选项中启用它们。

(3) 同时渲染多个帧多重处理

同时渲染多个帧多重处理功能中有多项增强，有助于在同时渲染多个帧时加快处理。

引入的一项新设置可以将同时渲染多个帧多重处理功能仅限制到渲染队列。在启用后，RAM 预览不使用同时渲染多个帧多重处理。

要启用此选项，选择【编辑】|【首选项】|【内存和多重处理】菜单命令，然后设置仅限渲染队列，不用于 RAM 预览。

每个 CPU 的后台 RAM 分配的默认选项现在已增加。可以分配最多 6GB RAM。可用的选项为 1GB、1.5GB、2GB、3GB、4GB 或 6GB。

如果计算机上未安装足够 RAM，则会禁用同时渲染多个帧的功能。必须安装 5GB 或更多的 RAM 才能启用此功能。

7. 可用性增强

(1) 在【合成】面板中对齐图层

现在可以在合成面板中拖曳图层时对齐图层。最接近指针的图层特性将用于对齐。这些包括锚点、中心、角或蒙版路径上的点。对于 3D 图层，还包括表面的中心或 3D 体积的中心。在拖曳其他图层附近的图层时，目标图层将突出显示，显示出对齐点。

默认情况下禁用对齐。要对齐图层，可以执行以下任意一种操作：

● 从工具面板中启用对齐；

● 要启用对齐，请在按住 Ctrl 键的同时拖曳图层。

(2) Shift+父级行为变化

在按住 Shift 键的同时对图层执行父级行为将会把子项移动到父项的位置，但是相对于父项图层，子项图层的动画(关键帧)变换将被保留。

(3) 自动重新加载素材

从其他应用程序切回 After Effects 时，已经在磁盘上更改的任何素材将重新加载到 After Effects 中。

选择【文件】|【首选项】|【导入】菜单命令，并设置自动重新加载素材下面的选项。

(4) 图层打开首选项

现在提供了新的首选项来指定如何在双击图层时打开图层。选择【编辑】|【首选项】|【常规】菜单命令，然后指定双击打开图层下面的选项。

(5) 清理 RAM 和磁盘缓存

现在可以使用单个命令清理 RAM 和磁盘缓存。要清理 RAM 和磁盘缓存，选择【编辑】|【清理】|【所有内存和磁盘缓存】菜单命令。

8. 导入和导出

(1) Cinema 4D

您可以将 Cinema 4D 文件(R12 和更新版本)作为素材导入，然后从 After Effects 内进行渲染。

(2) DPX 导入器

新的 DPX 导入器现在可以导入 8 位、10 位、12 位和 16 位通道的 DPX 文件。还支持导入具有 Alpha 通道和时间码的 DPX 文件。

(3) DNxHD 导入

现在可以在不安装其他编解码器的情况下导入 DNxHD MXF OP1a 和 OP-Atom 文件以及 QuickTime (.mov) with DNxHD 媒体。这包括使用 DNxHD QuickTime 文件中未压缩的 Alpha 通道。

(4) OpenEXR 导入器和 ProEXR 增效工具

新版本包括缓存功能，显著提高了性能。After Effects 现在包括 OpenEXR Importer

1.8 和 ProEXR 1.8。

(5) ARRIRAW 增强

在【ARRIRAW 源设置】对话框中，可以设置色彩空间、曝光、白平衡以及色调。要将值重置为 ARRIRAW 文件中作为元数据存储的值，单击【从文件重新加载】按钮。

(6) 增强的导入格式

此版本的 After Effects 现在可导入其他格式：

- XAVC (Sony 4K)文件；
- AVC-Intra 200 文件；
- 其他 QuickTime 视频类型；
- RED(.r3d)文件的其他特性——RedColor3、RedGamma3 和 Magic Motion。

1.2　After Effects 的应用领域与就业范围

After Effects 应用范围广泛，涵盖影片、电影、广告、多媒体以及网页等，时下最流行的一些电脑游戏的 CG 动画，很多都使用它进行后期合成制作。

在影视后期处理方面，通过 After Effects 可以对拍摄完成的影视作品进行后期合成处理，制作出天衣无缝的合成效果。

在制作 CG 动画方面，对控制高级的二维或三维动画游刃有余，并确保了高质量视频的输出。

在制作特效效果方面，其令人眼花缭乱的特技系统使 AE 能实现使用者的一切创意。

掌握 After Effects 的影视制作人员，其就业方向主要有以下几种：

- 在广告公司、影视公司、电视台、影视后期公司、各类制造业、服务业等各类企业从事影视特效工作；
- 在制片厂、电视剧制作中心等各类事业单位从事影片特效、影片剪辑等工作；
- 在影视公司、电视台、动画制作公司从事二维动画和三维动画制作等工作；
- 成为电视台栏目制作人员；
- 在游戏公司、次时代游戏工作室等地方工作。

1.3　后期合成技术的初步了解

1.3.1　后期合成技术概述

随着影视媒体技术的进步和发展，影视媒体深入我们生活的各个角落，从家里的电视播放的影视节目到街头随处可见的电子广告牌中的广告，时刻体现了影视媒体在我们生活中的作用和影响力。与此同时，影视后期合成技术也有了巨大的飞跃，平日里看到的电影、广告、天气预报等都渗透着后期合成的影子。例如，被很多电影爱好者及影视后期制作者所津津乐道的《阿凡达》，其很多特效画面就是通过后期合成技术制作出来的，如图 1.1 所示。

图 1.1 《阿凡达》中的剧照

过去，在制作影视节目时需要价格昂贵的专业硬件设备及软件。非专业人员很难有机会接触到这些设备，个人也很难有能力去购买这些设备。因此，影视制作对很多的非专业人员来说成了可望又不可及的事情。

如今，随着 PC 性能的不断提高，价格的不断降低，以及很多影视制作软件的价格平民化，影视制作已开始向 PC 平台上转移。影视制作不再遥不可及，任何一位影视制作爱好者都可在自己的计算机上制作出属于自己的影视节目。

很多影视节目在制作过程中都经过了后期合成的处理，才得以实现精彩的效果。那么，什么是后期合成呢？

理论上，影视制作分为前期和后期两个部分，前期工作主要是对影视节目的策划、拍摄以及三维动画的创作等。前期工作完成后，将对前期制作所得到的这些素材和半成品进行艺术加工、组合，即是后期合成工作。

1.3.2　线性编辑与非线性编辑

线性编辑与非线性编辑对于从事影视制作的工作人员都是不得不提的，这是两种不同的视频编辑方式。对即将跨入影视制作这个行业的读者朋友们来说，线性编辑与非线性编辑都要有所了解。

1. 线性编辑

传统的视频剪辑采用了录像带剪辑的方式。简单来说，在制作影视节目时，视频剪辑人员将含有不同素材内容的多个录像带按照预定好的顺序进行重新组合，这样来得到节目带。

录像带剪辑又包括机械剪辑和电子剪辑两种方式。

机械剪辑是指对录像带胶片进行物理方式的切割和黏合，来制作出所需要的节目。这种剪辑方式有一个弊端，当视频磁头在录像带上高速运行时，录像带的表面必须是光滑的。但是使用机械剪辑的方法在对录像带进行切割、黏合时会产生粗糙的接头。这种方式不能满足电视节目录像带的剪辑要求，于是人们又找到了一种更好的剪辑方式，即电子剪辑。

电子剪辑，又称为线性录像带电子编辑。它按照电子编辑的方法将录像带中的信息以一个新的顺序重新录制。在进行剪辑时，一台录像机作为源录像机装有原始的录像带，录像带上的信息按照预定好的顺序重新录制到另一台录像机(编辑录像机)的空白录像带上。这样，既制作出了新的录像带，又可保证原始录像带上的信息不被改变。

但是，电子编辑十分复杂、烦琐，并不能删除、缩短或加长内容。而且电子编辑面临一个重要的问题，在制作节目时需反复地对素材进行查找、翻录，这就导致了母带的磨损，从而画面的清晰度就会降低。而且每当插入一段内容时，就需要进行翻录。

传统的线性编辑需要的硬件多，价格昂贵，多个硬件设备之间不能很好的兼容，对硬件性能有很大的影响。

线性编辑的诸多不便，使剪辑技术亟待改革。

2. 非线性编辑

在传统的线性编辑不能满足视频编辑需要的情况下，非线性编辑应运而生。

非线性编辑是相对于线性编辑而言的，非线性编辑是直接从计算机的硬盘中以帧或文件的方式迅速、准确地存取素材，进行编辑的方式。它是以计算机为平台的专用设备，可以实现多种传统电视制作设备的功能。编辑时，素材的长短和顺序可以不按照制作的长短和顺序的先后进行。

非线性编辑不再像线性编辑那样在录像带上做文章，而是将各种模拟量素材进行A/D(模/数)转换，并将其存储于计算机的硬盘中，再使用非线性编辑软件(如：After Effects、Premiere)进行后期的视音频剪辑、特效合成等工作，最后进行输出得到所要的影视效果。

非线性编辑的实现，要靠软件与硬件的支持，这就构成了非线性编辑系统。一个非线性编辑系统从硬件上看，可由计算机、视频卡或 IEEE1394 卡、声卡、高速 AV 硬盘、专用板卡(如特技加卡)以及外围设备构成。为了直接处理来自高档数字录像机的信号，有的非线性编辑系统还带有 SDI 标准的数字接口，以充分保证数字视频的输入、输出质量。其中视频卡用来采集和输出模拟视频，也就是承担 A/D 和 D/A 的实时转换。从软件上看，非线性编辑系统主要由非线性编辑软件以及二维动画软件、三维动画软件、图像处理软件和音频处理软件等外围软件构成。随着计算机硬件性能的提高，视频编辑处理对专用器件的依赖越来越小，软件的作用则更加突出。因此，掌握像 Premiere Pro 之类的非线性编辑软件，就成为关键。

非线性编辑有很大的灵活性，不受节目顺序的影响，可按任意顺序进行编辑。并可反复修改，而不会造成图像质量的降低。

非线性编辑需要在专用的编辑软件、硬件组成的非线性编辑系统的支持下，实现视音频编辑的非线性，如图 1.2 所示。

非线性编辑系统是指把输入的各种视音频信号进行 A/D(模/数)转换，采用数字压缩技术将其存入计算机硬盘中。非线性编辑没有采用磁带，而是使用硬盘作为存储介质，记录数字化的视音频信号，由于硬盘可以满足在 1/25s(PAL)内完成任意一幅画面的随机读取和存储，因此可以实现视音频编辑的非线性。

图 1.2　非线性编辑系统

1.4　影视制作基础

色彩的编辑和图像的处理是影视制作的基础，要想成为合格的视频编辑人员，色彩的编辑和图像的处理是必须要掌握的，另外还需要熟悉、了解一些基本的影视编辑术语。

1.4.1　影视色彩与常用图像基础

在影视编辑中，图像的色彩处理是必不可少的。作为视频编辑人员必须要了解自己所处理的图像素材的色彩模式、图像类型及分辨率等有关信息。这样在制作中才能知道，需要什么样的素材，搭配什么样的颜色，才能做出最好的效果。

1. 色彩模式

在计算机中表现色彩，是依靠不同的色彩模式来实现的。下面将对几种常用的色彩模式进行讲解。

(1) RGB 色彩模式

RGB 是由自然界中红、绿、蓝三原色组成的色彩模式。图像中所有的色彩都是由 R(红)、G(绿)、B(蓝)三原色组合而来的。

RGB 色彩模式包含 R、G、B 三个单色通道和一个由它们混合组成的彩色通道。可以通过对 R、G、B 三个通道的数值的调节，来调整对象色彩。三原色中每一种都有一个 0～255 的取值范围，值为 0 时亮度级别最低，值为 255 时亮度级别最高。当三个值都为 0 时，图像为黑色，当三个值都为 255 时，图像为白色，如图 1.3 所示。

(2) CMYK 色彩模式

CMYK 色彩模式一般运用于印刷类，比如画报、杂志、报纸、宣传画册等。该模式是一种依附反光的色彩模式，需要外界光源做帮助。它由青(Cyan)、洋红(Magenta)、黄(Yellow)、黑(Black)四种颜色混合而成。CMYK 模式的图像包含 C、M、Y、K 四个单色通道和一个由它们混合颜色的彩色通道。CMYK 模式的图像中，某种颜色的含量越多，那么它的亮度级别就越低，在其结果中这种颜色表现得就越暗，这一点与 RGB 模式的颜色混合是相反的，如图 1.4 所示。

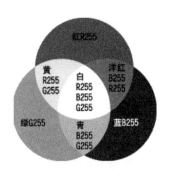

图 1.3　RGB 色彩模式

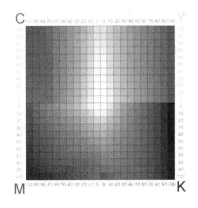

图 1.4　CMYK 色彩模式

(3)　Lab 色彩模式

Lab 模式是唯一不依赖外界设备而存在的一种色彩模式。Lab 颜色是以一个亮度分量 L 及两个颜色分量 a 和 b 来表示颜色的。其中 L 的取值范围是 0~100，a 分量代表由绿色到红色的光谱变化，而 b 分量代表由蓝色到黄色的光谱变化，a 和 b 的取值范围均为-120~120。Lab 模式在理论上包括了人眼可见的所有色彩，它弥补了 CMYK 模式和 RGB 模式的不足。在一些图像处理软件中，对 RGB 模式与 CMYK 模式进行转换时，通常先将 RGB 模式转换成 Lab 模式，然后再转换成 CMYK 模式。这样能保证在转换过程中所有的色彩不会丢失或被替换。

(4)　HSB 色彩模式

HSB 模式是基于人眼对色彩的观察来定义的，人类的大脑对色彩的直觉感知，首先是色相，即红、橙、黄、绿、青、蓝、紫中的一个，然后是它的一个深浅度。这种色彩模式比较符合人的主观感受，可让使用者觉得更加直观。

在此模式中，所有的颜色都用色相或色调(H)、饱和度 (S)、亮度(B)三个特性来描述。色相的意思是纯色，即组成可见光谱的单色。红色为 0 度，绿色为 120 度，蓝色为 240 度；饱和度指颜色的强度或纯度，表示色相中灰色成分所占的比例，用 0~100%(纯色)来表示；亮度是颜色的相对明暗程度，通常用 0(黑)~100%(白)来度量，最大亮度是色彩最鲜明的状态。

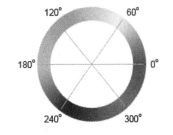

图 1.5　HSB 色彩模式

HSB 模式可由底与底对接的两个圆锥体立体模型来表示。其中轴向表示亮度，自上而下由白变黑。径向表示色饱和度，自内向外逐渐变高。 而圆周方向则表示色调的变化，形成色环，如图 1.5 所示。

(5)　灰度模式

灰度模式属于非彩色模式，它通过 256 级灰度来表现图像，只有一个黑色通道。灰度图像的每一个像素有一个 0(黑色)~255(白色)的亮度值，图像中所表现的各种色调都是由 256 种不同亮度值的黑色所表示的。灰度图像中的每个像素的颜色都要用 8 位二进制数字存储。

这种色彩在将彩色模式的图像转换为灰度模式时，会丢掉原图像中的所有的色彩信息。需要注意的是，尽管一些图像处理软件可以把一个灰度模式的图像重新转换成彩色模式的图像，但转换不可能将原先丢失的颜色恢复。所以，在将彩色图像转换为灰度模式的图像时，最好保存一份原件。

(6) Bitmap(位图模式)

位图模式的图像只有黑色和白色两种像素。每个像素用位来表示。位只有两种状态。0 表示有点，1 表示无点。位图模式主要用于早期不能识别颜色和灰度的设备。如果需要表示灰度，则需要通过点的抖动来模拟。位图模式通常用于文字识别。如果需要使用OCR(光学文字识别)技术识别图像文件，需要将图像转换为位图模式。

(7) Duotone(双色调)

双色调模式采用 2～4 种彩色油墨来创建由双色调、三色调和四色调混合其色阶来组成图像。在将灰度模式的图像转换为双色调模式的过程中，可以对色调进行编辑。产生特殊的效果。

2. 图形

计算机图形分为位图图形和矢量图形。

(1) 位图图形

位图图形也称为光栅图形或点阵图形，由排列成矩形网格形式的像素组成，用图像的宽度和高度来定义，以像素为量度单位，每个像素包含的位数表示像素包含的颜色数。当放大位图时，可以看见构成整个图像的无数单个方块，如图 1.6 所示。

图 1.6 位图像素

(2) 矢量图形

矢量图形是与分辨率无关的图形，在数学上定义为一系列由线连接的点。在矢量图形中，所有的内容都是由数学定义的曲线(路径)组成，这些路径曲线放在特定位置并填充有特定的颜色。它具有颜色、形状、轮廓、大小和屏幕位置等属性，移动、缩放图片或更改图片的颜色都不会降低图形的品质。如图 1.7 所示为原图(左图)和放大后(右图)的矢量图形。另外，矢量图形还具有文件数据量小的特点。

3. 像素

像素又称为画素，是图形显示的基本单位。每个像素都含有各自的颜色值，可分为红、绿、蓝三种子像素。在单位面积中含有像素越多，图像的分辨率越高，图像显示得就会越清晰。

图 1.7　矢量图原图与放大后的效果

当将图像放大数倍后，会发现这些连续色调其实是由许多色彩相近的小方块所组成，这些小方块就是构成影像的最小单位——像素 (Pixel)。这种最小的图形的单元能在屏幕上显示通常是单个的染色点，越高位的像素，其拥有的色板也就越丰富，越能表达颜色的真实感。

4．分辨率

分辨率，即图像的像素尺寸，以 ppi(像素/英寸)作为单位，它能够影响图像的细节程度。通常尺寸相同的两幅图像，分辨率高的图像所包含的像素比分辨率低的图像要多，而且分辨率高的图像细节质量上要好一些。

分辨率也代表着显示器所能显示的点数的多少。由于屏幕上的点、线和面都是由点组成的，显示器可显示的点数越多，画面就越精细，同样屏幕区域内能显示的信息也越多，所以分辨率是非常重要的性能指标之一。

5．色彩深度

色彩深度又叫色彩位数，表示图像中每个像素所能显示出的颜色数。如表 1.1 所示为不同色彩深度的表现能力和灰度表现。

表 1.1　不同色彩深度的表现能力和灰度表现

色彩深度	表现能力	灰度表现
24bits	1677 万种色彩	256 阶灰阶
30bits	10.7 亿种色彩	1024 阶灰阶
36bits	687 亿种色彩	4096 阶灰阶
42bits	4.4 千亿种色彩	16384 阶灰阶
48bits	28.1 万亿种色彩	65536 阶灰阶

1.4.2　常用影视编辑基础术语

进行影视编辑工作经常会用到一些专业术语，在本节中将对一些常用的术语进行讲解。了解影视编辑术语的含义有助于读者朋友对后面内容的学习。

1. 帧的概念

帧是影片中的一个单独的图像。无论是电影还是电视，都是利用动画的原理使图像产生运动。动画是一种将一系列差别很小的画面以一定速率放映而产生视觉的技术。根据人类的视觉暂留现象，连续的静态画面可以产生运动效果。构成的最小单位为帧(Frame)，即组成动画的每一幅静态画面，一帧就是一幅静态画面。

2. 帧速率

帧速率是视频中每秒包含的帧数。物体在快速运动时，人眼对于时间上每一个点的状态有短暂的保留现象，例如在黑暗的房间中晃动一只发光的电筒。由于视觉暂留现象，看到的不是一个亮点沿弧线运动，而是一道道的弧线。这是由于电筒在前一个位置发出的光还在人的眼睛短暂保留，它与当前电筒的光芒融合在一起，因此组成一段弧线。由于视觉暂留的时间非常短，为 10^{-1} 秒数量级，所以为了得到平滑连贯的运动画面，必须使画面的更新达到一定标准，即每秒钟所播放的画面要达到一定数量，这就是帧速率。PAL 制影片的帧速率是 25 帧/秒，MTSC 制影片的帧速率是 29.97 帧/秒，电影的帧速率是 24 帧/秒，二维动画的帧速率是 12 帧/秒。

3. 像素宽高比

一般都知道 DVD 的分辨率是 720×576 或 720×480，屏幕宽高比为 4：3 或 16：9，但不是所有人都知道像素宽高比(Pixel Aspect Ratio)的概念。4：3 或 16：9 是屏幕宽高比，但720×576 或 720×480 如果纯粹按正方形像素算，屏幕宽高比却不是 4：3 或 16：9。之所以会出现这种情况，是因为人们忽略了一个重要概念：它们所使用的像素不是正方形的，而是长方形的。这种长方形像素也有一个宽高比，即像素宽高比。这个值随制式不同而不同，常见的像素宽高比如下。

- PAL 窄屏(4：3)模式(720×576)，像素宽高比=1.067。同理，720×1.067：576≈4：3。
- PAL 宽屏(16：9)模式(720×576)，像素宽高比=1.422。同理，720×1.422：576=16：9。
- NTSC 窄屏(4：3)模式(720×480)，像素宽高比=0.9。同理，720×0.9：480=4：3。
- NTSC 宽屏(16：9)模式(720×480)，像素宽高比=1.2。同理，720×1.2：80= 16：9。

4. 场的概念

电视荧屏上的扫描频率(即帧频)有 30Hz(美国、日本等，帧频为 30fps 的称为 NTFS 制式)和 25Hz(西欧、中国等，帧频为 25fps 的称为 PAL 制式)两种，即电视每秒可传送 30 帧或 25 帧图像，30Hz 和 25Hz 分别与相应国家电源的频率一致。电影每秒放映 24 个画格，这意味着每秒传送 24 幅图像，与电视的帧频 24Hz 意义相同。电影和电视确定帧频的共同原则是为了使人们在银幕上或荧屏上能看到动作连续的活动图像，这要求帧频在 24Hz 以上。为了使人眼看不出银幕和荧屏上的亮度闪烁，电影放映时，每个画格停留期间遮光一次，换画格时遮光一次，于是在银幕上亮度每秒闪烁 48 次。电视荧屏的亮度闪烁频率必须高于 48Hz 才能使人眼觉察不出闪烁。由于受信号带宽的限制，电视采用隔行扫描的方式满足这一要求。每帧分两场扫描，每个场消隐期间荧屏不发光，于是荧屏亮度每秒闪烁 50 次(25 帧)和 60 次(30 帧)。这就是电影和电视帧频不同的历史原因。但是电影的标准在世界上是统一的。

场是因隔行扫描系统而产生的，两场为一帧。目前我们所看到的普通电视的成像，实际上是由两条叠加的扫描折线组成的，比如想把一张白纸涂黑，就拿起铅笔，在纸上从上边开始，左右画折线，一笔不断地一直画到纸的底部，这就是一场，然而很不幸，这时发现画得太稀，于是又插缝重复补画一次，于是就是电视的一帧。场频的锯齿波与画的并无异样，只不过在回扫期间，也就是逆程信号是被屏蔽了的；然而这先后的两笔就存在时间上的差异，反映在电视上就是频闪了，造成了视觉上的障碍，于是我们通常会说不清晰。

现在，随着器件的发展，逐行系统也就应运而生了，因为它的一幅画面不需要第二次扫描，所以场的概念也就可以忽略了。同样是在单位时间内完成的事情，由于没有时间的滞后及插补的偏差，逐行的质量要好得多，这就是大家要求弃场的原因了。当然代价是，要求硬件(如电视)有双倍的带宽，和线性更加优良的器件，如行场锯齿波发生器及功率输出级部件，其特征频率必然至少要增加一倍。当然，由于逐行生成的信号源(碟片)具有先天优势，所以同为隔行的电视播放，效果也是有显著差异的。

5．电视的制式

制式就是指传送电视信号所采用的技术标准，如图 1.8 所示。基带视频是一个简单的模拟信号，由视频模拟数据和视频同步数据构成，用于接收端正确地显示图像，信号的细节取决于应用的视频标准或者制式 (NTSC/PAL/SECAM)。

6．视频时间码

时间码是摄像机在记录图像信号时，针对每一幅图像记录的唯一的时间编码。如图 1.9 所示，一种应用于流的数字信号。该信号为视频中的每个帧都分配一个数字，用以表示小时、分钟、秒钟和帧数。现在所有的数码摄像机都具有时间码功能，模拟摄像机基本没有此功能。

图 1.8　电视制式

图 1.9　时间码

1.4.3　镜头的一般表现手法

一个完整的影视作品，是由一个个影视创作的基本单位——镜头组合完成的，离开独立的镜头，也就没有了影视作品。通过多个镜头的组合和设计的表现，完成整个影视作品镜头的制作，所以镜头的应用技巧也直接影响影视作品的最终效果。下面来详细讲解常用镜头的表现手法。

1．推镜头

推镜头是拍摄中比较常用的一种拍摄手法，它主要利用摄影机前移或变焦来完成，逐渐靠近要表现的主体对象，使人感觉一步步走进要观察的事物，近距离观看某个事物，它可以表现同一个对象从远到近的变化，也可以表现一个对象到另一个对象的变化。这种镜头的运用，主要突出要拍摄的对象或是对象的某个部分，从而更清楚地看到细节的变化。

2．移镜头

移镜头也叫移动拍摄，它是将摄影机固定在移动的物体上做各个方向地移动来拍摄不动的物体，使不动的物体产生运动效果，摄像时将拍摄画面逐步呈现，形成巡视或展示的视觉感受，它将一些对象连贯起来加以表现，形成动态效果而组成影视动画展现出来，可以表现出逐渐认识的效果，并能使主题逐渐明了，比如坐在奔驰的车上，看窗外的景物，景物本来是不动的，但却感觉是景物在动。

3．跟镜头

跟镜头也称为跟拍，在拍摄过程中找到兴趣点，然后跟随目标进行拍摄。比如在一个酒店，开始拍摄的只是整个酒店中的大场面，然后跟随一个服务员从一个位置跟随拍摄，在桌子间走来走去的镜头。跟镜头一般要表现的对象在画面中的位置保持不变，只是跟随它所走过的画面有所变化，就如跟着另一个人穿过大街小巷一样，周围的事物在变化，而本身的跟随是没有变化的。跟镜头也是影视拍摄中比较常见的一种方法，它可以很好地突出主体，表现主体的运动速度、方向及体态等信息，给人一种身临其境的感觉。

4．摇镜头

摇镜头也称为摇拍，在拍摄时相机不动，只摇动镜头做左右、上下、移动或旋转等运动，使人感觉从对象的一个部位到另一个部位逐渐观看，比如一个人站立不动转动脖子来观看事物，我们常说的环视四周，其实就是这个道理。

摇镜头也是影视拍摄中经常用到的，比如电影中出现一个洞穴，然后上下、左右或环周拍摄应用的就是摇镜头。摇镜头主要用来表现事物的逐渐呈现，一个又一个的画面从渐入镜头到渐出镜头来完整呈现整个事物发展。

5．旋转镜头

旋转镜头是指被拍摄对象呈旋转效果的画面，镜头沿镜头光轴或接近镜头光轴的角度旋转拍摄，摄像机快速做超过 360 度的旋转拍摄。这种拍摄手法多表现人物的眩晕感觉，是影视拍摄中常用的一种拍摄手法。

6．拉镜头

拉镜头和推镜头正好相反，它主要是利用摄影机后移或变焦来完成，逐渐远离要表现的主体对象，使人感觉正一步步远离要观察的事物。远距离观看某个事物的整体效果，它可以表现同一个对象从近到远的变化，也可以表现一个对象到另一个对象的变化，这种镜头的应用，主要突出要拍摄对象与整体的效果，把握全局。

7．甩镜头

甩实际上是摇的一种，具体操作是在前一个画面结束时，镜头急骤地转向另一个方向。在甩的过程中，画面变得非常模糊，等镜头稳定时才出现一个新的画面。它的作用是表现事物、时间、空间的急剧变化，造成人们心理的紧迫感。

运用运动摄像时，在运动的起点与终点处要留有一段稳定时间，叫作起幅和落幅。同时还要注意运动速度对画面节奏造成的影响，不同的速度会造成完全不同的感觉。

慢速运动拍摄，犹如从容叙述，给观众的感觉是一种悠然、自信、洒脱的抒情，也可以是一种庄严、肃穆的情绪。急速运动适合表现明快、欢乐、兴奋的情绪，还可以产生强烈的震动感和爆发感。

8．晃镜头

晃镜头的应用相对于前面的几种方式应用要少一些，它主要应用在特定的环境中，让画面产生上下、左右或前后等的摇摆效果，主要用于表现精神恍惚、头晕目眩、乘车船等摇晃效果，比如表现一个喝醉酒的人物场景时，就要用到晃镜头，再比如坐车在不平道路上所产生的颠簸效果。

1.5 After Effects CC 的安装

对初次使用 After Effects CC 软件的用户来说，软件的安装是非常重要的。本节将通过详细的安装步骤来指导用户安装 After Effects CC。

安装 After Effects CC 的具体操作步骤如下。

(1) 打开【我的电脑】，找到 After Effects CC 的安装程序，双击安装程序，弹出【Adobe 安装程序】对话框，单击【忽略】按钮，如图 1.10 所示。

(2) 在【Adobe 安装程序】对话框中，将显示初始化安装进度，如图 1.11 所示。

图 1.10 单击【忽略】按钮

图 1.11 显示初始化安装进度

(3) 初始化完成后，在弹出的如图 1.12 所示的对话框中选择【安装】。

(4) 再在弹出的对话框中输入序列号，如图 1.13 所示。

(5) 单击【下一步】按钮，在弹出的【Adobe 软件许可协议】对话框中，单击【接受】按钮，如图 1.14 所示。

(6) 在弹出的对话框中，指定安装路径，然后单击【安装】按钮，如图 1.15 所示。

(7) 在对话框中将显示程序安装进度，如图 1.16 所示。

(8) 安装完成后，将提示安装完成，如图 1.17 所示。这样程序将安装完成。

图 1.12　选择【安装】

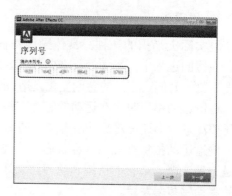

图 1.13　输入序列号

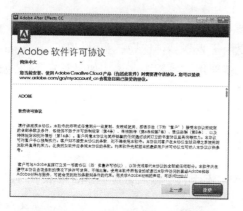

图 1.14　单击【接受】按钮

图 1.15　单击【安装】按钮

图 1.16　显示程序安装进度

图 1.17　提示安装完成

1.6　After Effects CC 启动与退出

1.6.1　启动 After Effects CC

如果要启动 After Effects CC，可选择【开始】|【所有程序】| Adobe After Effects CC 选项，如图 1.18 所示。除此之外，用户还可在桌面上双击该程序的图标，或双击与 After

Effects CC 相关的文档。

图 1.18　选择 Adobe After Effects CC 选项

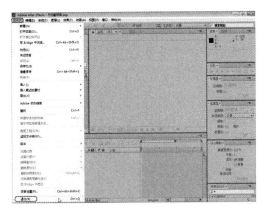

图 1.19　选择【退出】命令

1.6.2　退出 After Effects CC

如果要退出 After Effects CC，可在程序窗口中单击【文件】按钮，在弹出的下拉菜单中选择【退出】命令，如图 1.19 所示。

用户还可以通过双击程序窗口左上角的图标、单击程序窗口右上角的【关闭】按钮、按 Alt+F4 组合键、按 Ctrl+Q 组合键等操作退出 After Effects CC。

1.7　思考与练习

1. 简述非线性编辑概念。
2. 常用的色彩模式有哪些？
3. 什么是帧速率？

第2章　After Effects CC 基础操作

本章主要是针对 After Effects CC 的工作界面以及工作区作简单的介绍，并介绍了一些基本的操作，使用户逐渐熟悉这款软件。

2.1　After Effects CC 的工作界面

Adobe After Effects CC 软件的工作界面给人的第一感觉就是界面更暗，减少了面板的圆角，使人感觉更紧凑。界面依然使用面板随意组合、泊靠的模式，为用户操作带来很大的便利。

在 Windows 7 操作系统下，选择【开始】|【所有程序】|Adobe After Effects CC 命令，或在桌面上双击该软件的图标，运行 Adobe After Effects CC 软件，它的启动界面如图 2.1 所示。

After Effects CC 启动后，会弹出【欢迎使用 Adobe After Effects】对话框，用户可以通过该对话框新建合成、打开项目等，如图 2.2 所示。在该对话框的左下角有一个【启动时显示欢迎屏幕】复选框，取消勾选该复选框后，在下次启动时将不会显示欢迎界面。

图 2.1　Adobe After Effects CC 的启动界面　　图 2.2　【欢迎使用 Adobe After Effects】对话框

当在该对话框中单击【关闭】按钮时，该对话框将会被关闭，如果需要在下次启动时显示欢迎界面，用户可以在菜单栏中选择【帮助】|【欢迎屏幕】命令，如图 2.3 所示。在弹出的对话框中勾选【启动时显示欢迎屏幕】复选框，这样，在下次启动 After Effects CC 时，依然会弹出【欢迎使用 Adobe After Effects】对话框。

启动 After Effects CC 后，该软件将会自动新建一个项目文件，如图 2.4 所示。After Effects CC 的默认工作界面主要包括菜单栏、工具栏、【项目】面板、【合成】面板、【时间轴】面板、【信息】面板、【音频】面板、【预览】面板、【效果和预设】面板等。

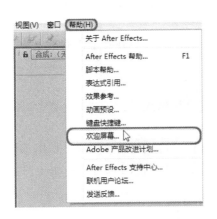

图 2.3　选择【欢迎屏幕】命令

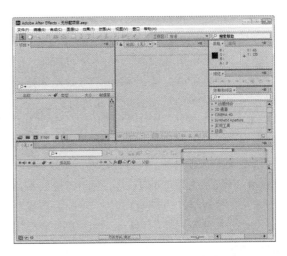

图 2.4　After Effects CC 界面

2.2　After Effects CC 的工作区及工具栏

在深入学习 After Effects CC 之前，首先要熟悉 After Effects CC 的工作区以及工具栏中的各个工具。

2.2.1　【项目】面板

【项目】面板用于管理导入到 After Effects CC 中的各种素材以及通过 After Effects CC 创建的图层，如图 2.5 所示。

- 素材预览：当在【项目】面板中选择某一个素材时，都会在预览面板中显示当前素材的画面，在预览面板右侧会显示出当前选中素材的详细资料，包括文件名、文件类型等。
- 素材搜索：当【项目】面板存在很多的素材时，寻找想要的素材就变得不方便了，这时查找素材的功能就变得很有用。如在当前查找框内输入 B，那么在素材区就只会显示名字中包含字母 B 的素材。输入的字母是不区分大小写的。
- 素材区：所有导入的素材和在 After Effects CC 中建立的图层都会在这里显示。应该注意的是合成也会出现在这里，也就是说合成也可以作为素材被其他合成使用。

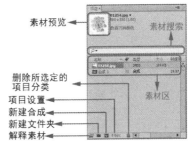

图 2.5　【项目】面板

- 解释素材：当导入一些比较特殊的素材时，比如带有 Alpha 通道、序列帧图片等，需要单独对这些素材进行一些设置。在 After Effects CC 中这种素材叫作解释素材。

- 新建文件夹：为了更方便地管理素材，需要对素材进行分类管理。文件夹就为分类管理提供了方便。把相同类型的素材放进一个单独的文件夹里面，就可以在文件夹中快速查找到所需要的素材。
- 新建合成：要开始工作就必须先建立一个合成，合成是开始工作的第一步，所有的操作都是在合成里面进行的。
- 项目设置：单击 **8 bpc** 按钮，可以弹出【项目设置】对话框，在该对话框中可以对项目进行个性化的设置，时间码的显示风格、颜色深度、音频的设置都可以在这里找到。
- 删除所选定的项目分类：如果要删除某个素材，可以使用该按钮。使用该按钮删除素材的方法有两种：一种是拖曳想要删除的素材到这个按钮上；另一种就是选中想要删除的素材，然后单击该按钮。

提示

　　如果删除一个【合成】面板中正在使用的素材，系统会提示该素材正被使用，如图2.6所示。单击【删除】按钮将从【项目】面板中删除素材，同时该素材也将从【合成】面板中删除，单击【取消】按钮，将取消删除该素材文件。

2.2.2　【合成】面板

　　【合成】面板是查看合成效果的地方，也可以在这里对图层的位置等属性进行调整，以便达到理想的状态，如图2.7所示。

图2.6　提示对话框

图2.7　【合成】面板

1. 认识【合成】面板中的控制按钮

　　在【合成】面板的底部是一些控制按钮，这些控制按钮将帮助用户对素材项目进行交互的操作。下面对其进行介绍，如图2.8所示。

图2.8　【合成】面板中的控制按钮

- 【始终预览此视图】：总是显示该视图。

● 【放大率弹出式菜单】(39.9%) ▼：单击该按钮，在弹出的下拉列表中可选择素材的显示比例。

注 意

用户也可以通过滚动鼠标中键实现放大或缩小素材的显示比例。

● 【选择网格和参考线选项】▦：单击该按钮，在弹出的下拉列表中可以选择要开启或关闭的辅助工具，如图 2.9 所示。

● 【切换蒙版和形状路径可见性】▣：如果图层中存在路径或遮罩，通过单击该按钮可以选择是否在【合成】面板中显示。

● 【当前时间(单击可编辑)】 0;00;00;00：显示当前时间标尺停留的时间。单击该按钮，可以弹出【转到时间】对话框，通过在该对话框中输入时间，从而快速地到达某一个时间刻度，如图 2.10 所示。

图 2.9　选择网格和参考线选项下拉列表

图 2.10　【转到时间】对话框

● 【拍摄快照】📷：当需要在两种效果之间进行对比时，通过快照可以先把前一个效果暂时保存在内存中，再调整下一个效果，然后进行对比。

● 【显示快照】👤：单击该按钮，After Effects CC 会显示上一次通过快照保存下来的效果，以方便对比效果。

● 【显示通道及色彩管理设置】🔴：单击该按钮，用户可以在弹出的下拉列表中选择一种模式，如图 2.11 所示，当选择一种通道模式后，将只显示当前通道效果。当选择【Alpha】通道模式时，图像中的透明区域将以黑色显示，不透明区域将以白色显示。

● 【分辨率/向下采样系数弹出式菜单】 完整 ▼：单击该按钮，在弹出的下拉列表中选择面板中图像显示的分辨率。其中包括【二分之一】、【三分之一】、【四分之一】等，如图 2.12 所示。分辨率越高，图像越清晰；分辨率越低，图像越模糊，但可以减少预览或渲染的时间。

● 【目标区域】▣：单击该按钮，然后再拖曳鼠标，可以在【合成】面板中绘制一个矩形区域，系统将只显示该区域内的图像内容，如图 2.13 所示。将鼠标放在矩形区域边缘，当变为 ↖ 样式时，拖曳矩形区域则可以移动矩形区域的位置。拖曳矩形边缘的控制手柄时，可以缩放矩形区域的大小。使用该功能可以加速预览的速度，在渲染图层时，只有该目标区域内的屏幕进行刷新。

- 【切换透明网格】 ▨：该按钮控制着【合成】面板中是否启用棋盘格透明背景功能。在默认状态下，【合成】面板的背景为黑色背景，当激活该按钮后，该面板的背景将被设置为棋盘格透明模式，如图 2.14 所示。

图 2.11　显示通道及色彩管理设置下拉列表

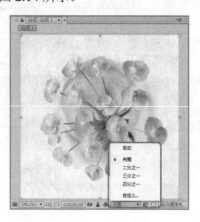

图 2.12　图像显示分辨率选项

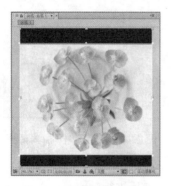

图 2.13　显示目标区域

图 2.14　显示透明网格

- 活动摄像机 ▼：单击该按钮，在弹出的下拉列表中可以选择各种视图模式，如【正面】、【左侧】、【顶部】等。这些视图在做三维合成时很有用，如图 2.15 所示。

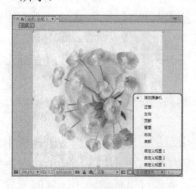

图 2.15　3D 视图下拉列表

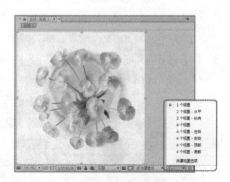

图 2.16　选择视图布局下拉列表

- 【选择视图布局】　1... 　▼：单击该按钮，在弹出的下拉列表中可以选择视图的显示布局，如【1 个视图】、【2 个视图-水平】等，如图 2.16 所示。
- 【切换像素长宽比校正】：当激活该按钮时，素材图像可以被压扁或拉伸，从而矫正图像中非正方形的像素。
- 【快速预览】：单击该按钮，在弹出的下拉列表中可以选择一种快速预览选项。
- 【时间轴】：单击该按钮，可以直接转换到【时间轴】面板。
- 【合成流程图】：单击该按钮，可以切换到【流程图】面板。
- 【重置曝光度(仅影响视图)】：调整【合成】面板的曝光度。

2. 向【合成】面板中加入素材

向【合成】面板中添加素材的方法非常简单，用户可以在【项目】面板中选择素材(一个或多个)，然后执行下列操作之一。

- 将当前所选定的素材直接拖曳至【合成】面板中。
- 将当前所选定的素材拖曳至【时间轴】面板中。
- 将当前所选定的素材拖曳至【项目】面板中【新建合成】按钮的上方，如图 2.17 所示，然后释放鼠标，即可以该素材文件新建一个合成文件并将其添加至【合成】面板中，如图 2.18 所示。

图 2.17　将素材拖曳至【新建合成】按钮的上方

图 2.18　添加至【合成】面板中后的效果

提示

当将多个素材一起通过拖曳的方式添加到【合成】面板中时，它们的排列顺序将以【项目】面板中的顺序为基准，并且这些素材中也可以包含其他合成影像。

2.2.3　【图层】面板

只要将素材添加到【合成】面板中，在【合成】面板中双击，该素材层就可以在【图层】面板中打开，如图 2.19 所示。在【图层】面板中，可以对【合成】面板中的素材层进行剪辑、绘制遮罩、移动滤镜效果控制点等操作。

在【图层】面板中可以显示素材在【合成】面板中的遮罩、滤镜效果等设置。在【图层】面板中可以调节素材的切入点和切出点，及其在【合成】面板中的持续时间、遮罩设置、调节滤镜控制点等。

2.2.4 【时间轴】面板

【时间轴】面板提供了图层的入画、出画、图层特性控制的开关及其调整，如图 2.20 所示。

图 2.19 【图层】面板   图 2.20 【时间轴】面板

2.2.5 工具栏

在工具栏中罗列了各种常用的工具，单击工具图标即可选中该工具。某些工具右边的小三角形符号表示还存在其他的隐藏工具，将鼠标放在该工具上方按住左键不动，稍后就会显示其隐藏的工具，然后移动鼠标到所需工具上方释放鼠标即可选中该工具。也可通过连续的按该工具的快捷键循环选择其中的隐藏工具。使用快捷键 Ctrl+1 可以显示或隐藏工具栏，如图 2.21 所示。

图 2.21 工具栏

自左向右依次为：【选取工具】、【手形工具】、【缩放工具】、【旋转工具】、【统一摄像机工具】、【向后平移(描点)工具】、【矩形工具】、【钢笔工具】、【横排文字工具】、【画笔工具】、【仿制图章工具】、【橡皮擦工具】、【Roto 笔刷工具】、【控制点工具】。

2.2.6 【信息】面板

在【信息】面板中以 R、G、B 值记录【合成】面板中的色彩信息以及以 X、Y 值记录鼠标位置，数值随鼠标在【合成】面板中的位置实时变化。按 Ctrl+2 键即可显示或隐藏【信息】面板，如图 2.22 所示。

2.2.7　【音频】面板

在播放或音频预览过程中，【音频】面板显示了音频播放时的音量级。利用该面板，用户可以调整选取层的左、右音量级，并且结合通过【时间轴】面板的音频属性可以为音量级设置关键帧。如果【音频】面板是不可见的，可在菜单栏中执行【面板】|【音频】命令，或按 Ctrl+4 键，即可打开【音频】面板，如图 2.23 所示。

图 2.22　【信息】面板

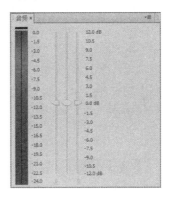

图 2.23　【音频】面板

用户可以改变音频层的音量级、以特定的质量进行预览、识别和标记位置。通常情况下，音频层与一般素材层不同，它们包含不同的属性。但是，却可以用同样的方法修改它们。

2.2.8　【预览】面板

在【预览】面板中提供了一系列预览控制选项，用于播放素材、前进一帧、退后一帧、预演素材等。按 Ctrl+3 键可以显示或隐藏【预览】面板。

单击【预览】面板中的【播放/暂停】按钮或按空格键，即可一帧一帧地演示合成影像。如果想终止演示，再次按空格键或在 After Effects 中任意位置单击就可以了。【预览】面板如图 2.24 所示。

图 2.24　【预览】面板

提 示

在低分辨率下，合成影像的演示速度比较快。但是，速度的快慢主要还是取决于用户系统的快慢。

2.2.9　【效果和预设】面板

【效果和预设】面板可以快速地为图层添加效果。预置效果是 Adobe After Effects CC 编辑好的一些动画效果，可以直接应用到图层上，从而产生动画效果，如图 2.25 所示。

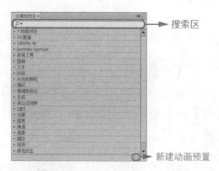
搜索区

新建动画预置

图 2.25　【效果和预设】面板

- 搜索区：可以在搜索框中输入某个效果的名字，Adobe After Effects CC 会自动搜索出该效果。这样可以方便用户快速地找到需要的效果。
- 新建动画预置：当用户在合成中调整出一个很好的效果，并且不想每次都重新制作，此时便可以把这个效果作为一个预置保存下来，以便以后用到时调用。

2.2.10　【流程图】面板

【流程图】面板是指显示项目流程的面板，在该面板中以方向线的形式显示了合成影像的流程。流程图中合成影像和素材的颜色以它们在【项目】面板中的颜色为准，并且以不同的图标表示不同的素材类型。创建一个合成影像以后，可以利用【流程图】面板对素材之间的流程进行观察。

打开当前项目中所有合成影像的【流程图】面板的方法如下。

(1) 在菜单栏中选择【合成】|【合成和流程图】命令，如图 2.26 所示。

(2) 在菜单栏中选择【面板】|【流程图】命令，即可打开【流程图】面板。

(3) 在【项目】面板中单击【项目流程图查看】按钮，即可弹出【流程图】面板，如图 2.27 所示。

图 2.26　选择【合成和流程图】命令

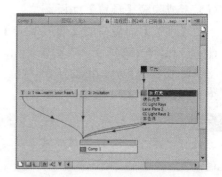

图 2.27　【流程图】面板

2.3　界面的布局

在工具栏中单击【工作区】右侧的下三角按钮，在弹出的快捷菜单中包含了 After

Effects CC 中几种预置的工作界面方案，如图 2.28 所示。各界面的功能介绍如下。

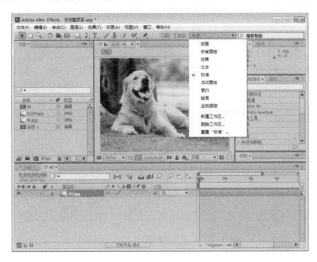

图 2.28　工作界面方案

- 【所有面板】：设置此界面后，将显示所有可用的面板，包含了最丰富的功能元素。
- 【效果】：设置此界面后，将会显示【效果】工作界面，如图 2.29 所示。

图 2.29　【效果】工作界面

- 【文本】：适用于创建文本效果。
- 【标准】：使用标准的界面模式，即默认的界面。
- 【浮动面板】：选择该选项时，【信息】面板、【预览】面板和【效果和预设】面板将独立显示，如图 2.30 所示。
- 【简约】：该工作界面包含的界面元素最少，仅有【合成】面板与【时间轴】面板，如图 2.31 所示。
- 【绘画】：适用于创作绘画作品。
- 【运动跟踪】：该工作界面适用于关键帧的编辑处理。

图 2.30 　【浮动面板】工作界面

图 2.31 　【简约】工作界面

2.4　设置工作界面

对于 After Effects CC 的工作界面，用户可以根据自己的需要对其进行设置。下面来介绍设置工作界面的一些方法。

2.4.1　改变工作界面中面板的大小

在 After Effects CC 中拥有太多的面板，在实际的操作使用时，经常需要调节面板的大小。例如，想要查看【项目】面板中素材文件的更多信息，可将【项目】面板放大；当【时间轴】面板中的层较多时，将【时间轴】面板的高度调高，可以看到更多的层。

改变工作界面中面板大小的操作方法如下。

(1)　新建一个项目文件或打开一个原有的项目文件，将鼠标指针移至【信息】面板与

【合成】面板之间，这时鼠标指针会发生变化，如图 2.32 所示。

　　(2) 按住左键，并向左拖曳鼠标，即可将【合成】面板缩小，如图 2.33 所示。

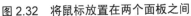

　　图 2.32　将鼠标放置在两个面板之间　　　　　图 2.33　缩小【合成】面板

　　将鼠标指针移至【项目】面板、【合成】面板和【时间轴】面板之间，当鼠标指针变为✛时，按住左键并拖曳鼠标，可改变这三个面板的大小，如图 2.34 所示。

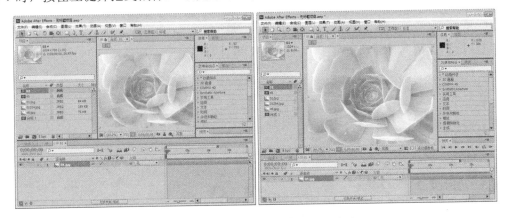

图 2.34　纵向、横向同时调节面板大小

2.4.2　浮动或停靠面板

　　自 After Effects 7.0 版本以来，After Effects 改变了之前版本中面板与浮动面板的界面布局，将面板与面板都连接在一起，作为一个整体存在。After Effects CC 沿用了这种界面布局，并保存了面板或浮动面板的功能。

　　在 After Effects CC 的工作界面中，面板或面板既可分离又可停靠，其操作方法如下。

　　(1) 新建一个项目文件或打开一个原有的项目文件，单击【合成】面板右上角的 按钮，在弹出的下拉菜单中选择【浮动面板】命令，如图 2.35 所示。

　　(2) 执行操作后，【合成】面板将会独立显示出来，效果如图 2.36 所示。

　　分离后的面板可以重新放回原来的位置。以【合成】面板为例，在【合成】面板的上方选择拖曳点，按住左键拖曳【合成】面板至【项目】面板的右侧，此时【合成】面板会变为半透明状，且在【项目】面板的右侧出现紫色阴影，如图 2.37 所示。这时释放鼠标，即可将【合成】面板放回原位置。

图 2.35　选择【浮动面板】命令

图 2.36　浮动面板合成

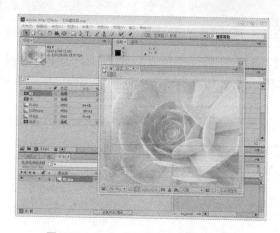

图 2.37　拖曳【合成】面板至原位置

2.4.3　重置工作区

在 After Effects CC 中可以快速地恢复工作界面的原貌。例如，当前为【标准】布局模式，在工具栏中单击【工作区】右侧的下三角按钮，在弹出的下拉菜单中选择【重置"标准"】命令，如图 2.38 所示。

在弹出的【重置工作区】对话框中可单击【确定】或【取消】按钮，如图 2.39 所示。

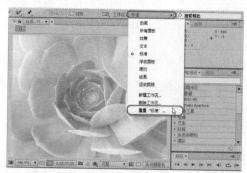

图 2.38　选择【重置"标准"】命令

图 2.39　【重置工作区】对话框

2.4.4　自定义工作界面

在 After Effects CC 中除了有自带的几种界面布局外，还有自定义工作界面的功能。用户可将工作界面中的各个面板随意搭配，组合成新的界面风格，并可以保存新的工作界面，方便以后的使用。

用户自定义工作界面的操作方法如下。

(1) 首先设置好自己需要的工作界面布局。

(2) 在工具栏中单击【工作区】右侧的下三角按钮，在弹出的下拉菜单中选择【新建工作区】命令，如图 2.40 所示。

(3) 弹出【新建工作区】对话框，在该对话框中的【名称】文本框中输入名称，如图 2.41 所示。

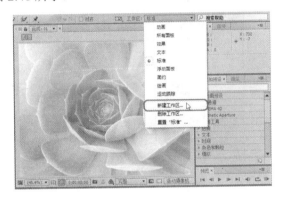

图 2.40　选择【新建工作区】命令

图 2.41　【新建工作区】对话框

(4) 设置完成后，单击【确定】按钮，在【工作区】下拉菜单中将显示新建的工作区类型，如图 2.42 所示。

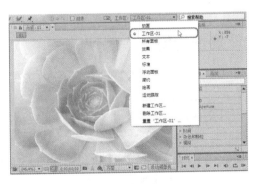

图 2.42　新建工作区后的效果

2.4.5　删除工作界面方案

在 After Effects CC 中，用户也可以将不需要的工作界面删除。在工具栏中单击【工作区】右侧的下三角按钮，在弹出的下拉菜单中选择【删除工作区】命令，如图 2.43 所示。在打开【删除工作区】对话框中选择要删除的工作区，如图 2.44 所示。选择完成后，单击

【确定】按钮，即可删除选中的工作区，如图 2.45 所示。

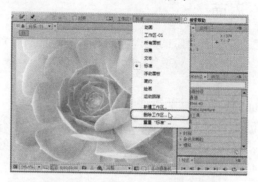

图 2.43 选择【删除工作区】命令

图 2.44 选择要进行删除的工作区

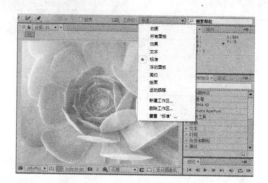

图 2.45 删除工作区后的效果

提 示

　　在删除界面方案时，当前使用的界面方案不可以被删除。如果想要将其删除，可先切换到其他界面方案，然后再将其删除。

2.4.6　为工作界面设置快捷键

　　在 After Effects CC 中，用户可为工作界面指定快捷键，方便工作界面的改变。为工作界面设置快捷键的方法如下。

　　(1) 新建或打开一个项目文件，并调整工作界面中的面板至需要的状态，如图 2.46 所示。

　　(2) 在菜单栏中选择【面板】|【工作区】|【新建工作区】命令，在打开的【新建工作区】对话框中使用默认名称，然后单击【确定】按钮。

　　(3) 在菜单栏中选择【面板】|【将快捷键分配给"未命名工作区"工作区】命令，在弹出的子菜单中有 3 个命令，可选择其中任意一个，例如选择 Shift+F10(替换"标准")命令，如图 2.47 所示。这样将 Shift+F10 作为【未命名工作区】工作界面的快捷键。在其他工作界面下，按 Shift+F10 键，即可快速切换到【未命名工作区】工作界面。

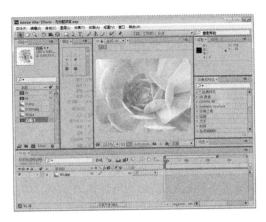

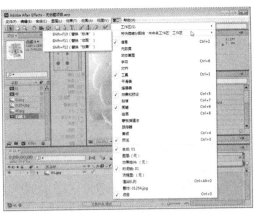

图 2.46　调整工作区　　　　　　　　　图 2.47　选择需要替换的快捷键

2.5　项　目　操　作

启动 After Effects CC 后，如果要进行影视后期编辑操作，首先需要创建一个新的项目文件或打开已有的项目文件。这是 After Effects 进行工作的基础，没有项目是无法进行编辑工作的。

2.5.1　新建项目

每次启动 After Effects CC 软件后，系统都会新建一个项目文件。用户也可以自己重新创建一个新的项目文件。

在菜单栏中选择【文件】|【新建】|【新建项目】命令，如图 2.48 所示。

除此之外，用户还可以按 Ctrl+Alt+N 组合键，如果用户没有对当前打开的文件进行保存，用户在新建项目时会弹出如图 2.49 所示的提示对话框。

图 2.48　选择【新建项目】命令　　　　　图 2.49　提示对话框

2.5.2　打开已有项目

用户经常会需要打开原来的项目文件查看或进行编辑，这是一项很基本的操作。其具体操作方法如下。

(1) 在菜单栏中选择【文件】|【打开项目】命令，或按 Ctrl+O 组合键，弹出【打开】对话框。

(2) 在【查找范围】下拉列表框中选择项目文件所在的路径位置，然后选择要打开的项目文件，如图 2.50 所示，单击【打开】按钮，即可打开选择的项目文件。

如果要打开最近使用过的项目文件，可在菜单栏中选择【文件】|【打开最近使用项目】命令，在其子菜单中会列出最近打开的项目文件，然后单击要打开的项目文件即可。

当打开一个项目文件时，如果该项目所使用的素材路径发生了变化，需要为其指定新的路径。丢失的文件会以彩条的形式替换。为素材重新指定路径的具体操作方法如下。

(1) 在菜单栏中选择【文件】|【打开项目】命令，在弹出的对话框中选择一个改变了素材路径的项目文件，将其打开。

(2) 在该项目文件打开的同时会弹出如图 2.51 所示的对话框，提示最后保存的项目中缺少文件。

图 2.50　选择项目文件

图 2.51　提示对话框

(3) 单击【确定】按钮，打开项目文件，可看到丢失的文件以彩条显示，如图 2.52 所示。

(4) 在【项目】面板中双击要重新指定路径的素材文件，打开【替换素材文件】对话框，在其中选择替换的素材，如图 2.53 所示。

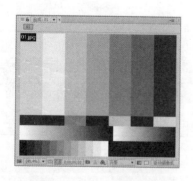

图 2.52　以彩条显示丢失的文件

图 2.53　选择素材文件

(5) 单击【导入】按钮即可替换素材，效果如图 2.54 所示。

图 2.54　替换素材后的效果

2.5.3　保存项目

编辑完项目后，最终要对其进行保存，方便以后使用。

保存项目文件的操作方法如下。

在菜单栏中选择【文件】|【存储】命令，打开【另存为】对话框。在该对话框中选择文件的保存路径并输入名称，最后单击【保存】按钮即可，如图 2.55 所示。

图 2.55　【另存为】对话框

如果当前文件保存过，再次对其保存时不会弹出【另存为】对话框。

在菜单栏中选择【文件】|【另存为】命令，打开【另存为】对话框，将当前的项目文件另存为一个新的项目文件，而原项目文件的各项设置不变。

2.5.4　关闭项目

如果要关闭当前的项目文件，可在菜单栏中选择【文件】|【关闭项目】命令，如图 2.56 所示。如果当前项目没有保存，则会弹出如图 2.57 所示的提示对话框。

单击【保存】按钮，可保存文件；单击【不保存】按钮，则不保存文件；单击【取消】按钮，则会取消关闭项目。

图 2.56　选择【关闭项目】命令　　　　　　　　图 2.57　提示对话框

2.6　合　成　操　作

合成是在一个项目中建立的，是项目文件中重要部分。After Effects CC 的编辑工作都是在合成中进行的。当新建一个合成后，会激活该合成的【时间轴】面板，然后在其中进行编辑工作。

2.6.1　新建合成

在一个项目中要进行操作，首先需要创建合成。其创建方法如下。

(1)　在菜单栏中选择【文件】|【新建】|【新建项目】命令，新建一个项目。

(2)　执行下列操作之一：

● 在菜单栏中选择【合成】|【新建合成】命令。

● 单击【项目】面板底部的【新建合成】按钮 。

● 右击【项目】面板的空白区域，在弹出的快捷菜单中选择【新建合成】命令，如图 2.58 所示。执行操作后，在弹出的【合成设置】对话框中可对创建的合成进行设置，如设置持续时间、背景色等，如图 2.59 所示。

● 在【项目】面板中选择目标素材(一个或多个)，将其拖曳至【新建合成】按钮 上释放鼠标进行创建。

(3)　设置完成后，单击【确定】按钮即可。

图 2.58　选择【新建合成】命令

图 2.59　【合成设置】对话框

　　当通过将素材文件拖曳至【新建合成】按钮 上创建合成时，将不会弹出【合成设置】对话框。

2.6.2　合成的嵌套

　　在一个项目中，合成是独立存在的。不过在多个合成之间也存在着引用的关系，一个合成可以像素材文件一样导入到另一个合成中，形成合成之间的嵌套关系，如图 2.60 所示。

　　合成之间不能相互嵌套，只能是一个合成嵌套着另一个合成。使用流程图可方便地查看它们之间的关系，如图 2.61 所示。

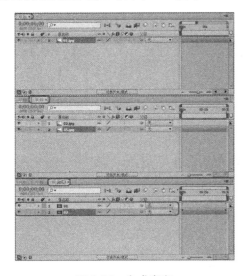

图 2.60　合成嵌套

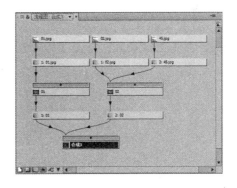

图 2.61　通过流程图查看嵌套关系

　　合成的嵌套在后期合成制作中起着很重要的作用，因为并不是所有制作都在一个合成中完成，在制作一些复杂的效果时都可能用到合成的嵌套。在对多个图层应用相同设置时，可通过合成嵌套，为这些图层所在的合成进行该设置，可以节省很多时间，提高工作效率。

2.7　在项目中导入素材

　　在 After Effects CC 中，虽然能够使用矢量图形制作视频动画，但是丰富的外部素材才是视频动画中的基础元素，比如视频、音频、图像、序列图片等，所以如何导入不同类型的素材，才是视频动画制作的关键。

2.7.1　导入素材的方法

　　在进行影片的编辑时，一般首要的任务是导入要编辑的素材文件，素材的导入主要是将素材导入到【项目】面板中或相关文件夹中，向【项目】面板中导入素材的方法有以下几种。

- 执行菜单栏中的【文件】|【导入】|【文件】命令，或按 Ctrl+I 组合键，在打开的【导入文件】对话框中选择要导入的素材，然后单击【导入】按钮即可。
- 在【项目】面板的空白区域处右击，在弹出的快捷菜单中选择【导入】|【文件】命令，在打开的【导入文件】对话框中选择需要导入的素材，然后单击【导入】按钮即可。
- 在【项目】面板的空白区域处直接双击，在打开的【导入文件】对话框中选择需要导入的素材，然后单击【导入】按钮即可。
- 在 Windows 的资源管理器中选择需要导入的文件，然后直接将其拖曳到 After Effects CC 软件的【项目】面板中即可。

2.7.2 导入单个素材文件

在 After Effects CC 中，导入单个素材文件是素材导入的最基本操作。其具体操作方法如下。

(1) 在【项目】面板的空白区域处右击，在弹出的快捷菜单中选择【导入】|【文件】命令，如图 2.62 所示。

(2) 在弹出的【导入文件】对话框中选择随书附带光盘中的 CDROM\素材\Cha02\5658.jpg，如图 2.63 所示。单击【导入】按钮，即可导入素材。

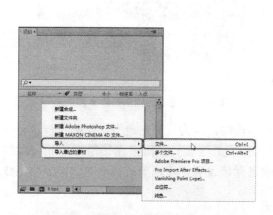

图 2.62 选择【文件】命令

图 2.63 选择素材文件

2.7.3 导入多个素材文件

在导入文件时可同时导入多个文件，这样可节省操作时间。同时导入多个文件的具体操作方法如下。

(1) 在菜单栏中选择【文件】|【导入】|【文件】命令，打开【导入文件】对话框。

(2) 在该对话框中选择需要导入的素材文件，在按住 Ctrl 键或 Shift 键的同时单击要导入的文件，如图 2.64 所示。

(3) 选择完成后，单击【导入】按钮，即可将选中的素材导入到【项目】面板中，如图 2.65 所示。

图 2.64　选择素材文件

图 2.65　导入多个素材文件

如果要导入的素材全部存在于一个文件夹中，可在【导入文件】对话框中选择该文件夹，然后单击【导入文件夹】按钮，将其导入到【项目】面板中。

2.7.4　导入序列图片

在使用三维动画软件输出作品时，经常会将其渲染成序列图像文件。序列文件是指由若干张按顺序排列的图片组成的一个图片的序列，每张图片代表一帧，记录运动的影像。下面将介绍如何导入序列图片，其具体操作步骤如下。

(1)　在菜单栏中选择【文件】|【导入】|【文件】命令，打开【导入文件】对话框。

(2)　在该对话框中打开需要导入的序列图片的文件夹，在该文件夹中选择一个序列图片，然后勾选【JPEG 序列】复选框，如图 2.66 所示。

(3)　单击【导入】按钮，即可导入序列图片，如图 2.67 所示。

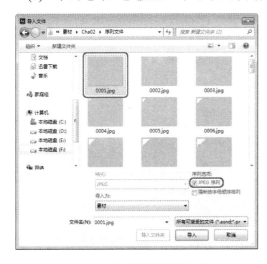

图 2.66　选择序列素材文件

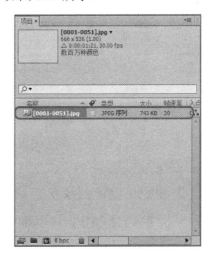

图 2.67　导入序列文件后的效果

(4)　在【项目】面板中双击序列文件，在【素材】面板中将其打开，按空格键可进行预览，效果如图 2.68 所示。

图 2.68　预览效果

　　通常序列文件都是连续的，如果序列文件中有间断，可以通过以下两种方式将其导入。

　　第一，按常规方式导入，但是播放序列文件时，在中断之处会以彩条来代替缺少的图片。

　　(1)　新建项目文件，在菜单栏中选择【文件】|【导入】|【文件】命令，在打开的【导入文件】对话框中打开需要导入的序列图片的文件夹，在该文件夹中选择一个序列图片，然后勾选【JPEG 序列】复选框，如图 2.69 所示。

　　(2)　单击【导入】按钮，若序列文件不连续则会弹出如图 2.70 所示的对话框，提示导入的序列中有未发现的文件。

图 2.69　选择序列文件

图 2.70　提示对话框

　　(3)　单击【确定】按钮，将序列图片导入【项目】面板中。并将其拖曳到【合成】面板中，按空格键进行预览，在预览时可以看到，彩条替换了缺少的序列图片，在彩条的左上角显示了缺少的图片的名称，如图 2.71 所示。

　　第二，强制按字母顺序排列，在缺少图片的位置不会以彩条来替换。

　　(1)　新建项目文件，在菜单栏中选择【文件】|【导入】|【文件】命令，在打开的【导入文件】对话框中打开需要导入的序列图片的文件夹，在该文件夹中选择一个序列图片，然后勾选【强制按字母顺序排列】复选框，如图 2.72 所示。

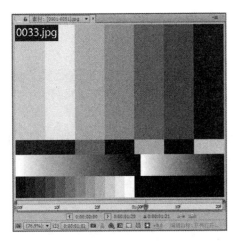

图 2.71　缺少的素材文件　　　　图 2.72　勾选【强制按字母顺序排列】复选框

（2）单击【打开】按钮，新导入的序列名称为文件夹的名字，如图 2.73 所示，可将其添加到【合成】面板中按空格键进行预览。缺少图片的位置将直接跳过，不再以彩条来替换。

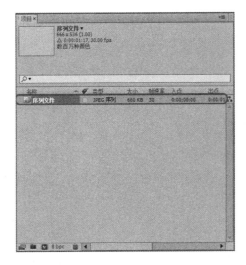

图 2.73　导入的序列文件

2.7.5　导入透明信息图像

在 After Effects CC 中可以导入一些带有透明背景信息的图像，如常见的带有 Alpha 通道背景的图像文件。在将这些文件导入到 After Effects CC 时，会弹出【解释素材】对话框，用户可自定义设置图像中透明信息的处理。

导入透明信息图像的具体操作步骤如下。

（1）新建项目文件，在菜单栏中选择【文件】|【导入】|【文件】命令，打开【导入文件】对话框，选择随书附带光盘中 CDROM\素材 \Cha02\3.tga 文件，如图 2.74 所示。

（2）单击【导入】按钮，弹出【解释素材：3.tga】对话框，在该对话框中选中【忽略】单选按钮，如图 2.75 所示。

图 2.74　选择素材文件

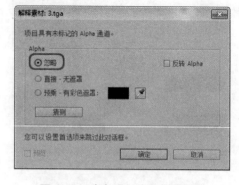

图 2.75　选中【忽略】单选按钮

（3）单击【确定】按钮，在【项目】面板中双击 3.tga 文件，在【素材】面板中将其打开，观察素材带有背景，如图 2.76 所示。

（4）在【项目】面板中选择该素材文件并右击，在弹出的快捷菜单中选择【解释素材】|【主要】命令，如图 2.77 所示。

图 2.76　带有背景的素材文件

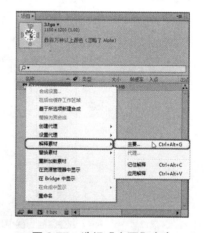

图 2.77　选择【主要】命令

（5）在【解释素材：3.tga】对话框中选中【直接-无遮罩】单选按钮，如图 2.78 所示，单击【确定】按钮。

（6）在【素材】面板中单击【切换透明网格】按钮，放大观察可看到图像边缘有少量的绿色像素，如图 2.79 所示。

（7）在【项目】面板中选择该素材文件并右击，在弹出的快捷菜单中选择【解释素材】|【主要】命令，在【解释素材：3.tga】对话框中选中【预乘-有彩色遮罩】单选按钮，在色块处单击，在弹出的【预乘蒙版色】对话框中将 RGB 值设置为 112、255、154，单击【确定】按钮，如图 2.80 所示。

（8）单击【确定】按钮，然后在【素材】面板中观察导入的素材，图像不仅带有透明背景，放大观察可看到图像边缘的绿色像素也消失，如图 2.81 所示。

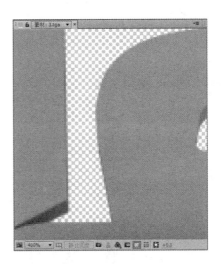

图 2.78　选中【直接-无遮罩】单选按钮　　　　图 2.79　带有绿色像素的素材文件

图 2.80　选中【预乘-有彩色遮罩】单选按钮　　　图 2.81　取消背景颜色后的效果

2.7.6　导入 Photoshop 文件

After Effects CC 与 Photoshop 同为 Adobe 公司开发的软件，两款软件各有所长，且 After Effects CC 对 Photoshop 文件有很好的兼容性。使用 Photoshop 来处理 After Effects CC 所需的静态图像元素，可拓展思路，创作出更好的效果。在将 Photoshop 文件导入 After Effects CC 中时，有多种导入方法，产生的效果也有所不同。

1．将 Photoshop 文件以合并层方式导入

(1)　新建项目文件，在菜单栏中选择【文件】|【导入】|【文件】命令，如图 2.82 所示。

(2)　打开【导入文件】对话框，选择随书附带光盘中 CDROM\素材\Cha02\音乐**.psd** 文件，将【导入为】设置为"素材"，如图 2.83 所示。

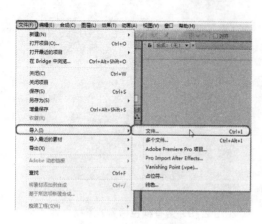

图 2.82 选择【文件】命令

图 2.83 选择素材文件

(3) 然后单击【导入】按钮，在弹出的【音乐.psd】对话框中使用默认设置即可，如图 2.84 所示，然后单击【确定】按钮。

(4) 将图像导入【项目】面板中，该图像是一个合并图层的文件，双击该文件，在【素材】面板中可以查看该素材文件，如图 2.85 所示。

图 2.84 【音乐.psd】对话框

图 2.85 导入的素材文件

2. 导入 Photoshop 文件中的某一层

(1) 新建项目文件，在菜单栏中选择【文件】|【导入】|【文件】命令，打开【导入文件】对话框。选择随书附带光盘中 CDROM\素材\Cha02\音乐.psd 文件，然后单击【导入】按钮。

(2) 在弹出的【音乐.psd】对话框中选中【选择图层】单选按钮，在单击其右侧的下三角按钮，在弹出的下拉列表中选择【音乐符号】选项，如图 2.86 所示。

(3) 单击【确定】按钮，将其导入到【项目】面板中，在【项目】面板中双击，使其在【素材】面板中显示出来，在【素材】面板中可以看到导入的图像为【音乐.psd】文件中的【音乐符号】层，如图 2.87 所示。

图 2.86　选择要导入的图层　　　　　　图 2.87　导入素材文件后的效果

3. 以合成方式导入 Photoshop 文件

(1) 新建项目文件，在菜单栏中选择【文件】|【导入】|【文件】命令，打开【导入文件】对话框。选择随书附带光盘中 CDROM\素材\Cha02\音乐.psd 文件，将【导入为】设置为【合成】，如图 2.88 所示，然后单击【导入】按钮。

(2) 在打开的【音乐.psd】对话框中使用默认设置即可，如图 2.89 所示。

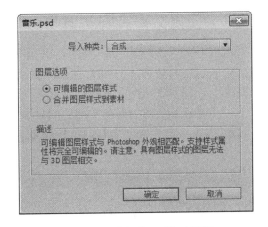

图 2.88　选择素材文件　　　　　　图 2.89　【音乐.psd】对话框

(3) 单击【确定】按钮，将其导入到【项目】面板中。此时在【项目】面板中建立了一个【音乐 个图层】文件夹，其下包含有【音乐.psd】文件的所有图层，并生成了【音乐】合成，如图 2.90 所示。

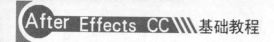

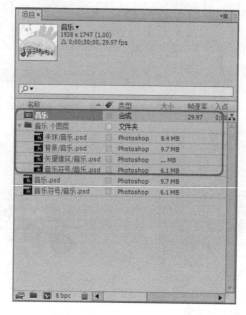

图 2.90　导入的素材文件

2.8　管理素材

由于导入的素材在类型上各不相同，如果不加以归类，将给以后的操作造成很大的麻烦。这时就需要对素材进行合理地分类与管理，还可以根据自己的需要移动、删除和替换素材。

2.8.1　使用文件夹归类素材

由于在视频编辑中所需要的素材很多，所以我们可以对素材进行分类管理。一般来说，可以将素材分为静态图像素材、视频动画素材、声音素材、标题字幕、合成素材等，我们可以分别创建文件夹放置相同类型的文件，以便于快速地查找。

在【项目】面板中创建文件夹的方法如下。

- 在菜单栏中选择【文件】|【新建】|【新建文件夹】命令，即可创建一个新的文件夹。
- 在【项目】面板中的空白区域右击，在弹出的快捷菜单中选择【新建文件夹】命令。
- 在【项目】面板的下方单击【新建文件夹】按钮 。

为了便于操作，需要对文件夹进行重命名。在【项目】面板中选择需要重命名的文件夹，然后按 Enter 键，在文本框中输入新的文件夹名称，如图 2.91 所示，输入完成后，再次按 Enter 键即可。

有时导入的素材并不是放置在所对应的文件夹中，这时就需要对它进行移动，在需要移动的素材上单击并将其拖曳到所对应的文件夹上，如图 2.92 所示，然后松开鼠标即可，如图 2.93 所示。

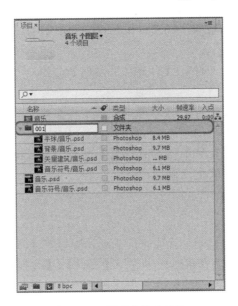

图 2.91　设置文件夹名称

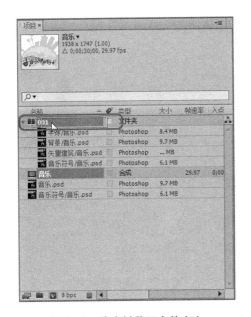

图 2.92　将素材移至文件夹上

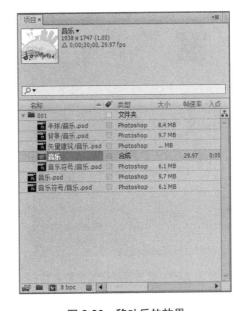

图 2.93　移动后的效果

2.8.2　删除素材或文件夹

对于不需要的素材或文件夹，可以通过以下方法来删除。

● 选择需要删除的素材或文件夹，在菜单栏中选择【编辑】|【清除】命令或按
  Delete 键。

● 选择需要删除的素材或文件夹，单击【项目】面板底部的【删除所选定的项目分
  类】按钮 。

- 拖曳需要删除的素材或文件夹至【删除所选定的项目分类】按钮 上，然后释放鼠标即可删除。
- 在菜单栏中选择【文件】|【合并全部素材】命令，可以将【项目】面板中所有重复的素材删除。
- 在菜单栏中选择【文件】|【移除未使用素材】命令，可以将【项目】面板中未使用的素材和文件夹全部删除。
- 在菜单栏中选择【文件】|【整理项目】命令，可以将【项目】面板中除选择对象以外的素材和文件夹全部删除。

2.8.3 替换素材

在视频处理过程中，如果想替换原来的素材，可以在【项目】面板中选择需要替换的素材，如图 2.94 所示。然后在菜单栏中选择【文件】|【替换素材】|【文件】命令，或在要替换的素材上右击，在弹出的快捷菜单中选择【替换素材】|【文件】命令，然后在弹出的【替换素材文件】对话框中选择要替换的素材，单击【导入】按钮即可替换素材，如图 2.95 所示。

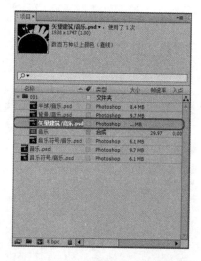

图 2.94 选择要进行替换的素材

图 2.95 选择素材文件

2.9 思考与练习

1. 在【项目】面板中删除正在使用的素材，对合成影片是否产生影响？为什么？
2. 简述自定义工作界面的方法。
3. 如何导入序列图片？

第3章　图层与矢量图形

在 After Effects CC 中，层是进行特效添加和合成设置的场所，大部分的视频编辑都是在层上完成的。它的主要功能是方便图像处理操作以及显示或隐藏当前图像文件中的图像，还可以进行图像透明度、模式设置以及图像特殊效果的处理等，使设计者对图像的组合一目了然，从而方便地对图像进行编辑和修改。

3.1　层　的　概　念

After Effects CC 引用了 Photoshop 中的层概念，不仅能够导入 Photoshop 产生的层文件，还可在合成中创建层文件。将素材导入合成中，素材会以合成中一个层的形式存在，将多个层进行叠加制作便得到最终的合成效果。

层的叠加就像是具有透明部分的胶片叠在一起，上层的画面遮住下层的画面，而上层的透明部分可显示出下层的画面，多层重叠在一起就可以得到完整的画面。

3.2　图层的基本操作

层是 After Effects CC 软件中重要的组成部分，基本上所有的特效及动画效果都是在层中完成的。层的基本操作包括创建层、选择层、删除层等。只有掌握这些基本操作，才能制作出更好的影片。

3.2.1　创建层

若要创建层，只需要将导入到【项目】面板中的素材文件拖曳到【时间轴】面板中即可创建层，如图 3.1 和图 3.2 所示。如果同时拖曳多个素材到【项目】面板中，就可以创建多个层。

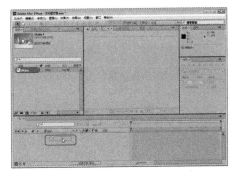

图 3.1　将素材文件拖曳到【时间轴】面板中

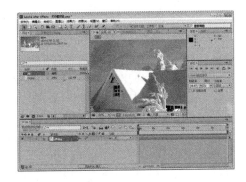

图 3.2　创建层

3.2.2 选择层

在编辑层之前，首先要选择层，选择层可以在【时间轴】
面板中或【合成】面板中完成。

在【时间轴】面板中直接单击某层的名称，或在【合成】
面板中单击该层中的任意素材图像。如果需要选择多个连续的
层时，可在【时间轴】面板中按住 Shift 键进行选择。除此之
外，用户还可以按住 Ctrl 键选择不连续的层。

如果要选择全部层，可以在菜单栏中单击【编辑】按钮，
在弹出的下拉菜单中选择【全选】命令，如图 3.3 所示。除此
之外，用户还可以按 Ctrl+A 组合键选择全部层。

图 3.3 选择【全选】命令

3.2.3 删除层

删除层的方法十分简单，首先选择要删除的层，然后在菜单栏中单击【编辑】按钮，
在弹出的下拉菜单中选择【清除】命令，如图 3.4 所示。除此之外，用户还可以在【时间
轴】面板中选择需要删除的层，按 Delete 键即可进行删除。

图 3.4 选择【清除】命令

3.2.4 复制层与粘贴层

若要重复使用相同的素材，可以使用【复
制】命令。选择要复制的层后，在菜单栏中单击
【编辑】按钮，在弹出的下拉菜单中选择【复
制】命令，或按 Ctrl+C 组合键进行复制。

在需要的合成中，单击菜单栏中的【粘贴】
命令，或按 Ctrl+V 组合键进行粘贴，粘贴的层将
位于当前选择层的上方，如图 3.5 所示。

另外，还可以应用【重复】命令复制层，可

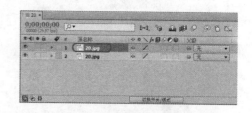

图 3.5 复制层

在菜单栏中单击【编辑】按钮，在弹出的下拉菜单中选择【重复】命令，或按 Ctrl+D 组合
键，可以快速复制一个位于所选层上方的同名重复层。

3.3　层 的 管 理

在 After Effects CC 中对合成进行操作时，每个导入合成图像的素材都会以层的形式出现在合成中。当制作一个复杂效果时，往往会应用到大量的层，为使制作更顺利，需要学会在【时间轴】面板中对层执行移动、标记、设置属性等管理操作。

3.3.1　调整层的顺序

新创建的层一般都会位于所有层的上方，但有时根据场景的安排，需要将层进行前后移动，这时就要调整层的顺序。在【时间轴】面板中，通过拖曳可以调整层的顺序。选择某个层后，按住左键将其拖曳到需要调整到的位置，当在移至的位置上出现一条黑线后，如图 3.6 所示，释放鼠标即可调整层的顺序，如图 3.7 所示。

图 3.6　拖曳需要调整层至合适的位置　　　　图 3.7　调整后的效果

除此之外，用户还可以在菜单栏中单击【图层】按钮，在弹出的下拉菜单中选择【排列】命令，在此菜单命令中包含了 4 种移动层的命令，如图 3.8 所示。

将图层置于顶层	Ctrl+Shift+]
使图层前移一层	Ctrl+]
使图层后移一层	Ctrl+[
将图层置于底层	Ctrl+Shift+[

图 3.8　【排列】菜单命令

3.3.2　为层添加标记

标记功能对声音来说有着特殊的意义。例如，在某个高音处或鼓点处设置层标记，在整个创作过程中，可以快速而准确地了解某个时间位置发生了什么，层标记有合成时间标记和层时间标记两种方式。

1. 合成时间标记

合成时间标记是在【时间轴】面板中显示时间的位置创建的，在【时间轴】面板中，用左键按住右侧的【合成标记素材箱】按钮，并向右拖曳至时间轴上，这样，标记就会显示出数字 1，如图 3.9 所示。

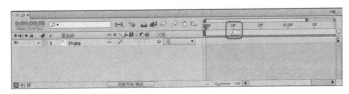

图 3.9　标记

如果要删除标记，可以通过以下 3 种方法对其进行删除。

- 选中创建的标记，然后将其拖曳到创建标记的【合成标记素材箱】按钮💙上。
- 在要删除的标记上右击，在弹出的快捷菜单中选择【删除此标记】命令，如图 3.10 所示，则会删除选定的标记。用户如果想要删除所有标记，可在弹出的快捷菜单中选择【删除所有标记】命令，如图 3.11 所示。

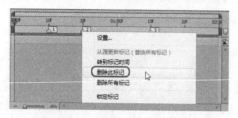 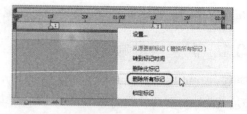

图 3.10　选择【删除此标记】命令　　　　图 3.11　选择【删除所有标记】命令

- 按住 Ctrl 键，将光标放置在需要删除的标记上，当鼠标变为剪刀的形状时，单击左键，即可将该标记删除，如图 3.12 所示。

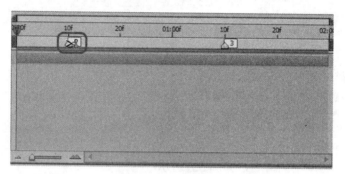

图 3.12　删除标记

2. 层时间标记

层时间标记是在层上添加的标记，它在层上的显示方式为一个小三角形按钮。在层上添加层时间标记的方法如下。

选定要添加标记的图层，然后将时间标签移动到需要添加标记的位置上，在菜单栏中单击【图层】按钮。在弹出的下拉菜单中选择【添加标记】命令或按小键盘上的*键，执行操作后，即可在该图层上添加标记，如图 3.13 所示。

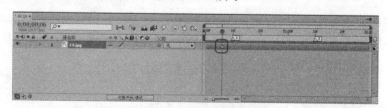

图 3.13　为层添加标记

若要对标记时间进行精确定位，还可以双击层标记，或在标记上右击，在弹出的快捷菜单中选择【设置】命令，如图 3.14 所示。执行操作后，即可弹出【图层标记】对话框，用户可以在该对话框中的【时间】文本框中输入确切的目标时间，以更精确地修改图层标记时间的位置，如图 3.15 所示。

图 3.14　选择【设置】命令

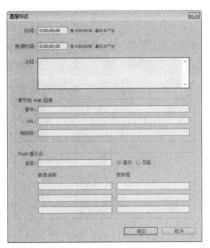

图 3.15　【图层标记】对话框

另外，可以给标记添加注释来更好地识别各个标记，双击标记图标，弹出【图层标记】对话框，在【注释】文本框中输入所需要说明的文字，单击【确定】按钮，即可为该标记添加注释，如图 3.16 所示。

如果用户想要锁定标记，可在需要锁定的标记图标上右击，在弹出的快捷菜单中选择【锁定标记】命令，如图 3.17 所示。当锁定该标记后，用户不可以再对其进行设置、删除等操作。

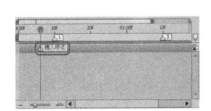

图 3.16　添加注释

图 3.17　选择【锁定标记】命令

3.3.3　注释层

在进行复杂的合成制作时，为了分辨众多层的各自作用，可以为层添加注释。在【注释】专栏下单击，可打开输入框，在其中输入相关信息，即可对该位置的层进行注释，如图 3.18 所示。

提　示

如果注释专栏没有显示出来，可在时间线窗口中单击按钮 ，在弹出的下拉菜单中选择【列数】|【注释】命令，如图 3.19 所示。

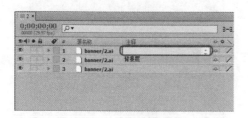

图 3.18　输入注释　　　　　　　　　　图 3.19　选择【注释】命令

3.3.4　显示 / 隐藏层

在制作过程中为方便观察位于下面的图层，通常要将上面的图层进行隐藏。下面就介绍几种不同情况的图层隐藏。

- 当用户想要暂时取消一个图层在【合成】面板中的显示时，可在【时间轴】面板中单击该图层前面的【视频】按钮 👁，该图标消失，在【合成】面板中该图层不会显示，如图 3.20 所示；再次单击，该图标显示，图层也会在【合成】面板中显示。

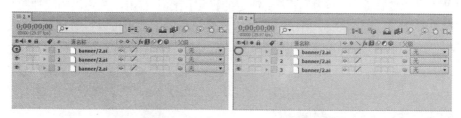

图 3.20　在【合成】面板中显示/隐藏层

- 若将不需要的层在【时间轴】面板中隐藏，单击要隐藏层的【消隐】按钮 ⊕，按钮图标会转换为 ━。然后，单击【隐藏】按钮 🔲，这样层将在【时间轴】面板中隐藏，如图 3.21 所示。

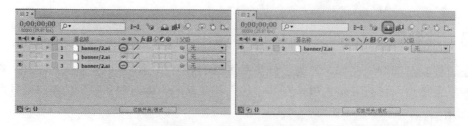

图 3.21　在【时间轴】面板中隐藏图层

- 当需要单独显示一个图层，而将其他图层全部隐藏时，在【独奏】栏下相对应的位置单击，出现 ● 图标。这时会发现【合成】面板中的其他图层已全部隐藏，如图 3.22 所示。

图 3.22　单独显示图层

提 示

在使用该方法隐藏其他图层时，摄像机层和照明层不会被隐藏。

下面练习隐藏层的具体操作。

(1) 启动 After Effects CC 软件，执行【文件】|【打开项目】命令，打开随书附带光盘中的 CDROM\素材\Cha03\隐藏层项目.aep 项目文件，如图 3.23 所示。

(2) 将【项目】面板中的 3 个素材文件拖曳到【时间轴】面板中，在弹出的【基于所选项新建合成】对话框中，勾选【序列图层】复选框和【重叠】复选框，如图 3.24 所示。

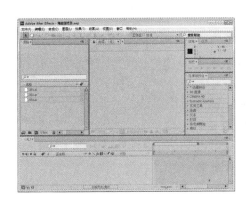

图 3.23　打开素材文件

图 3.24　【基于所选项新建合成】对话框

(3) 单击【确定】按钮，在【时间轴】面板中将时间设置为 0:00:02:00，如图 3.25 所示。

(4) 在【时间轴】面板中同时选择第一个层和第二个层，然后单击【消隐】按钮，将按钮转换为　状态，如图 3.26 所示。

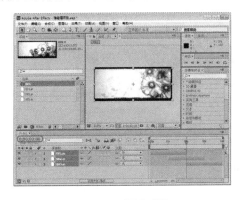

图 3.25　设置时间

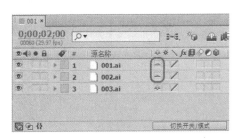

图 3.26　设置消隐

(5) 单击【隐藏】按钮 ，将选中的图层在【时间轴】面板中隐藏，如图 3.27 所示。

(6) 选择第三个层，在【独奏】栏下相对应的位置单击，出现 图标。将其他图层隐藏，在【合成】面板中只显示第三个层，如图 3.28 所示。

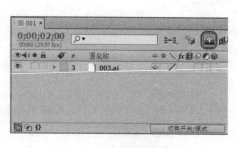

图 3.27 设置隐藏

图 3.28 只显示第三个层

3.3.5 重命名层

在制作合成过程中，对层进行复制或分割等操作后，会产生名称相同或相近的图层。为了方便区分这些重名的图层，用户可对层进行重命名。

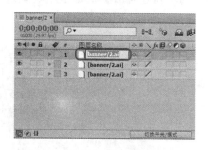

图 3.29 重命名层

在【时间轴】面板中选择一个图层，按 Enter 键，使图层的名称处于编辑状态，如图 3.29 所示。输入一个新的名称，再次按 Enter 键，完成重命名。也可以右击要重命名的图层名称，在弹出的快捷菜单中选择【重命名】命令，即可对图层重命名。

> **提 示**
>
> 在【时间线】窗口中为素材重命名时，改变的是素材的图层名称，原素材的名称并未改变。单击图层名称上方的栏目名称，可使图层名称在【源名称】与【图层名称】之间切换，如图 3.30 所示。

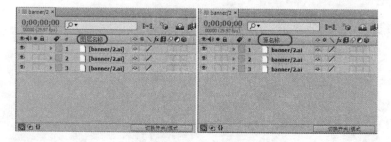

图 3.30 名称切换

3.4　图层的模式

在 After Effects CC 中进行合成制作时，面对众多的图层，图层之间可以通过切换层模式来控制上层与下层的融合效果。当某一图层选用某一层模式时，其根据层模式的类型与下层图层进行相应的融合，并产生相应的合成效果。在【模式】栏中可以选择层模式的类型，如图 3.31 所示。

层模式改变了层上某些颜色的显示，所选择的模式类型决定了层的颜色如何显示，即层模式是基于上下层的颜色值的运算。下面就来介绍图层混合模式的类型。

- 【正常】：当透明度设置为 100%时，此合成模式将根据 Alpha 通道正常显示当前层，并且此层的显示不受其他层的影响，当透明度设置小于 100%时，当前层的每一个像素点的颜色都将受到其他层的影响，如图 3.32 所示不透明度为 100%时的效果。
- 【溶解】：选择该模式，将会把溶解的透明度作为混合色的像素百分比，并按此比把混合色放于基色之上（基色是图层混合之前位于原处的色彩或图像，是被溶解于基准色或图像之上的色彩或图像），随着顶层图层透明度数值的变化，杂色的浓度也会发生变化，如图 3.33 所示。

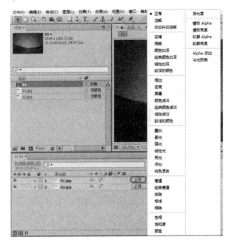

图 3.31　【模式】类型

图 3.32　【正常】模式

图 3.33　【溶解】模式

- 【动态抖动溶解】：该模式与【溶解】模式相同，但它对图层间的融合区域进行了随机动画，透明度参数不同时的效果如图 3.34 所示。

- 【变暗】：该模式用于查看每个颜色通道中的颜色信息，并选择原色或混合色中较暗的颜色作为结果色，比混合色亮的像素将被替换，而比混合色暗的像素保持不变，效果如图 3.35 所示。

图 3.34 【动态抖动溶解】模式　　　　图 3.35 【变暗】模式

- 【相乘】：该模式为一种减色模式，将底色与层颜色相乘，形成一种光线透过两张叠加在一起的幻灯片效果，会呈现出一种较暗的效果。任何颜色与黑色相乘都产生黑色，与白色相乘则保持不变，当透明度由小到大时会产生如图 3.36 所示的效果。

图 3.36 【相乘】模式

- 【颜色加深】：该模式可以让底层的颜色变暗，有点类似于【相乘】混合模式，但不同的是，它会根据叠加的像素颜色相应地增加底层的对比度，和白色混合时没有效果，当透明度由大到小时的效果如图 3.37 所示。

图 3.37 【颜色加深】模式

- 【经典颜色加深】：该模式通过增加对比度，使基色变暗以反映混合色，优于【颜色加深】模式，当不透明度为 50% 时的效果如图 3.38 所示。
- 【线性加深】：在该模式下，可以查看每个通道中的颜色信息，并通过减小亮度使当前层变暗以反映下一层的颜色，下一层与当前层上的白色混合后将不会产生变化，与黑色混合后将显示黑色，当不透明度为 50%时的效果如图 3.39 所示。

图 3.38　【典型颜色加深】模式

图 3.39　【线性加深】模式

- 【较深的颜色】：该模式用于显示两个图层的色彩暗的部分，如图 3.40 所示。
- 【相加】：该模式将基色与层颜色相加，得到更明亮的颜色。层颜色为纯黑色或基色为纯白色时，都不会发生变化，如图 3.41 所示。

图 3.40　【较深的颜色】模式

图 3.41　【相加】模式

- 【变亮】：该模式与【较深的颜色】混合模式相反，使用该混合模式时，比较相互混合的像素亮度，选择混合颜色中较亮的像素保留起来，而其他较暗的像素则被替代，当透明度不同时的效果如图 3.42 所示。

图 3.42　【变亮】模式

- 【屏幕】：该模式可制作出与【相乘】混合模式相反的效果，在图像中白色的部分在结果中仍是白色，在图像中黑色的部分在结果中显示出另一幅图像相同位置的部分，效果如图 3.43 所示。
- 【颜色减淡】：该模式通过减小对比度，使基色变亮以反映混合色。如果混合色为黑色则不产生变化，画面整体变亮，如图 3.44 所示。

图 3.43 【屏幕】模式

图 3.44 【颜色减淡】模式

- 【经典颜色减淡】：该模式通过减小对比度，使基色变亮以反映混合色，优于【颜色减淡】模式，不透明度为 70%时的效果如图 3.45 所示。
- 【线性减淡】：该模式用于查看每个通道中的颜色信息，并通过增加亮度使基色变亮以反映混合色。与黑色混合后不发生变化，不透明度为 40%时的效果如图 3.46 所示。

图 3.45 【经典颜色减淡】模式

图 3.46 【线性减淡】模式

- 【较浅的颜色】：该模式用于显示两个图层亮度较大的色彩，如图 3.47 所示。
- 【叠加】：复合或过滤颜色，具体取决于基色。颜色在现有像素上叠加，同时保留基色的明暗对比。不替换基色，但基色与混合色相混以反映原色的亮度或暗度。该模式对于中间色调影响较明显，对于高亮度区域和暗调区域影响不大，不透明度为 50%时的效果如图 3.48 所示。

图 3.47 【较浅的颜色】模式

图 3.48 【叠加】模式

- 【柔光】：使颜色变亮或变暗，具体取决于混合色。如果混合色比 50%灰色亮，则图像变亮，就像被减淡了一样。如果混合色比 50%灰色暗，则图像变暗，就像被加深了颜色一样。用纯黑色或纯白色绘画会产生明显较暗或较亮的区域，但不会产生纯黑色或纯白色，如图 3.49 所示。

- 【强光】：模拟强光照射，复合或过滤颜色，具体取决于混合色。如果混合色比 50%灰色亮，则图像变亮，就像过滤后的效果。这对于向图像中添加高光非常有用。如果混合色比 50%灰色暗，则图像变暗，就像复合后的效果。这对于向图像添加暗调非常有用。用纯黑色或纯白色绘画会产生纯黑色或纯白色，如图 3.50 所示。

图 3.49　【柔光】模式　　　　　　　　图 3.50　【强光】模式

- 【线性光】：通过减小或增加亮度来加深或减淡颜色，具体取决于混合色，透明度不同时的效果如图 3.51 所示。

图 3.51　【线性光】模式

- 【亮光】：该模式通过减小或加深对比度来加深或减淡颜色，具体取决于混合色，如果混合色比 50%的灰色亮，则通过减小对比度来使图像变亮，如果混合色比 50%的灰色暗，则通过增加对比度来使图像变暗，透明度不同时的效果如图 3.52 所示。

图 3.52　【亮光】模式

- 【点光】：通过增加或减小对比度来加深或减淡颜色，具体取决于混合色，不透明度为 30%时的效果如图 3.53 所示。
- 【纯色混合】：该模式产生一种强烈的色彩混合效果，图层中亮度区域变得更亮，暗调区域颜色变得更深，不透明度为 30%时的效果如图 3.54 所示。

图 3.53　【点光】模式

图 3.54　【纯色混合】模式

- 【差值】：从基色中减去混合色，或从混合色中减去基色，具体取决于亮度值大的颜色。与白色混合基色值会反转，与黑色混合不会产生变化，不透明度为 30% 时的效果如图 3.55 所示。

- 【经典差值】：从基色中减去混合色，或从混合色中减去基色，优于【差值】模式，不透明度为 30% 时的效果如图 3.56 所示。

图 3.55　【差值】模式

图 3.56　【经典差值】模式

- 【排除】：该模式与【差值】模式相似，但对比度要更低一些，不透明度为 50% 时的效果如图 3.57 所示。

- 【相减】：对于黑色、灰色部分进行加深，完全覆盖白色，不透明度为 30% 时的效果如图 3.58 所示。

图 3.57　【排除】模式

图 3.58　【相减】模式

- 【相除】：用白色覆盖黑色，把灰度部分的亮度进行相应提高，不透明度为 70% 时的效果如图 3.59 所示。

- 【色相】：用基色的亮度和饱和度以及混合色的色相创建结果色，效果如图 3.60 所示。

图 3.59　【相除】模式

图 3.60　【色相】模式

- 【饱和度】：该模式用基色的亮度和色相，以及层颜色的饱和度创建结果颜色。如果底色为灰度区域，用此模式不会引起变化，不透明度为 60%时的效果如图 3.61 所示。
- 【颜色】：用基色的亮度以及混合色的色相和饱和度创建结果色，保留了图像中的灰阶，可很好地用于单色图像上色和彩色图像着色，不透明度为 90%时的效果如图 3.62 所示。

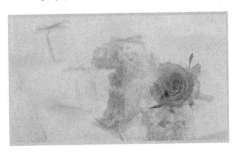
图 3.61　【饱和度】模式

图 3.62　【颜色】模式

- 【发光度】：用基色的色相和饱和度以及混合色的亮度创建结果色，透明度不同时的效果如图 3.63 所示。

图 3.63　【发光度】模式

- 【模板 Alpha】：该模式可以使模板层的 Alpha 通道影响到下方的层。图层包含有透明度信息，当应用【模板 Alpha】模式后，其下方的图层也具有了相同的透明度信息，效果如图 3.64 所示。
- 【模板亮度】：该模式通过模板层的像素亮度显示多个层。使用该模式，层中较暗的像素比较亮的像素更透明，效果如图 3.65 所示。

图 3.64 【模板 Alpha】模式

图 3.65 【模板亮度】模式

- 【轮廓 Alpha】：下层图像将根据模板层的 Alpha 通道生成图像的显示范围，不透明度为 30%时的效果如图 3.66 所示。
- 【轮廓亮度】：在该模式下，层中较亮的像素会比较暗的像素透明，不透明度为 70%时的效果如图 3.67 所示。

图 3.66 【轮廓 Alpha】模式

图 3.67 【轮廓亮度】模式

- 【Alpha 添加】：底层与目标层的 Alpha 通道共同建立一个无痕迹的透明区域，透明度为 70%时的效果如图 3.68 所示。
- 【冷光预乘】：该模式可以将层的透明区域像素和底层作用，使 Alpha 通道具有边缘透镜和光亮效果，透明度为 30%时的效果如图 3.69 所示。

图 3.68 【Alpha 添加】模式

图 3.69 【冷光预乘】模式

提 示

层模式不能设置关键帧动画，如果需要在某个时间上改变层模式，则需要在该时间点将层分割，对分割后的层应用新的模式。

3.5 图层的基本属性

在【时间轴】面板中，每个层都有相同的基本属性设置，在【时间轴】面板中【变换】下，可看到图层的属性，如图 3.70 所示。不同类型的层，它们的属性大致相同，图层的基本属性介绍如下。

图 3.70 图层的属性

- 【锚点】：设置锚点的位置。锚点控制图层的旋转或移动中心。
- 【位置】：设置层的位置。
- 【缩放】：设置层的比例大小。
- 【旋转】：设置层的旋转。
- 【不透明度】：设置层的透明度。

3.6 图层的类型

在 After Effects CC 中可以创建不同类型的图层，不同类型的图层，其作用也不相同。在【时间轴】面板的空白处右击，在弹出的快捷菜单中选择【新建】命令，在弹出的下一级快捷菜单中，将显示可以创建的图层类型，如图 3.71 所示。下面将对这些图层类型进行介绍。

图 3.71 图层类型

3.6.1 文本

文本层主要用于输入文本并设置文本动画效果，在【字符】面板和【段落】面板中可以对文本的字体、大小、颜色和对齐方式等属性进行设置，如图 3.72 所示。在【时间轴】面板的空白处右击，在弹出的快捷菜单中选择【新建】|【文本】命令，即可创建文本层。

图 3.72 创建文本

3.6.2 纯色

纯色层是一个单一颜色的静态层,主要用于制作蒙版、添加特效或合成的动态背景。在【时间轴】面板的空白处右击,在弹出的快捷菜单中选择【新建】|【纯色】命令,将弹出【纯色设置】对话框,如图 3.73 所示。在此对话框中可以对以下参数进行设置。

- 【名称】:设置纯色层的名称。
- 【宽度】:设置纯色层的宽度。
- 【高度】:设置纯色层的高度。
- 【将长宽比锁定为】:设置是否将纯色层的宽高比锁定。
- 【单位】:设置宽高的尺寸单位。
- 【像素长宽比】:设置像素比的类型。
- 【制作合成大小】:使纯色层的大小与创建的合成相同。
- 【颜色】:设置纯色层的背景颜色。

在【纯色设置】对话框中对参数设置完成后,单击【确定】按钮,在【项目】面板中将自动创建一个【固态层】文件夹,【纯色】层将保存在此文件夹中,如图 3.74 所示。

图 3.73 【纯色设置】对话框

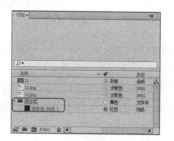

图 3.74 【固态层】文件夹

3.6.3 灯光

在制作三维合成时,为增强合成的视觉效果,需要创建灯光来添加照明效果,这时需要创建【灯光】层。在【时间轴】面板的空白处右击,在弹出的快捷菜单中选择【新建】|【灯光】命令,将弹出【灯光设置】对话框,如图 3.75 所示。在此对话框中可以对其参数进行设置。

图 3.75 【灯光设置】对话框

提 示

【灯光】层只能用于 3D 图层,在使用时需要将要照射的图层转换为 3D 图层。选择要转换的图层,在菜单栏中选择【图层】|【3D 图层】命令,即可将图层转换为 3D 图层。

3.6.4　摄像机

为了更好地控制三维合成的最终视图，需要创建【摄像机】层。通过对【摄像机】层的参数进行设置，可以改变摄像机的视角。在【时间轴】面板的空白处右击，在弹出的快捷菜单中选择【新建】|【摄像机】命令，将弹出【摄像机设置】对话框，如图 3.76 所示。

图 3.76　【摄像机设置】对话框

3.6.5　空对象

【空对象】层可以用于辅助动画制作，也可以在其上进行效果和动画的设置，但其不能在最终的合成效果中显示。通过将多个层与【空对象】层进行链接，当改变【空对象】层时，其链接的所有子对象也将随之变化。在【时间轴】面板的空白处右击，在弹出的快捷菜单中选择【新建】|【空对象】命令，即可创建【空对象】层。

3.6.6　形状图层

【形状图层】用于绘制矢量图形和制作动画效果，能够快速绘制其预设形状，也可以在工具栏中使用【钢笔工具】按钮 绘制形状。在【时间轴】面板的空白处右击，在弹出的快捷菜单中选择【新建】|【形状图层】命令，即可创建形状图层。在形状图层中添加一些特殊效果可以增强形状效果。

3.6.7　调整图层

调整图层用于对其下面所有图层进行效果调整，当该层应用某种效果时，只影响其下所有图层，并不影响其上的图层。在【时间轴】面板的空白处右击，在弹出的快捷菜单中选择【新建】|【调整图层】命令，即可创建调整图层，如图 3.77 所示。

图 3.77　【调整图层】命令

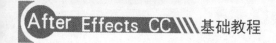

3.6.8 Adobe Photoshop 文件

在创建合成的过程中，若需要使用 Photoshop 编辑图片文件，可以在【时间轴】面板的空白处右击，在弹出的快捷菜单中选择【新建】|【Adobe Photoshop 文件】命令，将弹出【另存为】对话框，选择文件的保存位置后，单击【保存】按钮，系统将自动打开 Photoshop 软件，这样就可以编辑图片，并且在【时间轴】面板中创建 Photoshop 文件图层。

3.6.9 MAXON CINEMA 4D 文件

After Effects CC 新增加了对 MAXON CINEMA 4D 文件的支持，若要创建 CINEMA 4D 文件，可以在【时间轴】面板的空白处右击，在弹出的快捷菜单中选择【新建】|【MAXON CINEMA 4D 文件】命令，将弹出【新建 MAXON CINEMA 4D 文件】对话框，选择文件的保存位置后，系统将自动打开 CINEMA 4D 软件，这样就可以编辑图像，并且在【时间轴】面板中创建 CINEMA 4D 文件图层。

3.7 图层的栏目属性

在【时间轴】面板中，图层的栏目属性有多种分类。在属性栏上右击，在弹出的菜单中选择【列数】命令，在弹出的子菜单中可选择要显示的专栏，如图 3.78 所示。名称前有√标志的是已打开的专栏。

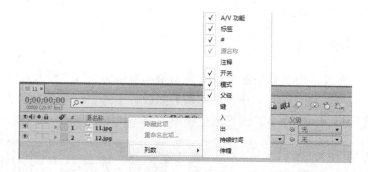

图 3.78　显示栏目

3.7.1 A/V 功能

【A/V 功能】栏中的工具按钮主要用于设置层的显示和锁定，其中包括【视频】、【音频】、【独奏】和【锁定】等工具按钮。

- 【视频】按钮 ：单击该图标可以让眼睛图标显示或隐藏，同时也影响这一层的显示或隐藏。单击其中几个图层的 按钮，将其关闭，在【合成】面板中将隐藏相应的图层。
- 【音频】按钮 ：该图标仅在有音频的层中出现，单击这个图标可让该图标隐藏，同时也会关闭该层的音频输出。同时也影响这一音频层中音频的使用或关闭，这里在时间轴中放置一个音频层，按小键盘上的"."（小数点）键监听其声音，并在【音频】面板中查看其音量指示，如图 3.79 所示。

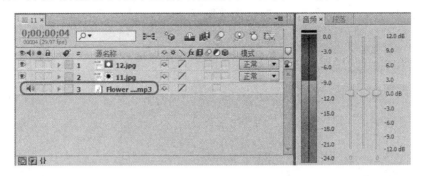

图 3.79　预览音频和查看其音量指示

如果单击音频层前面的 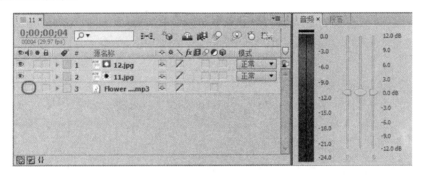 图标，则将其关闭，预览时将没有声音，同时也看不到音频指示，如图 3.80 所示。

图 3.80　关闭音频

- 【独奏】 ：如果想单独显示某一图层，单击这一层的 图标后，合成预览面板中将会只显示这一层。
- 【锁定】 ：为了防止图层被编辑，可以选择要锁定的层，打开 图标，该层将无法进行其他编辑操作，不能被选中。这就有效地避免了在制作过程中对图层可能产生的错误操作。

3.7.2　标签、#和源名称

标签、#和源名称都是显示层的相关信息，如标签显示层在【时间轴】面板中的颜色，#显示层的序号，源名称则显示层的名称。

- 【标签】图标 ：在【时间轴】面板中，可使用不同颜色的标签来区分不同类型的层。不同类型的层有自己默认的颜色，如图 3.81 所示。用户也可以自定义设置标签的颜色，在标签颜色的色块上单击，在弹出的菜单中可选择系统预置的标签颜色。如图 3.82 所示，为相同类型的层，设置不同的标签颜色。
- #图标 ：显示图层序号。图层的序号由上至下从 1 开始递增，图层的序号只代表该层当前位于第几层，与图层的内容无关。图层的顺序改变后，序号由上至下递增的顺序不变。

- 【源名称】图标 ：显示层的来源名称。源名称图标与图层名称图标之间可互相转换。单击其中一个时，当前图标会转换成另一个。源名称用于显示图片、音乐素材图层原来的名称；图层名称显示图层新的名称。如果在图层名称状态下，素材图层没有经过重命名，则会在图层原名称上添加"[ ]"，如图 3.83 所示。

图 3.81　不同的标签颜色图层　　　　　图 3.82　相同的标签颜色设置

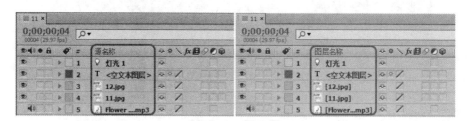

图 3.83　源名称与图层名称

3.7.3　开关

【开关】栏中的工具按钮主要用于设置层的效果，其各个工具按钮的功能介绍如下。

- 【躲避】按钮 ：隐藏【时间轴】面板中的层。这个图标需要和【时间轴】面板上方的 图标配合使用，当需要隐藏过多的图层时，可以使用隐藏功能，将一些不用设置的图层在【时间轴】面板中暂时进行隐藏，有针对性地对重点层进行操作。使用方法分为两步，第一步先在时间轴中选择暂时不作处理、可以隐藏的图层，单击其 图标，使其变换为 ，然后单击【时间轴】面板上方的 图标，对所有标记有 图标的层设置躲避。

如果需要将设置躲避的层显示出来，可再次单击 图标，隐藏的层就会显示出来。

- ：当图层为合成图层时，该按钮起到折叠变化的作用；对于矢量图层，则起到连续栅格化的作用。

 图标针对导入的矢量图层、相关制作的图层和嵌套的合成层等的操作。例如，导入一个 EPS 格式的矢量图，并将其【缩放】参数调大，如图 3.84 所示。放大后的矢量图形有些模糊，打开该图层的 图标，图像会变清晰，如图 3.85 所示。

图 3.84　矢量图　　　　　　　　　　　图 3.85　图像变清晰

提 示

对于以线条为基础的矢量图形，其优势就是可以无限放大也不会变形，只是在细节上就没有以像素为基础的位图细腻了。

- 【品质】按钮：该图标用于设置图层在【合成】面板中以怎样的品质显示画面效果。图标是以较好的质量显示图层效果；图标是以差一些的草稿质量显示图层效果；图标是双立方采样，在某些情况下，使用此采样可获得明显更好的结果，但速度更慢。执行【图层】|【品质】|【线框】命令，可显示线框图。在【时间轴】面板的图层上会出现图标，如图 3.86 所示。

图 3.86　【线框】效果

- 【效果】按钮 *fx*：用于打开或关闭图层上的所有特效应用。单击 *fx* 按钮，该图标会隐藏，同时关闭相应图层中特效的应用。再次单击显示该图标，同时打开相应图层中的特效应用。

- 【帧混合】按钮：此按钮能够使帧的内容混合。当将某段视频素材的速度调慢时，需将同样数量的帧画面分配到更长的时间段播放，这时帧画面的数量会不够，会产生画面抖动的现象。【帧混合】能够对抖动模糊的画面进行平滑处理，对缺少的画面进行补充，使视频画面清晰，提高视频的质量。

- 【动态模糊】按钮：用于设置画面的运动模糊，模拟快门状态。

若播放电影或电视时，其每一帧画面看起来像照片一样清晰，那么，会出现画面闪烁的现象，使得画面看起来并不像连续的变化。这时需要运用运动模糊对静止图像设置动画，这样更有利于表现出物体的动势，能够提高图像动画中的运动视觉效果。

在没有使用运动模糊技术时，动画的静止画面是清晰的，当打开图标后，单击【时间轴】面板上部的图标，这时再播放动画，【合成】面板中的图像会显示有明显的运动模糊效果，同时动画效果也变得平滑自然。下面将介绍设置【动态模糊】的具体操作步骤。

(1) 新建项目文件，在【项目】面板中右击，在弹出的快捷菜单中选择【新建合成】命令，在弹出的【合成设置】对话框中，将【合成名称】设置为运动模糊、【宽度】设置为 1024、【高度】设置为 576、【持续时间】设置为 0:00:00:05，如图 3.87 所示。

(2) 在【工具栏】中选取【椭圆工具】按钮 ◯，在【合成】面板中，按住 Shift 键绘制一个圆，然后单击【切换透明网格】按钮 ▨，如图 3.88 所示。

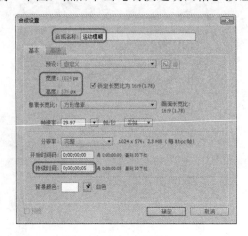

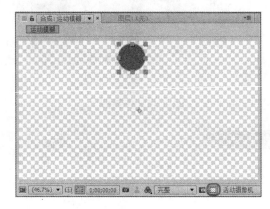

图 3.87　【合成设置】对话框　　　　　　　　图 3.88　绘制圆

(3) 在【时间轴】面板中将时间设置为 0:00:00:00，在【形状图层 1】的【变换】下，单击【位置】左侧的【时间变化秒表】按钮 ⏱，将其值设置为 512、288，如图 3.89 所示。

图 3.89　设置位置参数

(4) 在【时间轴】面板中将时间设置为 0:00:00:04，将【位置】设置为 512、700，如图 3.90 所示。

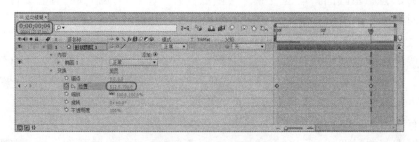

图 3.90　设置位置参数

(5) 在【时间轴】面板中将时间设置为 0:00:00:02，在【运动模糊】按钮 ⬡ 栏下单击，为其标记 ⬡ 图标，然后单击【时间轴】面板上部的 ⬡ 图标，如图 3.91 所示。

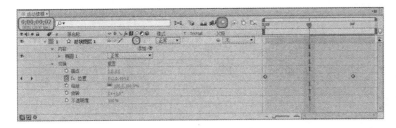

图 3.91　设置运动模糊

(6)　设置运动模糊前的圆，如图 3.92 所示。设置运动模糊后的圆，如图 3.93 所示。

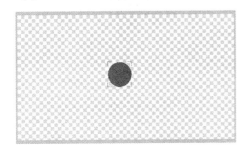

图 3.92　设置运动模糊前的圆　　　　　图 3.93　设置运动模糊后的圆

- 【调整图层】按钮 ：使用该按钮将调整图层上使用的特效，将其效果反映在其下的全部图层上。调节层自身不会显示任何效果，只是对其下面所有的层进行效果调节的作用，而不影响其上面的层。
- 【3D 图层】按钮 ：将图层转换为在三维环境中操作的图层。当为一个图层设置 图标后，可以受到摄像机或灯光的影响，这个层的属性由原来的二维属性转换为三维属性，如图 3.94 所示。

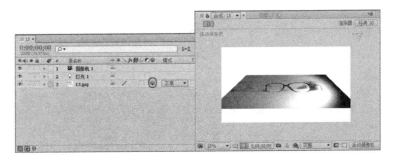

图 3.94　二维图层转换为三维图层

3.7.4　模式

【模式】用于设置层之间的叠加效果，或蒙版设置等。

- 【模式】按钮 ：用于设置图层间的模式，不同的模式可产生不同的效果。
- 【保留基础透明度】 ：这个图标可以将当前层的下一层的图像作为当前层的透明遮罩。导入两个素材图片后，在底层图片添加椭圆形蒙版后，在【保留基础透明度】按钮 栏下，为最上面的图层点亮 图标，其效果如图 3.95 所示。

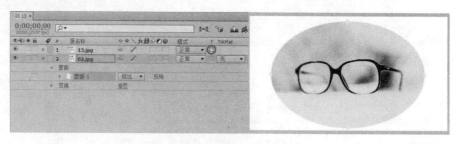

图 3.95　遮罩显示图片

- 【轨道遮罩】 TrkMat：在 After Effects CC 中可以使用轨道遮罩功能，通过一个遮罩层的 Alpha 通道或亮度值定义其他层的透明区域。其遮罩方式分为【Alpha 遮罩】、【Alpha 反转遮罩】、【亮度遮罩】和【亮度反转遮罩】4 种。
  - 【Alpha 遮罩】：在下层图层使用该项可将上层图层的 Alpha 通道作为图像层的透明蒙版，同时上层图层的显示状态也被关闭，如图 3.96 所示。

图 3.96　设置【Alpha 遮罩】

  - 【Alpha 反转遮罩】：使用该项可将上层图层作为图像层的透明蒙版，同时上层图层的显示状态也被关闭，如图 3.97 所示。

图 3.97　设置【Alpha 反转遮罩】

  - 【亮度遮罩】：使用该项可通过亮度来设置透明区域，如图 3.98 所示。

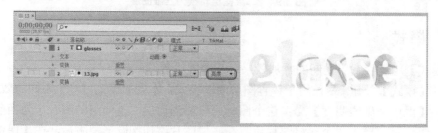

图 3.98　设置【亮度遮罩】

◆　【亮度反转遮罩】：使用该项可反转亮度蒙版的透明区域，如图 3.99 所示。

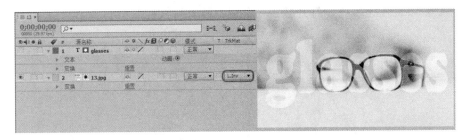

图 3.99　设置【亮度反转遮罩】

3.7.5　注释和键

【注释】栏用来对图层进行备注说明，方便区分图层，起辅助作用。

在【键】栏中，可以设置图层参数的关键帧。当图层中的参数设置项中有多个关键帧时，可以使用向前或向后的指示图标，跳转到前一关键帧或后一关键帧，如图 3.100 所示。

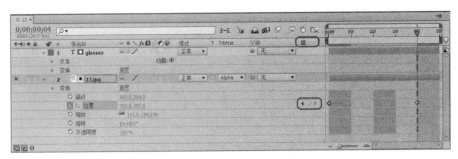

图 3.100　在【键】栏显示关键帧

3.7.6　其他功能设置

在【时间轴】面板中还有其他一些按钮，它们有着不同的功能，详细介绍如下。

●　【展开或折叠"图层开关"窗格】按钮：该按钮位于【时间轴】面板的底部，用于打开或关闭【开关】栏。单击该按钮打开开关框，如图 3.101 左图所示，再次单击则关闭开关框，如图 3.101 右图所示。

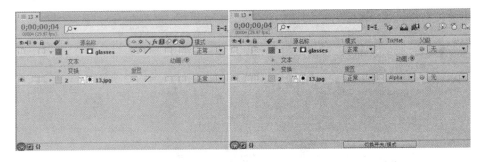

图 3.101　打开和关闭开关框

- 【展开或折叠"转换控制"窗格】按钮：该按钮同样也位于【时间轴】面板的底部，单击该按钮，打开转换控制框，打开转换控制框和关闭转换控制框时的效果如图 3.102 所示。

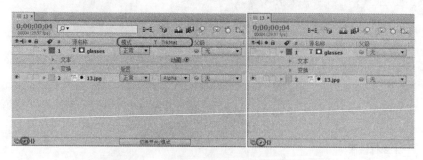

图 3.102　打开和关闭转换控制框时的效果

- 【展开或折叠"入点"/"出点"/"持续时间"/"伸缩"窗格】按钮：该按钮同样也位于【时间轴】面板的底部，单击该按钮，打开和关闭窗格时的效果如图 3.103 所示。

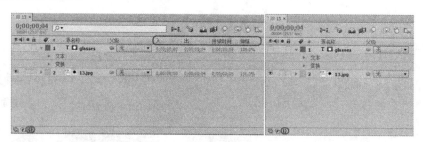

图 3.103　打开和关闭窗格

- 【切换开关/模式】按钮　切换开关/模式　：该按钮用于【开关】栏和【模式】栏之间的切换，单击此按钮后，将打开其中一个栏并关闭另一个栏。

- 【放大到单帧级别或缩小到整个合成】按钮：用于对时间轴进行缩放，单击左侧的图标或将滑块向左移，将时间轴缩小到整个合成，可以查看【时间轴】面板中素材的全局时间。相反，单击右侧的图标或将滑块向右移，将时间轴放大到帧级别，可以查看【时间轴】面板中素材的局部时间点。滑块移到最右侧时，以帧为单位查看，如图 3.104 所示。

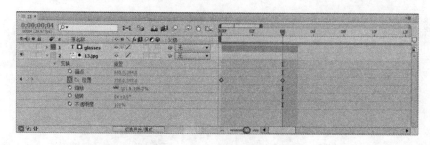

图 3.104　以帧为单位查看

- 【合成标记容器】按钮：向左拖曳可获得一个新标记。可以用添加标记的方式，在【时间轴】面板中标记时间点，辅助制作合成时进行入点、出点、对齐或关键帧设置时间点的确定。

- 【合成按钮】按钮 ：单击该按钮，可将激活【合成】面板，将其显示在最前方。
- 【时间范围】滑块：用于调节时间范围。时间范围调节条在【时间轴】面板中的时间标尺上面，可以用来调整时间轴的某一时间区域的显示。时间范围调节条的两端可以用鼠标进行左右拖曳，将其向两端拖曳至最大时，将显示这个合成时间轴的全部时间范围，如图 3.105 所示。当将时间范围调节条的左端向右拖曳，或者将右端向左拖曳时，通过移动时间范围调节条，可以查看时间轴中的局部时间区域，用来进行局部的操作，如图 3.106 所示。

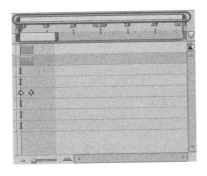

图 3.105　查看全部时间范围

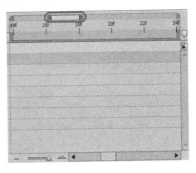

图 3.106　查看局部时间范围

- 【工作区】滑块：用于调整工作区范围。工作区范围在【时间轴】面板的时间标尺下面，与上面介绍的时间范围在拖曳的操作方法上相同，但两者作用不同。时间范围为了方便操作，对显示区域的大小进行控制，而工作区范围则影响到这个合成时间轴中最终效果输出时的视频长度。例如，在一个长度为 2 秒的合成中，将工作区域范围设置为从第 0 帧至第 20 帧。这样在最终的渲染输出时，会以工作区范围的长度为准，输出为一个长度为 20 帧的文件，如图 3.107 所示。
- 【当前时间指示器】按钮 ：用来在【时间轴】面板中进行时间的定位，辅助合成制作。可以在【时间轴】面板的当前时间的时码显示处改变当前时间码，来移动【时间指示器】的位置；也可以直接用鼠标在【时间轴】面板的时间标尺上进行拖曳，改变时间位置，同时时间码处会显示当前的时间，如图 3.108 所示。

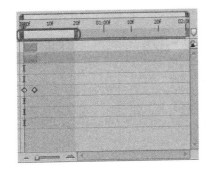

图 3.107　设置工作区范围

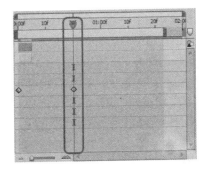

图 3.108　设置【时间指示器】的位置

3.8 层的【父级】设置

【父级】功能可以使一个子级层继承另一个父级层的属性，当父级层的属性改变时，子级层的属性也会发生相应的变化。

当在【时间轴】面板中有多个层时，选择一个图层，单击【父级】栏下该图层的【无】按钮，在弹出的菜单中选择一个图层作为该图层的父层，如图 3.109 所示。选择一个层作为父层后，在【父级】栏下会显示该父层的名称，如图 3.110 所示。

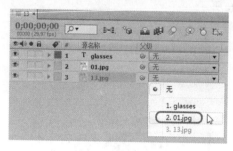

图 3.109 在弹出的下拉菜单中选择父层

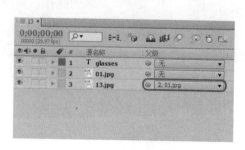

图 3.110 选择父层后的效果

使用按钮 ⚫ 也可设置图层间的父子层关系。选择一个图层作为子层，单击该层【父级】栏下的按钮 ⚫，按住并移动鼠标，拖曳出一条连线，然后移动到作为父级层的图层上，如图 3.111 所示。释放鼠标后，两个图层建立起了父子层关系。

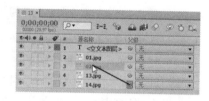

图 3.111 使用连线建立父子层

提 示

当两个图层建立了父层关系后，子层的【透明度】属性不受父层【透明度】属性的影响。

3.9 时间轴控制

在 After Effects CC 中，所有的动画都是基于时间轴进行设置的，如同在 Flash 中一样，通过对关键帧的设置，在不同的时间，物体的属性将发生变化，通过改变物体的形态或状态来实现动画效果，在真实世界里时间是不能倒流的，但在 After Effects CC 中设置动画，可以将其加速或减速，甚至倒放时间。

在【时间轴】面板底部单击【展开或折叠"入点"/"出点"/"持续时间"/"伸缩"窗格】按钮 ，将打开控制时间的各个参数栏，在此设置参数可以对合成中的各个层的时间进行控制。

3.9.1　使用入点和出点

使用入点和出点可以方便地控制层播放的开始时间和结束时间，通过它们也可以改变素材片段的播放速度，改变【伸缩】值。在【时间轴】面板中选择素材图层，将时间轴拖曳到某个时间位置，按住 Ctrl 键的同时，单击入点或出点的数值，即可设置素材层播放的开始时间和结束时间，【持续时间】和【伸缩】的数值也将随之改变，如图 3.112 所示。

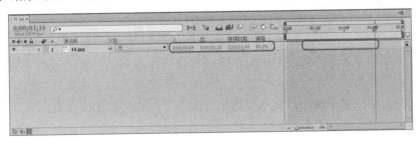

图 3.112　设置入点和出点

3.9.2　倒放播放

在一些视频节目中，经常会看到倒放的动态影像，利用【伸展】属性可以很方便地实现视频的倒放，只要把【伸缩】调整为负值就可以了。

下面介绍设置倒放时间的具体操作步骤。

(1)　打开随书附带光盘中的 CDROM\素材\Cha03\倒放时间项目.aep 项目文件，如图 3.113 所示。

(2)　在【时间轴】面板中，单击【伸缩】栏下的数值，在弹出的【时间伸缩】对话框中，将【拉伸因数】设置为-100，如图 3.114 所示。

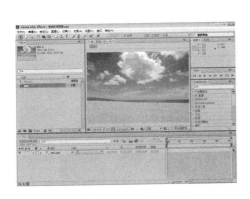

图 3.113　打开素材文件

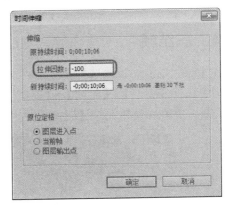

图 3.114　【时间伸缩】对话框

(3)　单击【确定】按钮，在【时间轴】面板的【工作区】滑块下，将视频素材层的时间条进行拖曳，如图 3.115 所示。

(4)　将时间条拖曳到适当位置，对视频进行播放即可完成倒放时间的设置操作，如图 3.116 所示。

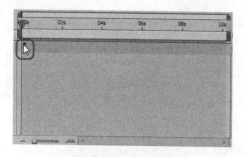
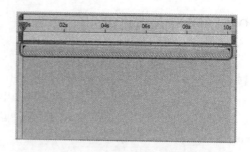

图 3.115 拖曳进度条   图 3.116   将进度条拖曳到适当位置

当将【伸缩】设置为负值时，时间条上会出现红色的斜线，表示已经颠倒了时间，但是图层会移动到别的地方，因为在倒放的过程中，图层以入点为变化基准的，所以反向时导致位置上的变动，除了使用鼠标拖曳图层时间条外，也可以通过设置入点和出点来调整位置。

在【时间轴】面板中选择视频素材层，在菜单栏中选择【图层】|【时间】|【时间反向图层】命令，或按 Ctrl+Alt+R 组合键，时间条上会出现红色的斜线，这样可以快速地将整个视频素材实现倒放播放的效果。

3.9.3 伸缩时间

在【时间轴】面板中选择素材层，单击【伸缩】栏下的数值，或在菜单栏中选择【图层】|【时间】|【时间伸缩】命令，在弹出的【时间伸缩】对话框中，对【拉伸因数】或【新持续时间】进行设置，可以设置延长时间或缩放时间，如图 3.117 所示。

图 3.117   【时间伸缩】对话框

3.9.4 冻结帧

在【时间轴】面板中选择视频素材层，将时间滑块放置在需要停止的时间位置上，在菜单栏中选择【图层】|【时间】|【冻结帧】命令，执行操作后，画面将停止在时间滑块所在的位置，并在图层中添加【时间重映射】属性，如图 3.118 所示。

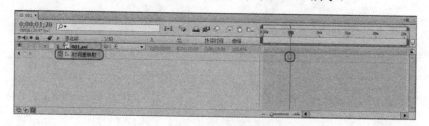

图 3.118   添加【冻结帧】

3.10　矢　量　图　形

在 After Effects CC 中的图层包括多种类型，其中形状图层是专门用来放置矢量图形对象的。通过 After Effects CC 中的几何图形工具和钢笔工具，不仅能够绘制标准图形，还可以绘制任何形状的图形，从而丰富作品的后期效果。矢量图形可以在素材上根据需要绘制图形作为独立的对象元素，或创建对影片起到修饰、补充、强调等作用的非独立影片元素，还可以创建简单的动态过程，例如模仿绘图、书写等动态过程效果。

3.10.1　绘制与编辑标准图形

在 AE 中创建的矢量图形对象并不是一个素材，而是一个矢量形状图层。在不选中任何图层的情况下，绘制图形后将同时在【时间轴】面板中创建一个形状图层。也可以先创建一个形状图层，然后在此图层上绘制图形。

在 AE 中，矢量图形包括矩形、圆角矩形、椭圆、多边形和星形等，其绘制的方法基本相同，并且绘制每个图形后，都附带其相应的属性选项。

1. 绘制矩形图形

在工具栏中选择【矩形工具】按钮，在【合成】面板中的适当位置单击并拖曳鼠标，在绘制图形的同时，在【时间轴】面板中同样也会创建一个【形状图层 1】图层，如图 3.119 所示。

图 3.119　绘制矩形

> **提示**
>
> 当选择【矩形工具】按钮时，可在其右侧单击【填充】和【描边】右侧的颜色框，在弹出的对话框中可以设置填充颜色和描边颜色，在绘制矩形时按住 Shift 键可绘制正方形，按住空格键可以移动绘制的图形。

2. 编辑矩形路径

当绘制矩形后，在【时间轴】面板中将显示矩形对象的所有属性选项，其中，【矩形路径 1】选项组是用来设置该对象的【大小】、【位置】以及【圆度】等属性，在属性选项右侧单击，输入数值后按 Enter 键确认即可编辑参数，如图 3.120 所示。

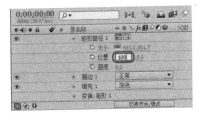

图 3.120　输入数值

提 示

　　【大小】参数数值，既可以成比例地进行设置，也可以在【大小】选项右侧单击██按钮，单独进行设置【宽度】或【高度】。

　　【圆度】选项是用来定义矩形对象的圆角半径的，数值越大圆角越明显。只有当此数值为 0 时，才是标准矩形，当该数值大于 0 时，该图形就是圆角矩形，如图 3.121 所示，该图形与【圆角矩形工具】绘制出的效果相同。

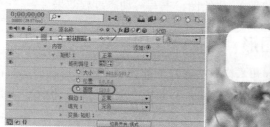

图 3.121　设置【圆度】

3. 编辑描边

　　【描边】选项组是用来设置所选矩形对象的描边效果，其中各个子选项分别用来控制描边中的颜色、透明度、边宽等效果的。下面将介绍各个子选项的作用。

- 【合成】：该选项是用来控制整个描边的效果。
- 【颜色】：单击其右侧的颜色框，将会弹出【颜色】对话框，用户可以在该对话框中设置描边的颜色。
- 【不透明度】：该选项设置描边的不透明度效果。
- 【描边宽度】：该选项主要控制描边的宽度。
- 【线段端点】：该下拉菜单中的选项用来控制线条两端的形状。
- 【线段连接】：该下拉菜单中的选项用来设置拐角处线段的连接方式。
- 【尖角限制】：用于设置对尖角的限制，当尖角大于设置的数值时，尖角将变为平角。当【尖角限制】数值设置为 2 时，矩形边角如图 3.122 所示；当【尖角限制】数值设置为 1 时，矩形边角如图 3.123 所示。

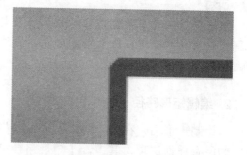

图 3.122　【尖角限制】数值设置为 2 时　　　图 3.123　【尖角限制】数值设置为 1 时

- 【虚线】：该选项用来定义每一段的长度和间隔的尺寸，用于设置虚线效果，在其右侧单击██按钮，即可设置虚线效果，并可以对【虚线】和【偏移】属性进行设置，如图 3.124 所示。如果用户不想添加虚线效果，可在其右侧单击▬按钮，执行操作后，即可删除虚线效果。

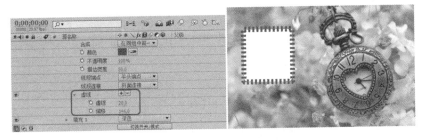

图 3.124　设置虚线效果

4. 编辑填充

【填充】选项组用来控制所选矩形的填充效果，该选项组中的【填充规则】是用来控制填充处理方式的，而【颜色】和【不透明度】子选项主要设置填充颜色和不透明度效果，将【颜色】设置为白色、【不透明度】设置为 58%时的效果如图 3.125 所示。

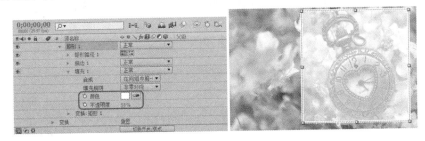

图 3.125　填充效果

5. 编辑矩形变换效果

【变换：矩形 1】选项组与图层中的【变换】选项组中的选项基本相同，但是前者是专门用来控制所选矩形图形，后者则是控制所在图层中的所有图形对象的。其中，【变换：矩形 1】选项组中的【倾斜】控制倾斜的角度，【倾斜轴】控制倾斜的方向，【旋转】控制矩形图形的旋转角度，调整后的效果如图 3.126 所示。

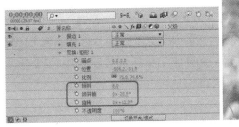

图 3.126　调整后的效果

6. 绘制其他图形

除了绘制矩形图形外，还可以绘制圆角矩形、椭圆、多边形和星形等图形。绘制其他图形的方法与绘制矩形的方法相同，只要单击工具栏中的工具按钮，在弹出的菜单中选择相应的工具，如图 3.127 所示，即可在【合成】面板中绘制相应的图形。绘制其他图形后的效果如图 3.128 所示。

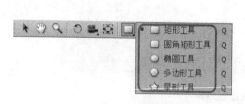

图 3.127　绘图工具

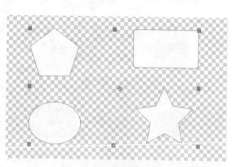

图 3.128　绘制其他图形后的效果

　　每绘制一个图形后，都会在形状图层创建相应的属性设置。每个图形对象的属性基本相似，只有在相应的路径选项组中，添加了不同形状特有的选项设置。比如星形图形路径中添加了【点】、【内径】、【外径】等子选项，【多边形】图形中的路径与星形图形中的基本相同，星形和多边形调整各个参数后的效果如图 3.129、图 3.130 所示。

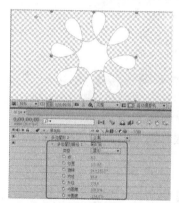

图 3.129　调整星形参数后的效果

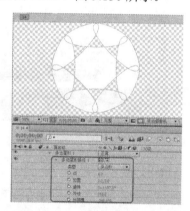

图 3.130　调整多边形参数后的效果

3.10.2　绘制自由路径图形

　　在工具栏中选择【钢笔工具】按钮，即可绘制路径。路径是矢量绘图中最基础的概念，路径可分为直线和曲线，直线非常简单，两个节点和连接节点的直线形成直线路径。

　　路径可以定义为开放式路径和闭合式路径两种。在开放式路径中可以查看路径的开始节点和结束节点，如图 3.131 所示，开放式路径是在开始节点和结束节点之间虚拟绘制一条直线，将颜色填充到该封闭区域中；闭合式路径的开始节点和结束节点是闭合在一起的，如图 3.132 所示，闭合路径是将颜色填充到路径封闭的区域中。

1．绘制路径

　　绘制路径时可以在工具栏中选择【钢笔工具】按钮，在【合成】面板中任意位置上单击即可创建第一个节点，再在其他位置上单击，即可创建第二个节点，如图 3.133 所示。

如果要绘制曲线路径，可以在创建第二个节点时单击并进行拖曳，如图 3.134 所示，从而通过控制柄的长度来决定弯曲的弧度。

图 3.131　开放式路径

图 3.132　闭合式路径

图 3.133　绘制直线路径

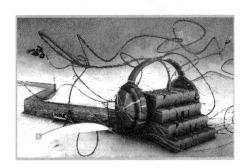

图 3.134　绘制曲线路径

2. 调整路径形态

当绘制的路径有多个顶点时，可以通过使用【添加顶点工具】按钮、【删除顶点工具】按钮和【转换顶点工具】按钮等顶点调整工具，对路径的顶点进行调整来改变路径形态。

在工具栏中的【钢笔工具】按钮上单击，在弹出的列表中选择【添加顶点工具】按钮，可以在路径中添加顶点。只要选择该工具后，在路径上单击即可添加顶点，如图 3.135 所示。

图 3.135　添加顶点

当要删除路径中的某个顶点，可在工具栏中选取【删除顶点工具】按钮后，在需要删除的顶点上单击，执行操作后即可删除该顶点，如图 3.136 所示。

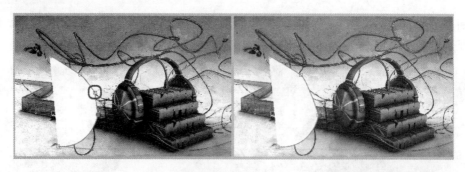

图 3.136 删除顶点

　　用户还可以使用【选择工具】按钮，在路径上选择需要删除的顶点，然后按 Delete
键进行删除即可。

　　在工具栏中选择【转换顶点工具】按钮，用户可
以使用该工具在顶点处单击并进行拖曳，从而改变路径
的弯曲程度与方向，如图 3.137 所示。如果使用【转换
顶点工具】按钮在顶点上单击，则能将曲线路径转换
为直线路径，当再次单击该节点时，直线路径将转换
为曲线路径。

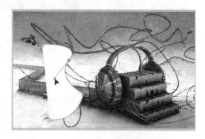

3.10.3　填充与描边

图 3.137　调整顶点弯曲程度与方向

　　当绘制一个图形对象时，无论是单击工具栏中的
【填充】或【描边】右侧的颜色框，还是在【时间轴】面板中的【描边】或【填充】选项
组中设置，均可以对颜色进行设置。如果在工具栏中单击【填充】或【描边】选项的文
本，将弹出【填充选项】对话框或【描边选项】对话框，如图 3.138 所示。

图 3.138　【填充选项】对话框和【描边选项】对话框

1. 设置填充方式

　　在【填充选项】对话框中有 4 种填充方式，其中包括【无】按钮、【纯色】按钮
、【线性渐变】按钮、【径向渐变】按钮，默认情况下，填充色为【纯色】。用
户还可以在【填充选项】对话框中单击【无】按钮，单击该按钮后【时间轴】面板中的
【填充】选项组不变，但是所绘制的图形不再填充颜色。

　　当单击【线性渐变】按钮或【径向渐变】按钮后，【合成】面板中图形的颜色将变为黑白渐变填充，同时【时间轴】面板中的【填充 1】选项组将会变为【渐变填充 1】选项组，同时该选项组中还添加了【类型】、【开始点】、【结束点】和【颜色】等设置属性。

- 【类型】：在下拉菜单中提供了两种类型，用户可以在该菜单中随意切换【线性】或【径向】渐变，如图 3.139 所示。

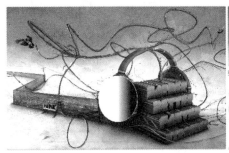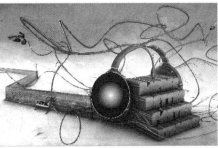

图 3.139　【线性】和【径向】渐变

- 【开始点】：该选项主要调整渐变的开始位置。
- 【结束点】：该选项主要调整渐变的结束位置。
- 【颜色】：单击其右侧的【编辑渐变】按钮，用户可以在弹出的【渐变编辑器】对话框中设置渐变的颜色，如图 3.140 所示。

当设置完成后，在【编辑渐变】对话框中单击【确定】按钮即可。除此之外，用户还可以使用【选择工具】按钮，在【合成】面板中手动调整开始点或结束点位置，如图 3.141 所示。

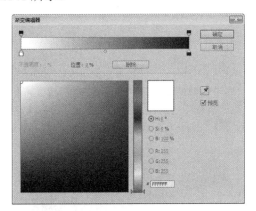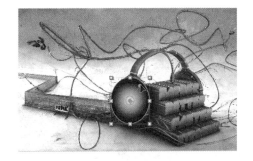

图 3.140　【渐变编辑器】对话框　　　　　图 3.141　手动调整渐变

2. 设置描边

绘制一个图形对象后，可以对其【描边 1】属性进行设置，如图 3.142 所示。在 After Effects CC 中的每个图形不是只能设置一个描边颜色、填充颜色，在同一个图形中可以设置多个描边颜色以及填充颜色，用户可以根据需要设置多种描边颜色。

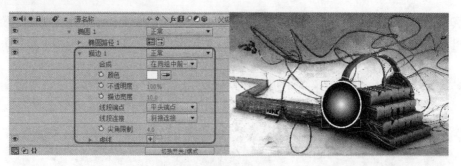

图 3.142　设置描边

3.10.4　图形效果

在 AE 中对于自行创建的矢量图形对象提供了不同的图形效果，以丰富图形对象的效果，而这些效果都通过单击图形图层中【内容】右侧的【添加】按钮，在弹出的下拉菜单中选择图形效果，如图 3.143 所示。主要的图形效果介绍如下。

- 【收缩和膨胀】：将相应的图形对象进行收缩和膨胀，处理的图形对象将出现相应的变形效果，如图 3.144 所示。
- 【中继器】：对选中对象进行复制处理。
- 【圆角】：设置图形对象的圆角。

图 3.143　图形效果

- 【修剪路径】：对图形对象的路径进行修改、裁剪。
- 【扭转】：将相应的图形对象进行扭曲旋转处理。
- 【Z 字形】：对图形对象设置锯齿效果，如图 3.145 所示。

图 3.144　收缩和膨胀

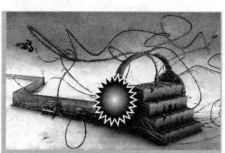

图 3.145　Z 字形

在【添加】下拉菜单中用户还可以选择其他一些变形效果，不同的变形效果出来的效果也不同，用户可以根据需要进行设置。

3.11　上机实践——制作花开动画

After Effects CC 也被称为会动的 Photoshop，它不仅可以进行复杂专业的影视包装和视觉特技的制作，还可以通过为图层添加关键帧来制作简单的动画。本例我们学习制作花开动画，完成后的效果如图 3.146 所示。

图 3.146　花开动画

（1）　启动 After Effects CC 软件，在【项目】面板中双击鼠标，在弹出的【导入文件】对话框中，选择随书附带光盘中的 CDROM\素材\Cha03\背景 01.jpg 素材图片，如图 3.147 所示。

（2）　单击【导入】按钮，将素材图片导入到【项目】面板中，如图 3.148 所示。

图 3.147　选择素材图片

图 3.148　导入素材图片

（3）　在【项目】面板中，拖曳 01.jpg 素材图片至【时间轴】面板的空白处，如图 3.149 所示。

（4）　释放鼠标后将自动创建合成，如图 3.150 所示。

（5）　在【时间轴】面板的空白处右击，在弹出的快捷菜单中选择【合成设置】命令，如图 3.151 所示。

（6）　在弹出的【合成设置】对话框中，将【帧速率】设置为 25，将【持续时间】设置为 0:00:03:00，如图 3.152 所示。

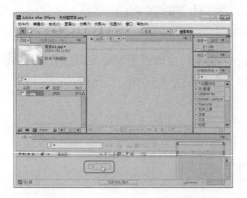

图 3.149　拖曳 01.jpg 素材图片　　　　　图 3.150　创建合成

图 3.151　选择【合成设置】命令　　　　　图 3.152　【合成设置】对话框

(7)　在【时间轴】面板的空白处右击，在弹出的快捷菜单中选择【新建】|【形状图层】命令，如图 3.153 所示。

(8)　选中【形状图层 1】，在工具栏中选取【星形工具】按钮☆。在【合成】面板中绘制一个星形，如图 3.154 所示。

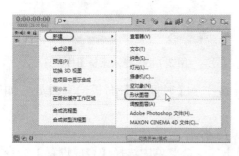

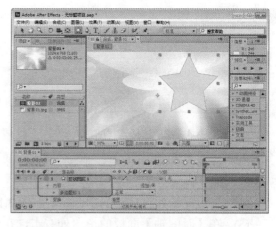

图 3.153　选择【形状图层】命令　　　　　图 3.154　绘制星形

(9)　在【时间轴】面板中，将【内容】|【多边星形 1】|【多边星形路径 1】中的【点】设置为 8、【内径】设置为 50、【外径】设置为 440、【外圆度】设置为 210.0%，

如图 3.155 所示。

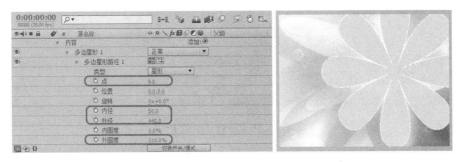

图 3.155　设置多边星形路径 1

(10) 在【描边 1】组中，将【描边宽度】设置为 20；在【填充 1】组中，将【颜色】的 RGB 值设置为 255、218、70，如图 3.156 所示。

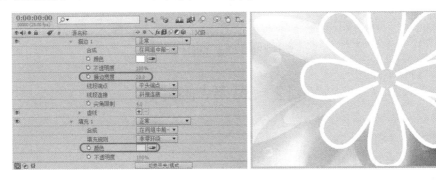

图 3.156　设置描边和填充

(11) 在【时间轴】面板中，将当前时间设置为 0:00:00:00，在【多边星形路径 1】组中，单击【旋转】左侧的 按钮；将当前时间设置为 0:00:02:24，将【旋转】设置为 180，如图 3.157 所示。

图 3.157　设置【旋转】

(12) 在【变换】组中，将【位置】设置为 677.7、298.6，如图 3.158 所示。

(13) 在【时间轴】面板中，将当前时间设置为 0:00:00:00，单击【缩放】左侧的 按钮，将【缩放】设置为 0；将当前时间设置为 0:00:01:00，将【缩放】设置为 45；将当前时间设置为 0:00:01:20，将【缩放】设置为 30，如图 3.159 所示。

(14) 最后将合成进行渲染输出并将文件保存。

图 3.158 设置【位置】

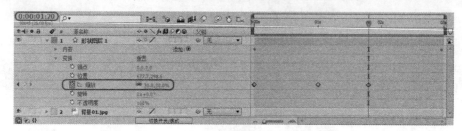

图 3.159 设置【缩放】

3.12 思考与练习

1. 简述隐藏层的方法。

2. 简述层的【父级】功能作用。

3. 使用【矩形遮罩工具】按钮■绘制一个图形，如何为绘制的图形填充一种渐变颜色？

第 4 章 三 维 合 成

在 After Effects CC 中可以将二维图层转换为 3D 图层，这样可以更好地把握画面的透视关系和最终的画面效果。本章将对 After Effects CC 的三维合成功能作具体的介绍。

4.1 了解 3D

在介绍 After Effects CC 中的三维合成之前，首先来认识一下什么是 3D。所谓 3D 就是三维立体空间的简称，它在几何数学中用(X、Y、Z)坐标来表示，空间中的所有物体是三维的，它们可以任意地旋转、移动。与 3D 相对的是 2D，即所说的二维平面空间，它在几何数学中用(X、Y)坐标来表示，实际上所有的 3D 物体都是由若干的 2D 物体组成的，二者之间有着密切的联系。

在计算机图形世界中有 2D 图形和 3D 图形之分。所谓 2D 图形就是平面几何概念，即所有图像只存在于二维坐标中，并且只能沿着水平轴(X 轴)和垂直轴(Y 轴)运动，它只包含图形元素，像三角形、长方形、正方形、梯形、圆等，它们所使用的坐标系是 X、Y。所谓 3D 图形就是立体化几何概念，它在二维平面的基础上对图像添加了另外的一个维数元素——距离或者说深度，也形成了立体几何中的【立体】的概念，与 2D 图形相对应的是锥体、立方体、球等，它们使用的坐标系是 X、Y、Z。

所谓深度也叫作 Z 坐标，它用于表示一个物体在深度轴(即 Z 轴)上的位置。如果把 X 坐标、Y 坐标看作是左右和上下方向，那么 Z 坐标所代表的就是前后方向。物体的 3D 坐标用一个数合(X、Y、Z)表示出来，如果站在坐标轴的中心，那么正的 Z 坐标表示物体处在距离中心前面远一些的地方，而负的 Z 坐标表示物体处在距离中心后面远一些的地方。

当将一个图像转变为 3D 图像时，也就是为它增加了深度，这样它就可以具有现实空间中的物体的属性了。例如，反射光线、形成阴影以及在三维空间移动等。

4.2 三维空间合成的工作环境

三维空间中合成对象为我们提供了更广阔的想象空间，同时也产生了更炫更酷的效果。在制作影视片头和广告特效时，三维空间的合成尤其有用。

AE 和诸多三维软件不同，虽然 AE 也具有三维空间合成功能，但它只是一个特效合成软件，并不具备建模能力，所有的层都像是一张纸，只是可以改变其位置、角度而已。

要想将一个图层转化为三维图层，在 AE 中进行三维空间的合成，只需将对象的 3D 属性打开即可。如图 4.1 所示，打开 3D 属性的对象即处于三维空间内。系统在其 X、Y 轴坐标的基础上，自动为其赋予三维空间中的深度概念——Z 轴。在对象的各项变换中自动添加 Z 轴参数。

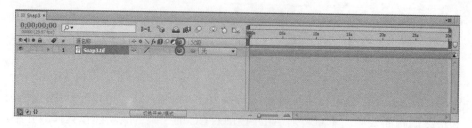

图 4.1　将 2D 图层转换为 3D 图层

4.3　坐 标 体 系

在 After Effects CC 中提供了 3 种坐标系工作方式，分别是【本地轴模式】、【世界轴模式】和【视图轴模式】。

- 【本地轴模式】按钮：在该坐标模式下旋转层，层中的各个坐标轴和层一起被旋转，如图 4.2 所示。

图 4.2　【本地轴模式】效果

- 【世界轴模式】按钮：在该坐标模式下，在【正面】视图中观看时，X、Y 轴总是成直角；在【左侧】视图中观看时，Y、Z 轴总是成直角；在【顶部】视图中观看时，X、Z 轴总是成直角，如图 4.3 所示。

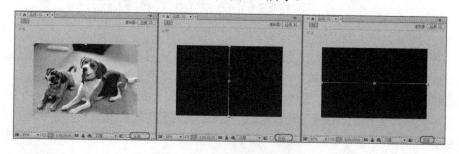

图 4.3　【世界轴模式】效果

- 【视图轴模式】按钮：在该坐标模式下，坐标的方向保持不变，无论如何旋转层，X、Y 轴总是成直角，Z 轴总是垂直于屏幕，如图 4.4 所示。

图 4.4　【视图轴模式】效果

4.4　3D 层的基本操作

3D 图层的操作与 2D 图层相似，可以改变 3D 对象的位置、旋转角度，也可以通过调节其坐标参数进行设置。

4.4.1　创建 3D 层

在 After Effects CC 中可以很方便地将 2D 图层转换为 3D 图层。

在【时间轴】面板中选择一个 2D 图层，然后单击转换开关栏中 按钮下的相应位置，即可将 2D 图层转换为 3D 图层，如图 4.5 所示。再次单击可将 3D 图层转换为 2D 图层。

图 4.5　将 2D 图层转换为 3D 图层

选择一个 3D 图层，在【合成】面板中可看到出现了一个立体坐标，如图 4.6 所示。

红色箭头代表 X 轴(水平)，绿色箭头代表 Y 轴(垂直)，蓝色箭头代表 Z 轴(纵深)。

4.4.2　移动 3D 层

当一个 2D 图层转换为 3D 图层后，在其原有属性的基础上又会添加一组参数，用来调整 Z 轴，也就是 3D 图层深度的变化。

用户可通过在【时间轴】面板中改变图层的【位置】参数来移动图层。也可在【合成】面板

图 4.6　在【合成】面板中显示 3D 坐标

中使用【选择工具】按钮，直接调整图层的位置。选择一个坐标轴即可在该方向上进行移动，如图 4.7 所示。

图 4.7　移动 3D 图层

在使用【选择工具】按钮改变 3D 图层的位置时，【信息】面板的下方会显示层的坐标信息，如图 4.8 所示。

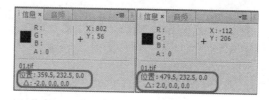

图 4.8　在【信息】面板中显示的坐标信息

4.4.3　缩放 3D 层

用户可通过在【时间轴】面板中改变图层的【缩放】参数来缩放图层。也可以使用【选择工具】按钮在【合成】面板中调整层的控制点来缩放图层，如图 4.9 所示。

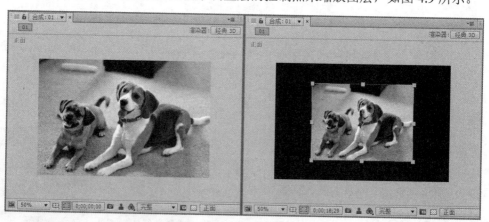

图 4.9　调整层的控制点

4.4.4　旋转 3D 层

用户可通过在【时间轴】面板中改变图层的【方向】参数或【X 轴旋转】、【Y 轴旋转】、【Z 轴旋转】参数来旋转图层。还可以使用【旋转工具】按钮在【合成】面板中直接控制层进行旋转。如果要单独以某一个坐标轴进行旋转，可将光标移至坐标轴上，当光标中包含有该坐标轴的名称时，再拖曳鼠标即可进行单一方向上的旋转，如图 4.10 所示为以 X 轴旋转 3D 图层。

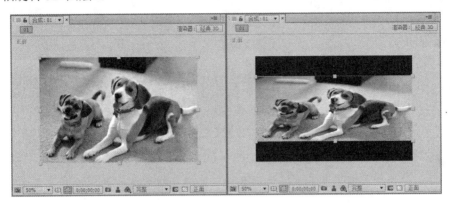

图 4.10　以 X 轴旋转 3D 图层

当选择一个层时，【合成】面板中该层的四周会出现 8 个控制点，如果使用【旋转工具】按钮拖曳拐角的控制点，层会沿 Z 轴旋转；如果拖曳左右中间两个控制点，层会沿 Y 轴旋转；如果拖曳上下两个控制点，层会沿 X 轴旋转。

当改变 3D 层的【X 轴旋转】、【Y 轴旋转】、【Z 轴旋转】参数时，层会沿着每个单独的坐标轴旋转，所调整的旋转数值就是层在该坐标轴上的旋转角度。用户可以在每个坐标轴上添加层旋转并设置关键帧，以此来创建层的旋转动画。利用坐标轴的旋转属性来创建层的旋转动画要比应用【方向】属性来生成动画具有更多的关键帧控制选项。但是，这样也可能会导致运动结果比预想的要差，这种方法对于创建沿一个单独坐标轴旋转的动画是非常有用的。

4.4.5 【材质选项】属性

当 2D 图层转换为 3D 图层后，除了原有属性的变化外，系统又添加了一组新的属性——【材质选项】，如图 4.11 所示。

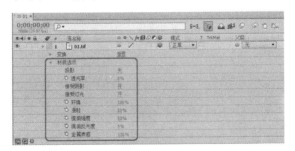

图 4.11　【材质选项】属性

【材质选项】属性主要用于控制光线与阴影的关系。当场景中设置灯光后，场景中的层怎样接受照明，又怎样设置阴影，这些都是需要在【材质选项】属性中进行设置的。

- 【投影】：设置当前层是否产生阴影，阴影的方向和角度取决于光源的方向和角度。【关】表示不产生阴影，【开】表示产生阴影，【仅】表示只显示阴影，不显示层，如图 4.12 所示。

图 4.12　【投影】三种选项效果

提　示

要使一个 3D 图层投射阴影，一方面要在该层的【材质选项】属性中设置【接受阴影】选项；另一方面也要在发射光线的灯光层的【灯光选项】属性中设置【投影】选项。

- 【透光率】：设置光线穿透层的比率。增加该选项的值可以使光线穿透层，并在其他层上投下有颜色的阴影，利用该选项可以创建一个光线透过彩色玻璃杯的效果。当该选项的值为 0%时，表示没有任何光线透过层，只能形成黑色的阴影。如果用户不想创建有色阴影效果或想快速预览渲染效果时使用该数值，可以提高渲染的速度。当该选项的值为 100%时，该层的阴影具有层的全部颜色值。如图 4.13 所示为将该值设置为 0%、34%和 100%时的效果。

图 4.13　设置不同透光率的效果

- 【接受阴影】：设置当前层是否接受其他层投射的阴影。如图 4.14 所示，当前选择层为背景图片，该属性设置为【打开】时，接受来自文字层的投影，如图 4.14 左图；设置为【关闭】时，则不接受来自文字层的投影，如图 4.14 右图。

图 4.14　设置接受阴影效果

- 【接受灯光】：设置当前层是否受场景中灯光的影响。如图 4.15 所示，当前层为文字层，左图为【接受灯光】设置为【打开】时的效果，右图为【接受灯光】设置为【关闭】时的效果。

图 4.15　设置接受灯光效果

- 【环境】：设置当前层受环境光影响的程度。
- 【漫射】：设置当前层扩散的程度。当设置为 100%时将反射大量的光线，当设置为 0 时不反射光线。如图 4.16 左图所示为将文字层中的【漫射】设为 0 时的效果；如图 4.16 右图所示为将文字层中的【漫射】设为 100%时的效果。

图 4.16　设置漫射效果

- 【镜面强度】：设置层上镜面反射高光的亮度。其参数范围为 0～100%。
- 【镜面反光度】：设置当前层上高光的大小。数值越大，发光越小；数值越小，发光越大。
- 【金属质感】：设置层上镜面高光的颜色。值设置为 100%时为层的颜色，值设置为 0 时为灯光的颜色。如图 4.17 左图所示为将背景图片中的【金属质感】设为 0 时的效果；如图 4.17 右图所示为将背景图片中的【金属质感】设为 100%时的效果。

图 4.17　设置金属质感效果

4.4.6 3D 视图

在 2D 模式下层与层之间是没有空间感的，系统总是先显示处于前方的层，并且前面的层会遮住后面的层。在【时间轴】面板中，层在堆栈中的位置越靠上，在【合成】面板中它的位置就越靠前，如图 4.18 所示。

图 4.18　2D 模式下层的显示顺序

由于 After Effects CC 中的 3D 层具有深度属性，因此在不改变【时间轴】面板中层堆栈顺序的情况下，处于后面的层也可以被放置到【合成】面板的前面来显示，前面的层也可以放到其他层的后面去显示。因此，After Effects CC 的 3D 层在【时间轴】面板中的层序列并不代表它们在【合成】面板中的显示顺序，系统会以层在 3D 空间中的前后来显示各层的图像，如图 4.19 所示。

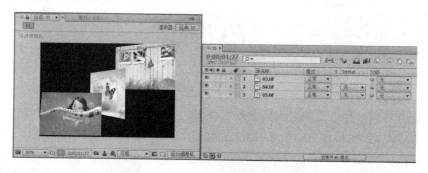

图 4.19　3D 模式下层的显示顺序

在 3D 模式下，用户可以在多种模式下观察【合成】面板中层的排列。大体可以分为两种：正交视图模式和自定义视图模式，如图 4.20 所示。正交视图模式包括【正面】、【左侧】、【顶部】、【背面】、【右侧】、【底部】6 种，用户可以从不同角度来观察 3D 层在【合成】面板中的位置，但并不能显示层的透视效果。自定义视图模式有 3 种，它可以显示层与层之间的空间透视效果。在这种视图模式下，用户就好像置身于【合成】面板中的某一高度和角度，用户可以使用摄像机工具来调节所处的高度和角度，来改变观察方位。

用户可以随时更改 3D 视图，以便在不同的角度来观察 3D 层。要切换视图模式，可以执行下面的操作之一。

- 单击【合成】面板底部的【3D 视图弹出式菜单】按钮 活动摄像机 ，在弹出的下拉列表中可以选择一种视图模式。

- 在菜单栏中选择【视图】|【切换 3D 视图】命令，在弹出的子菜单中可以选择一种视图模式。
- 在【合成】面板或【时间轴】面板中右击，在弹出的快捷菜单中选择【切换 3D 视图】命令，在弹出的子菜单中选择一种视图模式。

如果用户希望在几种经常使用的 3D 视图模式之间快速切换，可以为其设置快捷键。设置快捷键的方法如下：将视图切换到经常使用的视图模式下，例如切换到【自定义视图 1】模式下，然后在菜单栏中选择【视图】|【将快捷键分配给"自定义视图 1"】命令，在弹出的子菜单中有 3 个命令，可选择其中任意一个，例如选择【F11(替换"自定义视图 1"）】命令，如图 4.21 所示。这样将 F11 作为【自定义视图 2】视图的快捷键。在其他视图模式下，按 F11 键，即可快速切换到【自定义视图 2】视图模式。

图 4.20 3D 视图模式   图 4.21 选择【F11(替换"自定义视图 1)"】命令

用户可以选择菜单栏中的【视图】|【切换到上一个 3D 视图】命令或按 Esc 键快速切换到上次 3D 视图模式中。注意，该操作只能向上返回一次 3D 视图模式，如果反复执行此操作，【合成】面板会在最近的两次 3D 视图模式之间来回切换。

当用户在不同 3D 视图模式间进行切换时，个别层可能在当前视图中无法完全显示。这时，用户可以在菜单栏中选择【视图】|【查看所有图层】命令来显示所有层，如图 4.22 所示。

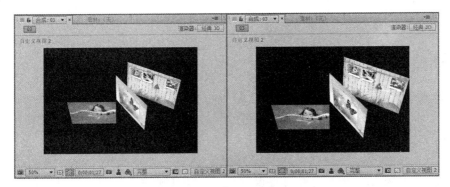

图 4.22 查看所有图层

在菜单栏中选择【视图】|【查看选定图层】命令，只显示当前所选择的图层，如图 4.23 所示。

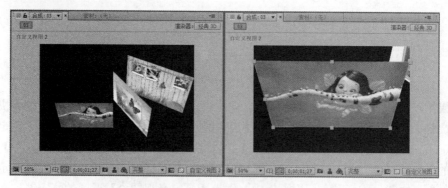

图 4.23　查看所选择图层

如果用户觉得在几种视图模式之间切换太麻烦，那么可以在【合成】面板中同时打开多个视图，从不同的角度观察图层。单击【合成】面板下方的【选择视图布局】按钮 `1... ▼`，在弹出的下拉菜单中可选择视图的布局方案，如图 4.24 所示。例如，选择【4 个视图-左侧】、【4 个视图-顶部】两种视图方案的效果如图 4.25 所示。

图 4.24　视图方案菜单

图 4.25　两种视图方案效果

4.5　灯光的应用

在合成制作中，使用灯光可模拟现实世界中的真实效果，并能够渲染影片气氛、突出重点。

4.5.1　创建灯光

在 After Effects CC 中灯光是一个层，它可以用来照亮其他的图像层。

用户可以在一个场景中创建多个灯光，并且有 4 种不同的灯光类型可供选择。要创建一个照明用的灯光来模拟现实世界中的光照效果，可以执行下面的操作。

在菜单栏中选择【图层】|【新建】|【灯光】命令，如图 4.26 所示。弹出【灯光设置】对话框，在该对话框中对灯光进行设置后，单击【确定】按钮，即可创建灯光，如图 4.27 所示。

图 4.26　选择【灯光】命令　　　　　　图 4.27　【灯光设置】对话框

4.5.2　灯光类型

　　After Effects CC 中提供了 4 种类型的灯光：【平行】、【聚光】、【点】和【环境】，选择不同的灯光类型会产生不同的灯光效果。在【灯光设置】对话框中的【灯光类型】下拉列表中可选择所需的灯光。

- 　　【平行】：这种类型的灯光可以模拟现实中的平行光效果，如探照灯。它从一个点光源发出一束平行光线。光照范围无限远，它可以照亮场景中位于目标位置的每一个物体或画面，并不会因为距离的原因而衰减，如图 4.28 所示。
- 　　【聚光】：这种类型的灯光可以模拟现实中的聚光灯效果，如手电筒。它从一个点光源发出锥形的光线，它的照射面积受锥角大小的影响，锥角越大照射面积越大，锥角越小照射面积越小。该类型的灯光还受距离的影响，距离越远，亮度越弱，照射面积越大，如图 4.29 所示。

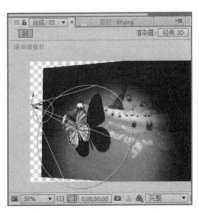

图 4.28　【平行】灯光效果　　　　　　图 4.29　【聚光】灯光效果

- 【点】：这种类型的灯光可以模拟现实中的散光灯效果，如照明灯。光线从某个点向四周发射，如图4.30所示。
- 【环境】：该光线没有发光点，光线从远处射来照亮整个环境，并且它不会产生阴影，如图4.31所示。这种类型的灯光发出的光线颜色可以设置，并且整个环境的颜色也会随着灯光颜色的不同发生改变，与置身于五颜六色的霓虹灯下的效果相似。

图4.30 【点】灯光效果　　　　图4.31 【环境】灯光效果

4.5.3　灯光的属性

在创建灯光时可以先设置好灯光的属性，也可以创建后在【时间轴】面板中进行修改，如图4.32所示。

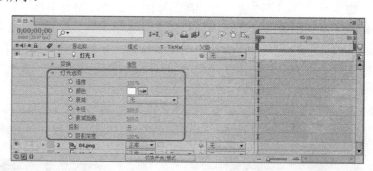

图4.32　灯光属性

- 【强度】：控制灯光亮度。当【强度】值为0时，场景变黑。当【强度】值为负值时，可以起到吸光的作用。当场景中有其他灯光时，负值的灯光可减弱场景中的光照强度，如图4.33所示。图4.33左图是两盏灯强度为100的效果，图4.33右图是一盏灯强度为100、一盏灯强度为-16的效果。
- 【颜色】：用于设置灯光的颜色。单击右侧的色块，在弹出的【颜色】对话框中设置一种颜色，也可以使用色块右侧的吸管工具在工作界面中拾取一种颜色，从而创建出有色光照射的效果。

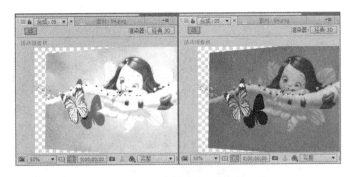

图 4.33　设置【强度】参数效果

- 【锥形角度】：当选择【聚光灯】类型时才出现该参数。该参数用于设置聚灯光的照射范围，角度越大光照范围越大；角度越小光照范围越小。如图 4.34 所示，分别为 60°(左)和 90°(右)的效果。

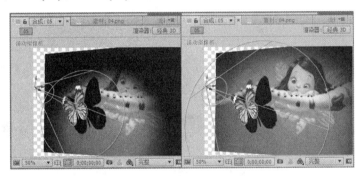

图 4.34　不同【锥形角度】参数效果

- 【锥形羽化】：当选择【聚光灯】类型时才出现该参数。该参数用于设置聚光灯照明区域边缘的柔和度，默认设置为 50%。当设置为 0 时，照明区域边缘界线比较明显。参数越大，边缘越柔和，如图 4.35 所示为设置不同【锥形羽化】参数后的效果。

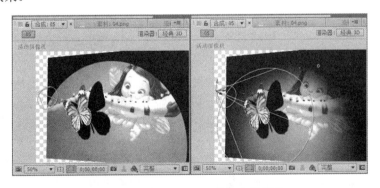

图 4.35　不同【锥形羽化】参数效果

- 【投影】：设置为打开，打开投影。灯光会在场景中产生投影。
- 【阴影深度】：设置阴影的颜色深度，默认设置为 100%。参数越小，阴影的颜色越浅。如图 4.36 所示参数分别为 100%(左)和 40%(右)的效果。

图 4.36　不同【阴影深度】参数效果

- 【阴影扩散】：设置阴影的漫射扩散大小。值越高，阴影边缘越柔和。如图 4.37 所示参数分别为 0(左)和 40%(右)的效果。

图 4.37　不同【阴影扩散】参数效果

4.6　摄像机的应用

在 After Effects CC 中，可以借助摄像机灵活地从不同角度和距离观察 3D 图层，并且可以为摄像机添加关键帧，得到精彩的动画效果。在 After Effects CC 中的摄像机与现实中的摄像机相似，用户可以调节它的镜头类型、焦距大小、景深等。

在 After Effects CC 中，合成影像中的摄像机在【时间轴】面板中也是以一个层的形式出现的，在默认状态下，新建的摄像机层总是排列在层堆栈的最上方。After Effects CC 虽然以【活动摄像机】的视图方式显示合成影像，但是合成影像中并不包含摄像机，这只不过是 After Effects CC 的一种默认的视图方式而已。

每创建一个摄像机，在【合成】面板的右下角 3D 视图方式列表中就会添加一个摄像机名称，用户随时可以选择需要的摄像机视图方式观察合成影像。

创建摄像机的方法是：在菜单栏中选择【图层】|【新建】|【摄像机】命令，打开【摄像机设置】对话框，如图 4.38 所示。在该对话框中设置完成后单击【确定】按钮，即可创建摄像机。

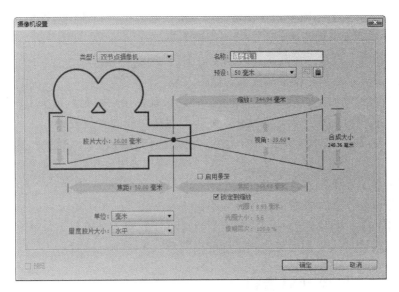

图 4.38　【摄像机设置】对话框

在【合成】窗口或【时间轴】面板中右击，在弹出的快捷菜单中选择【新建】|【摄像机】命令，也可弹出【摄像机设置】对话框。

4.6.1　参数设置

在新建摄像机时会弹出【摄像机设置】对话框，用户可以对摄像机的镜头、焦距等进行设置。

【摄像机设置】对话框中的各项参数设置如下。

- 【名称】：设置摄像机的名称。在 After Effects 系统默认的情况下，用户在合成影像中所创建的第一个摄像机命名为【摄像机 1】，以后所创建的摄像机就依次为【摄像机 2】、【摄像机 3】、【摄像机 4】等，数值逐渐增大。
- 【预设】：设置摄像机镜头的几种类型。在 After Effects 中提供了几种常见的摄像机镜头类型，以便可以模拟现实中不同摄像机镜头的效果。这些摄像机镜头是以它们的焦距大小来表示的，从 35 毫米的标准镜头到 15 毫米的广角镜头以及 200 毫米的鱼眼镜头，用户都可以在这里找到，并且当选择这些镜头时，它们的一些参数都会调到相应的数值。
- 【缩放】：用于设置摄像机位置与视图面之间的距离。
- 【胶片大小】：用于模拟真实摄像机中所使用的胶片尺寸，与合成画面的大小相对应。
- 【视角】：视图角度的大小由焦距、胶片尺寸和缩放所决定，也可以自定义设置，使用宽视角或窄视角。
- 【合成大小】：显示合成的高度、宽度或对角线的参数，以【测量胶片大小】中的设置为准。

- 【启用景深】：用于建立真实的摄像机调焦效果。勾选该复选框可对景深进行进一步的设置，如【焦距】、【光圈值】等。
- 【焦距】(左侧)：设置摄像机焦点范围的大小。
- 【焦距】(右侧)：设置摄像机的焦距大小。
- 【锁定到缩放】：当勾选该复选框时，系统将焦点锁定到镜头上。这样，在改变镜头视角时始终与其一起变化，使画面保持相同的聚焦效果。
- 【光圈】：调节镜头快门的大小。镜头快门开得越大，受聚焦影响的像素就越多，模糊范围就越大。
- 【光圈大小】：改变透镜的大小。
- 【模糊层次】：设置景深模糊大小。
- 【单位】：可以选择使用【像素】、【英寸】或【毫米】作为单位。
- 【量度胶片大小】：可将测量标准设置为水平、垂直或对角。

4.6.2 使用工具控制摄像机

在 After Effects CC 中创建了摄像机后，单击【合成】面板右下角的【3D 视图弹出式菜单】按钮 活动摄像机 ，在弹出的下拉菜单中会出现相应的摄像机名称，如图 4.39 所示。

图 4.39 创建摄像机后的【3D 视图弹出式菜单】

当以摄像机视图的方式观察当前合成影像图像时，用户就不能在【合成】面板中对当前摄像机进行直接调整了，这时要调整摄像机视图最好的办法就是使用摄像机工具来调整摄像机视图。

在 After Effects CC 中提供的摄像机工具主要用来旋转、移动和推拉摄像机视图，需要注意的是利用该工具对摄像机视图的调整不会影响摄像机的镜头设置，也无法设置动画，只不过是通过调整摄像机位置和角度来改变当前视图而已。

- 【轨道摄像机工具】按钮：该工具用于旋转摄像机视图。使用该工具可向任意方向旋转摄像机视图。
- 【跟踪 XY 摄像机工具】按钮：该工具用于水平或垂直移动摄像机视图。
- 【跟踪 Z 摄像机工具】按钮：该工具用于缩放摄像机视图。

4.7　上机实践

4.7.1　制作立体字效果

在 After Effects CC 中通过文字层转换为 3D 图层，可以制作立体字效果。下面将介绍立体字效果的制作过程，制作完成后的效果如图 4.40 所示。

(1) 启动 After Effects CC 软件，在【项目】面板中右击，在弹出的快捷菜单中选择【新建合成】命令，打开【合成设置】对话框，将【合成名称】命名为【立体字】，将【预设】设置为【自定义】，将【宽度】设置为 1024，将【高度】设置为 768，将【像素长宽比】设置为【方形像素】，如图 4.41 所示。

图 4.40　立体字

(2) 设置完成后单击【确定】按钮，即可创建一个合成文件，在【项目】面板中选择创建的合成，双击该合成文件，在【时间轴】面板中右击，在弹出的快捷菜单中选择【新建】|【纯色】命令，如图 4.42 所示。

图 4.41　【合成设置】对话框

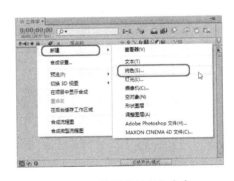

图 4.42　选择【纯色】命令

(3) 打开【纯色设置】对话框，在该对话框中将【名称】设置为【背景】，其他均保持默认设置，如图 4.43 所示。

(4) 设置完成后单击【确定】按钮，打开【效果和预设】面板，在该面板中选择【生成】|【梯度渐变】特效，如图 4.44 所示。

(5) 选择该特效，将其添加至创建的【背景】纯色图层，在【效果控件】面板中展开【梯度渐变】选项，将【渐变起点】设置为 527、459，将【起始颜色】的 RGB 值设置为 200、244、242，将【渐变终点】设置为 1052、50，将【结束颜色】的 RGB 值设置为 94、249、247，将【渐变形状】设置为【径向渐变】，如图 4.45 所示。

(6) 在【时间轴】面板中右击，在弹出的快捷菜单中选择【新建】|【文本】命令，如

图 4.46 所示。

图 4.43 【纯色设置】对话框

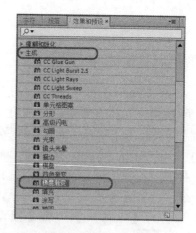

图 4.44 选择【梯度渐变】特效

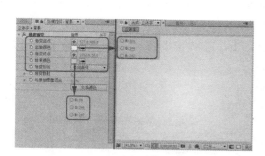

图 4.45 设置特效参数

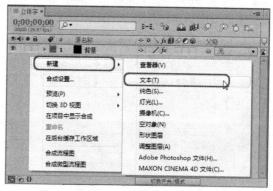

图 4.46 选择【文本】命令

(7) 在【合成】面板中输入文本信息，并选择输入的文本，在【字符】面板中将【字体系列】设置为【方正综艺简体】，将【填充颜色】设置为 82、159、19，将【字体大小】设置为 195，将【字符间距】设置为 13，将【垂直缩放】设置为 120，如图 4.47 所示。

图 4.47 设置文字参数

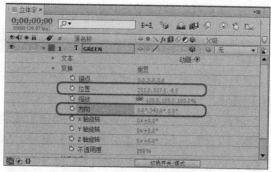

图 4.48 设置变换参数

(8) 在【时间轴】面板中选择【GREEN】层，单击【3D 图层】按钮，将【位置】

110

设置为 251、507、-8，将【方向】设置为 0、340、0，如图 4.48 所示。

(9)　在【时间轴】面板中选择【GREEN】层，按 Ctrl+D 组合键对齐进行复制，然后将复制后的层的【位置】设置为 235.7、507、-8，如图 4.49 所示。

(10) 在【合成】面板中选择复制后的文字，在【字符】面板中将【填充颜色】设置为 44、92、5，如图 4.50 所示。

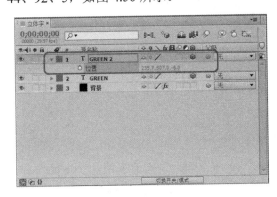

图 4.49　设置位置参数

图 4.50　设置文字颜色

(11) 使用同样的方法，再次复制一个图层，展开其【变换】选项，将【位置】设置为 235.7、514、-8，单击【缩放】右侧的【约束比例】按钮，将其设置为 100、-100、100，如图 4.51 所示。

(12) 打开【效果和预设】面板，选择【过渡】|【线性擦除】特效，如图 4.52 所示。

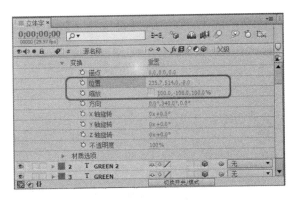

图 4.51　设置参数

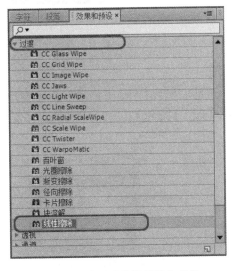

图 4.52　选择【线性擦除】特效

(13) 将该特效添加至【GREEN 3】层上，在【效果控件】面板中将【过渡完成】设置为 35%，将【擦除角度】设置为-3，将【羽化】设置为 65，如图 4.53 所示。

(14) 至此，倒影文字就制作完成了，保存场景即可。

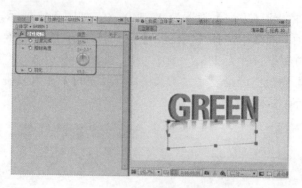

图 4.53　设置特效参数

4.7.2　制作空间切换图片

通过为摄影机层和灯光层添加关键帧，可以在立体空间中切换显示图片。下面将介绍在立体空间中制作切换图片的具体操作步骤。制作完成后的效果如图 4.54 所示。

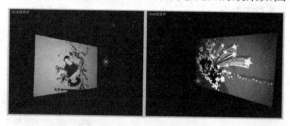

图 4.54　空间切换图片

（1）打开随书附带光盘中的 CDROM\素材\Cha04\空间切换图片.aep 文件，如图 4.55 所示。

（2）在【时间轴】面板中，将当前时间设置为 0:00:00:00。在【摄像机 1】|【变换】中，单击【位置】左侧的 按钮，添加关键帧，如图 4.56 所示。

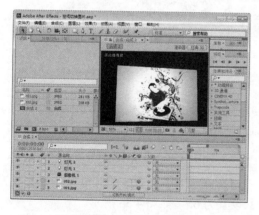

图 4.55　打开素材文件

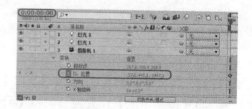

图 4.56　添加关键帧

（3）将当前时间设置为 0:00:00:12。在【摄像机 1】|【变换】中，单击【目标点】左侧的 按钮，添加关键帧，如图 4.57 所示。

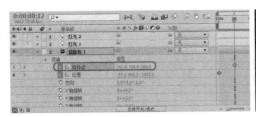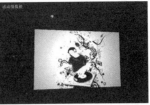

图 4.57 添加关键帧

(4) 将当前时间设置为 0:00:01:14，将【位置】设置为-965.9、382.6、-598.4，如图 4.58 所示。

图 4.58 设置位置

(5) 将当前时间设置为 0:00:02:16，将【目标点】设置为 1371.9、442.6、-177.0，如图 4.59 所示。

图 4.59 设置目标点

(6) 将当前时间设置为 0:00:03:11，将【位置】设置为 687、451.5、-432.4，如图 4.60 所示。

图 4.60 设置位置

(7) 将当前时间设置为 0:00:04:04，将【目标点】设置为 1897.9、484.9、-380.6，如图 4.61 所示。

图 4.61 设置目标点

(8) 将当前时间设置为 0:00:04:24，将【位置】设置为 1429.4、333.1、-1622.7，如图 4.62 所示。

图 4.62 设置位置

(9) 将当前时间设置为 0:00:02:00。在【灯光 1】|【变换】中，单击【位置】左侧的 ⏱ 按钮，添加关键帧。将当前时间设置为 0:00:02:06，将【位置】设置为 1809.1、-63.6、-550。将当前时间设置为 0:00:02:13，将【位置】设置为 1657、598.2、-550，如图 4.63 所示。

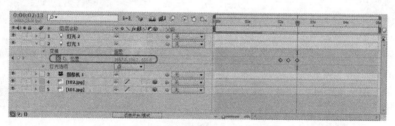

图 4.63 设置灯光 1 的位置

(10) 将当前时间设置为 0:00:00:00。在【灯光 2】|【灯光选项】中，单击【强度】左侧的 ⏱ 按钮，添加关键帧。将当前时间设置为 0:00:02:11，将【强度】设置为 0，如图 4.64 所示。

图 4.64 设置【强度】

(11) 最后将合成进行渲染输出并保存文件。

4.8　思考与练习

1. 在 After Effects CC 中提供了哪几种坐标系工作方式？
2. 简述【材质选项】属性的主要作用。
3. 切换 3D 视图模式的方法有哪几种？

第 5 章 关键帧动画与高级运动控制

本章详细介绍关键帧在视频动画中的创建、编辑和应用，以及与关键帧动画相关的动画控制功能。关键帧部分包括关键帧的设置、选择、移动和删除。高级动画控制部分包括曲线编辑器、时间控制、运动草图等，这些设置可使我们制作出更复杂的动画效果。运动跟踪技术更是制作高级效果所必备的技术。

5.1 关键帧的概念

After Effects CC 通过关键帧创建和控制动画，即在不同的时间点对对象属性进行改变，而时间点间的变化则由计算机来完成。

当对一个图层的某个参数设置一个关键帧时，表示该层的某个参数在当前时间有了一个固定值，而在另一个时间点设置了不同的参数后，在这一段时间中，该参数的值会由前一个关键帧向后一个关键帧变化。After Effects CC 通过计算会自动生成两个关键帧之间参数变化时的过渡画面，当这些画面连续地播放，就形成了视频动画的效果。

在 After Effects CC 中关键帧的创建是在【时间轴】面板中进行的，本质上就是为层的属性设置动画。在可以设置关键帧属性的效果和参数左侧都有一个 ⏱ 按钮，单击该按钮，⏱ 图标变为 ⏱ 状态，这样就打开了关键帧记录，并在当前的时间位置设置了一个关键帧，如图 5.1 所示。

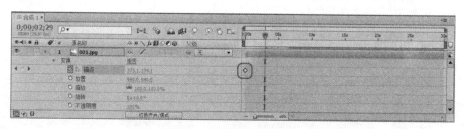

图 5.1　打开动画关键帧记录

将时间轴移至一个新的时间位置，对设置关键帧属性的参数进行修改，此时即可在当前的时间位置自动生成一个关键帧，如图 5.2 所示。

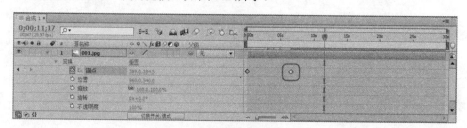

图 5.2　添加关键帧

如果在一个新的时间位置，设置一个与前一关键帧参数相同的关键帧，可直接单击

【关键帧导航】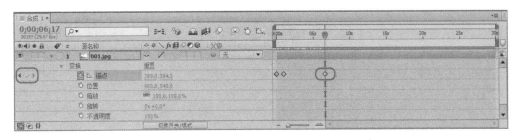 中的【在当前时间添加或移除关键帧】按钮　，当　按钮转换为　
状态，即可创建关键帧，如图 5.3 所示。其中　表示跳转到上一帧；　表示跳转到下一
帧。当关键帧导航显示为　　时，表示当前关键帧左侧有关键帧；当关键帧导航显示为
　　时，表示当前关键帧右侧有关键帧；当关键帧导航显示为　　时，表示当前关键
帧左侧和右侧都有关键帧。

图 5.3　添加关键帧

在【效果控件】面板中，也可以为特效设置关键帧。单击参数前的　按钮，就可打开
动画关键帧记录，并添加一处关键帧。自此，只要在不同的时间点改变参数，即可添加一
处关键帧。添加的关键帧会在【时间轴】面板中该层的特效的相应位置显示出来，如
图 5.4 所示。

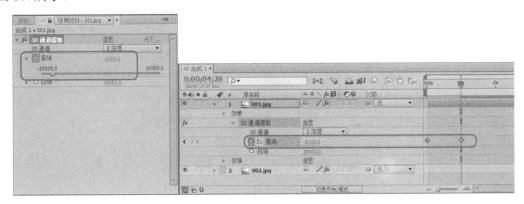

图 5.4　在【效果控件】面板中设置关键帧

5.2　关键帧基础操作

在 After Effects CC 中通过对素材位置、比例、旋转、透明度等参数的设置以及在相应
的时间点设关键帧的操作可以制作简单的动画。

5.2.1　锚点设置

单击【时间轴】面板中素材名称左边的小三角，可以打开各属性的参数控制，如
图 5.5 所示。

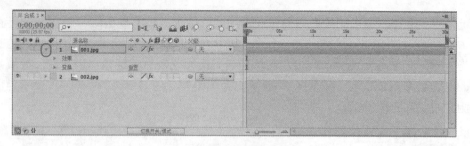

图 5.5 属性参数

　　【锚点】是通过改变参数的数值来定位素材的中心点，在下面的旋转、缩放时将以该中心点为中心执行。其参数的设置方法有多种，下面分别进行介绍。

　　(1) 单击带有下划线的参数值，可以将该参数值激活，如图 5.6 所示。在该激活输入区域内输入所需的数值，然后单击【时间轴】面板的空白区域或按 Enter 键确认。

　　(2) 将鼠标放置在带有下划线参数上，当鼠标变为双向箭头时，按住鼠标左键拖曳，如图 5.7 所示。向左拖曳减小参数值，向右拖曳增大参数值。

图 5.6 输入方法调节参数

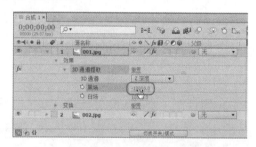

图 5.7 拖曳方法调节参数

　　(3) 在属性名称上右击，在弹出的菜单中选择【编辑数值】命令，或在下划线上右击，选择【编辑值】命令，单击将打开相应的参数设置对话框。如图 5.8 所示为锚点参数设置对话框，在该对话框中输入所需的数值，选择【单位】后，单击【确定】按钮进行调整。

图 5.8 编辑参数

5.2.2 创建图层位置关键帧动画

　　通过调节参数的大小来控制素材的位置，达到想要的效果。
　　创建图层位置关键帧动画的具体操作步骤如下。

（1）先将素材文件导入【时间轴】面板中，然后选择需要创建位移关键帧动画的图层。

（2）单击【时间轴】面板中素材名称左边的小三角，可以打开各属性的参数控制，也可以使用 P 键直接打开【位置】属性，将时间滑块放置在图层开始位置处，然后单击【位置】属性前的 ○ 按钮，打开关键帧，将时间滑块拖曳至图层结尾处，然后将【位置】参数设为 1855、540，添加关键帧，如图 5.9 所示。

（3）拖曳时间滑块即可观看效果，如图 5.10 所示。

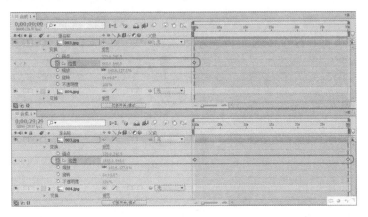

图 5.9　设置【位置】关键帧

图 5.10　效果图

5.2.3　创建图层缩放关键帧动画

缩放是通过调节参数的大小来控制素材的大小，达到想要的效果。值得注意的是，当参数值前边出现一个【约束比例】图标 🔗 时，表示可以同时改变相互连接的参数值，并且锁定它们之间的比例，单击该图标使其消失便可以取消参数锁定。

创建图层缩放关键帧动画的具体操作步骤如下。

（1）首先将素材文件导入【时间轴】面板中，然后选择需要创建缩放关键帧动画的图层。

（2）单击【时间轴】面板中素材名称左边的小三角，可以打开各属性的参数控制，也可以使用 S 键直接打开【缩放】属性，将时间滑块放置在图层开始位置处，然后单击【缩放】属性前的 ○ 按钮，打开关键帧，将时间滑块拖曳至图层结尾处，然后将【缩放】参数设为 30、27.2%，添加关键帧，如图 5.11 所示。

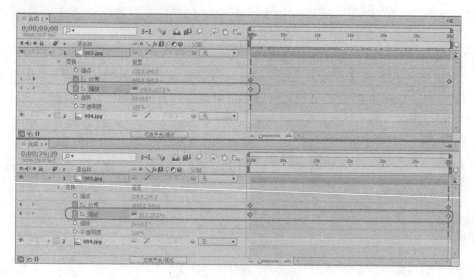

图 5.11　设置【缩放】关键帧

(3)　拖曳时间滑块即可观看效果，如图 5.12 所示。

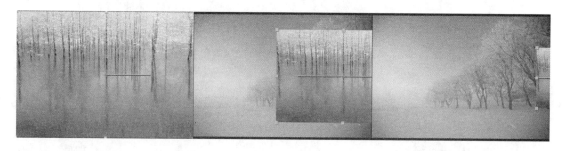

图 5.12　效果图

5.2.4　创建图层旋转关键帧动画

旋转是指以锚点为中心，通过调节参数来旋转素材，但是要注意改变参数的前后位置，改变前面数值的大小，将以圆周为单位来调节角度的变化，前面的参数增加或减少1，表示角度改变 360°；改变后面数值的大小，将以度为单位来调节角度的变化，每增加360°，前面的参数值就递增一个数值，如图 5.13 所示。

图 5.13　角度参数调节

创建图层旋转关键帧动画的具体操作步骤如下。

（1）首先将素材文件导入【时间轴】面板中，然后选择需要创建缩放关键帧动画的图层。

（2）单击【时间轴】面板中素材名称左边的小三角，可以打开各属性的参数控制，也可以使用 R 键直接打开【旋转】属性，将时间滑块放置在图层开始位置处，然后单击【旋转】属性前的 ⏱ 按钮，打开关键帧，将时间滑块拖曳至图层结尾处，然后将【旋转】参数设为 5x+0°，添加关键帧，如图 5.14 所示。

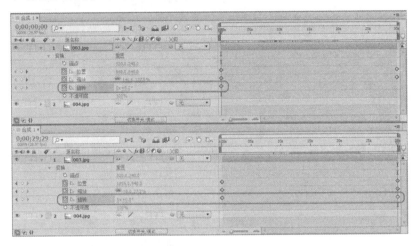

图 5.14　设置【旋转】关键帧

（3）拖曳时间滑块即可观看效果，如图 5.15 所示。

图 5.15　效果图

5.2.5　创建图层淡入淡出动画

通过调节透明度参数的大小改变素材的透明度，达到想要的效果。

创建图层淡入淡出动画的具体操作步骤如下。

（1）首先将素材文件导入【时间轴】面板中，然后选择需要创建淡入淡出动画的图层。

（2）单击【时间轴】面板中素材名称左边的小三角，可以打开各属性的参数控制，也可以使用 T 键直接打开【不透明度】属性，将时间滑块放置在图层开始位置处，然后将【不透明度】设为 0，单击【不透明度】属性前的 ⏱ 按钮，打开关键帧，确认时间轴在 0:00:29:29 的时间位置，然后将【不透明度】参数设为 100%，添加关键帧，如图 5.16 所示。

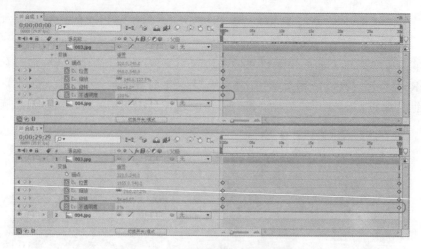

图 5.16　设置【不透明度】关键帧

（3）确认时间轴在 0:00:00:00 的时间位置，单击【在当前时间添加或移除关键帧】按钮，添加一个关键帧，确认时间轴在 0:00:29:29 的时间位置，将【不透明度】参数设为 0，添加关键帧，如图 5.17 所示。

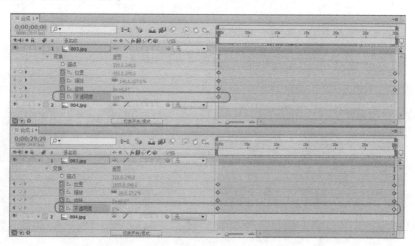

图 5.17　设置【不透明度】关键帧

（4）拖曳时间滑块即可观看效果，如图 5.18 所示。

图 5.18　效果图

5.3　编辑关键帧

在制作过程中的任何时间，用户都可以对关键帧进行编辑。可以对关键帧进行修改参数、移动、复制等操作。

5.3.1　选择关键帧

根据选择关键帧的情况不同，可以通过以下方法对关键帧进行选择。

(1) 在【时间轴】面板中单击要选择的关键帧，关键帧图标变为◇状态表示已被选中。

(2) 如果要选择多个关键帧，按住 Shift 键单击所要选择的关键帧即可。也可使用鼠标拖曳出一个选框，对关键帧进行框选，如图 5.19 所示。

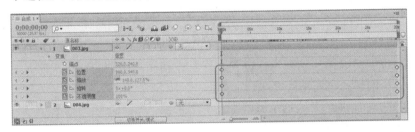

图 5.19　框选关键帧

(3) 单击层的一个属性名称，可将该属性的关键帧全部选中，如图 5.20 所示。

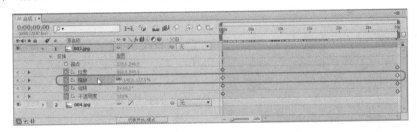

图 5.20　选择一个属性的全部关键帧

(4) 创建关键帧后，在【合成】面板中可以看到一条线段，并且在线上出现控制点，这些控制点就是设置的关键帧，只要单击这些控制点，就可以选择相对应的关键帧。选中的控制点以实心方块显示，没选中的控制点则以空心方块显示，如图 5.21 所示。

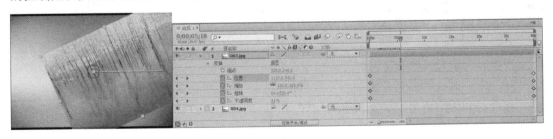

图 5.21　【合成】面板中选择关键帧

5.3.2　移动关键帧

第一，移动单个关键帧。如果需要移动单个关键帧，可以选中需要移动的关键帧，直接用鼠标拖曳其至目标位置即可。

第二，移动多个关键帧。如果需要移动多个关键帧，可以框选或者按住键盘上 Shift 键选择需要移动的多个关键帧，然后拖曳其至目标位置即可，如图 5.22 所示。

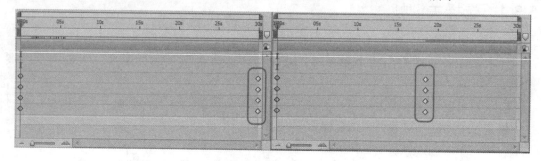

图 5.22　移动多个关键帧

为了将关键帧精确地移动到目标位置，通常先移动时间轴的位置，借助时间轴来精确移动关键帧。精确移动时间轴的方法如下。

(1) 先将时间轴移至大致的位置，然后按快捷键 PageUp【向前】或 PageDown【向后】进行逐帧的精确调整。

(2) 单击【时间轴】面板左上角的【当前时间】，此时【当前时间】变为可编辑状态，如图 5.23 所示。在其中输入精确的时间，然后按 Enter 键确认，将时间轴移至指定位置。

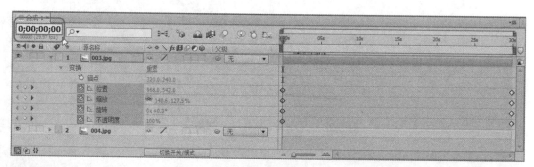

图 5.23　编辑时间

提 示

按快捷键 Home 或 End，可将时间轴快速地移至时间的开始处或结束处。

根据时间轴来移动关键帧的方法如下。

(1) 先将时间轴移至关键帧所要放置的位置，然后单击关键帧并按住 Shift 键进行移动，移至时间轴附近时，关键帧会自动吸附到时间轴上。这样，关键帧就被精确地移至指定的位置。

（2）拉长或缩短关键帧：选择多个关键帧后，同时按住鼠标左键和 Alt 键向外拖曳可以拉长关键帧距离，向内拖曳可以缩短关键帧距离，如图 5.24 所示。这种改变只是改变所选关键帧的距离大小，关键帧间的相对距离是不变的。

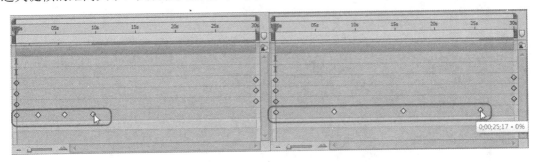

图 5.24　拉长和缩短关键帧

5.3.3　复制关键帧

如果要对多个层设置相同的运动效果，可先设置好一个图层的关键帧，然后对关键帧进行复制，将复制的关键帧粘贴给其他层。这样节省了再次设置关键帧的时间，提高了工作效率。

具体操作方法为：选择一个图层的关键帧，在菜单栏中选择【编辑】|【复制】命令，对关键帧进行复制。然后选择目标层，在菜单栏中选择【编辑】|【粘贴】命令，粘贴关键帧。在对关键帧进行复制、粘贴时，可使用快捷键 Ctrl+C(复制)和 Ctrl+V(粘贴)来执行。

提 示

在粘贴关键帧时，关键帧会粘贴在时间轴的位置。所以，一定要先将时间轴移至正确的位置，然后再执行粘贴。

5.3.4　删除关键帧

如果在操作时出现了失误，添加了多余的关键帧，可以将不需要的关键帧删除。删除的方法有以下 3 种。

（1）按钮删除。将时间调整至需要删除的关键帧位置，可以看到该属性左侧【在当前时间添加或移除关键帧】按钮◇呈黄色的激活状态，单击该按钮，即可将当前时间位置的关键帧删除。删除完成后该按钮呈灰色显示，如图 5.25 所示。

（2）键盘删除。选择不需要的关键帧，按 Delete 键，即可将选择的关键帧删除。

（3）菜单删除。选择不需要的关键帧，执行菜单栏中【编辑】|【清除】命令，即可将选择的关键帧删除。

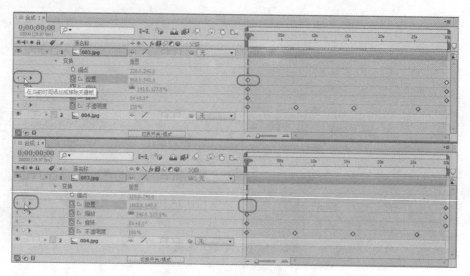

图 5.25　利用按钮删除关键帧

5.3.5　改变显示方式

关键帧不但可以显示为方形，还可以显示为阿拉伯数字。

在【时间轴】面板右上角单击 按钮，在弹出的菜单中选择【使用关键帧索引】命令，将关键帧以数字的形式显示，如图 5.26 所示。

图 5.26　以数字形式显示关键帧

提示

在使用数字形式显示关键帧时，关键帧会以数字顺序命名，即第一个关键帧为【1】，依次往后排。当在两个关键帧之间添加一个关键帧后，该关键帧后面的关键帧会重新进行排序命名。

5.4　动　画　控　制

在 After Effects CC 中可以通过关键帧插值运算的调节，对层的运动路径进行平滑处理，并对速率进行加速、减速等高级调节。

5.4.1　关键帧插值

After Effects 基于曲线进行插值控制。通过调节关键帧的方向手柄，对插值的属性进行调节。在不同时间插值的关键帧在【时间轴】面板中的图标也不相同，如图 5.27 所示。包括：【线性插值】按钮◇、【定格】按钮◁、【自动贝塞尔曲线】按钮○、【曲线或连续曲线】按钮⟓。

图 5.27　不同类型的关键帧

在【合成】面板中可以调节关键帧的控制柄，来改变运动路径的平滑度，如图 5.28 所示。

1. 改变插值

在【时间轴】面板中线性插值的关键帧上右击，在弹出的快捷菜单中选择【关键帧插值】命令，打开【关键帧插值】对话框，如图 5.29 所示。

图 5.28　调节关键帧控制柄

图 5.29　【关键帧插值】对话框

在【临时插值】与【空间插值】的下拉列表中可以选择不同的插值方式，如图 5.30 所示为不同的关键帧插值方式。

● 　【当前设置】：保留已应用在所选关键帧上的插值。
● 　【线性】：线性插值。
● 　【贝塞尔曲线】：贝塞尔插值。

- 【连续贝塞尔曲线】：连续曲线插值。
- 【自动贝塞尔曲线】：自动曲线插值。
- 【定格】：静止插值。

在【漂浮】下拉列表中可以选择关键帧的空间或时间插值方法，如图 5.31 所示。

- 【当前设置】：保留当前设置。
- 【漂浮穿梭时间】：以当前关键帧的相邻关键帧为基准，通过自动变化它们在时间上的位置平滑当前关键帧变化率。
- 【锁定到时间】：保持当前关键帧在时间上的位置，只能手动进行移动。

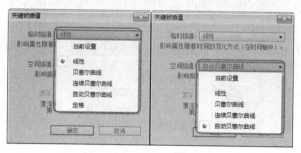

图 5.30　不同的关键帧插值方式

图 5.31　【漂浮】下拉列表

使用选择工具，按住 Ctrl 键单击关键帧标记，即可改变当前关键帧的插值。但插值的变化取决于当前关键帧的插值方法。如果关键帧使用线性插值，则变为自动曲线插值；如果关键帧使用曲线、连续曲线或自动曲线插值，则变为线性插值。

2．插值介绍

(1) 【线性】插值

【线性】插值是 After Effects CC 默认的插值方式，使关键帧产生相同的变化率，具有较强的变化节奏，但相对比较机械。

如果一个层上所有的关键帧都是线性插值方式，则从第一个关键帧开始匀速变化到第二个关键帧。到达第二个关键帧后，变化率转为第二至第三个关键帧的变化率，匀速变化到第三个关键帧。关键帧结束，变化停止。在【图表编辑器】中可观察到线性插值关键帧之间的连接线段在插值图中显示为直线，如图 5.32 所示。

(2) 【贝塞尔曲线】插值

曲线插值方式的关键帧具有可调节的手柄，用于改变运动路径的形状，为关键帧提供最精确的插值，具有很好的可控性。

如果层上的所有关键帧都使用曲线插值方式，则关键帧间都会有一个平稳的过渡。【贝塞尔曲线】插值通过保持方向手柄的位置平行于连接前一关键帧和下一关键帧的直线来实现。通过调节手柄，可以改变关键帧的变化率，如图 5.33 所示。

(3) 【连续贝塞尔曲线】插值

【连续贝塞尔曲线】插值同【贝塞尔曲线】插值相似，【连续贝塞尔曲线】插值在穿过一个关键帧时，产生一个平稳的变化率。与【贝塞尔曲线】插值不同的是，【连续贝塞尔曲线】插值的方向手柄在调整时只能保持直线，如图 5.34 所示。

(4) 【自动贝塞尔曲线】插值

【自动贝塞尔曲线】插值在通过关键帧时产生一个平稳的变化率。它可以对关键帧两边的路径进行自动调节。如果以手动方法调节【自动贝塞尔曲线】插值，则关键帧插值变为【连续贝塞尔曲线】插值，如图 5.35 所示。

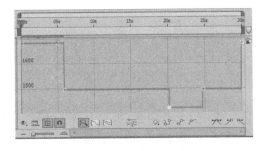

图 5.32　线性插值

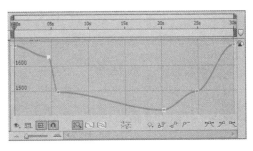

图 5.33　贝塞尔曲线插值

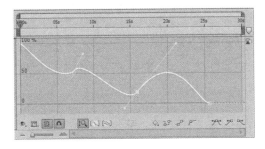

图 5.34　连续贝塞尔曲线

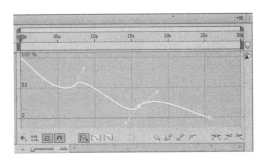

图 5.35　自动贝塞尔曲线

(5) 【定格】插值

【定格】插值根据时间来改变关键帧的值，关键帧之间没有任何过渡。使用【定格】插值，第一个关键帧保持其值不变，在到下一个关键帧时，值立即变为下一关键帧的值，如图 5.36 所示。

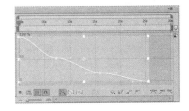

图 5.36　【定格】插值

5.4.2　使用关键帧辅助

关键帧辅助可以优化关键帧，对关键帧动画的过渡进行控制，以减缓关键帧进入或离开的速度，使动画更加平滑、自然。

1. 柔缓曲线

该命令可以设置关键帧进入和离开时的平滑速度，可以使关键帧缓入缓出，下面介绍如何进行设置。选择需要柔化的关键帧，执行菜单栏中【动画】|【关键帧辅助】|【缓动】命令，如图 5.37 和图 5.38 所示。

设置完成后的效果如图 5.39 所示。此时单击【图表编辑器】按钮 ，可以看到关键帧发生了变化，如图 5.40 所示。

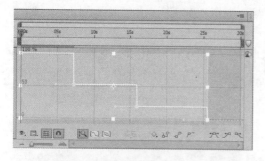

图 5.37 在【图表编辑器】中观察速度

图 5.38 选择【缓动】命令

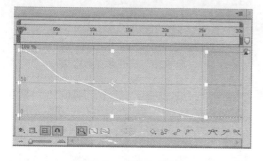

图 5.39 柔缓曲线效果

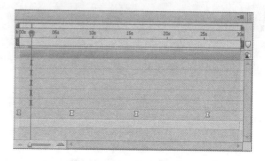

图 5.40 关键帧图标变化效果

2. 柔缓曲线入点

该命令只影响关键帧进入时的流畅速度，可以使进入关键帧速度变缓，下面介绍如何进行设置。选择需要柔化的关键帧，执行菜单栏中【动画】|【关键帧辅助】|【缓入】命令，如图 5.41 和图 5.42 所示。

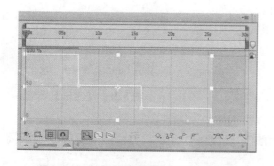

图 5.41 在【图表编辑器】中观察速度

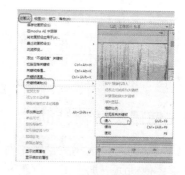

图 5.42 选择【缓入】命令

设置完成后的效果如图 5.43 所示。此时单击【图表编辑器】按钮，可以看到关键帧发生了变化，如图 5.44 所示。

3. 柔缓曲线出点

该命令只影响关键帧离开时的流畅速度，可以使离开的关键帧速度变缓，下面介绍如何进行设置。选择需要柔化的关键帧，执行菜单栏中【动画】|【关键帧辅助】|【缓出】命令，如图 5.45 和图 5.46 所示。

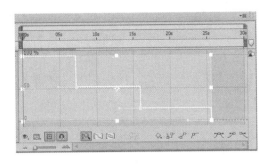

图 5.43　柔缓曲线效果

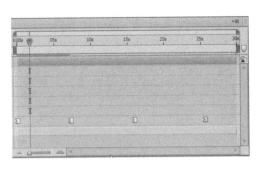

图 5.44　关键帧图标变化效果

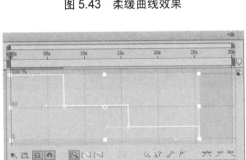

图 5.45　在【图表编辑器】中观察速度

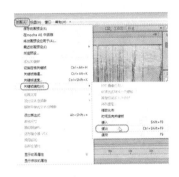

图 5.46　选择【缓出】命令

设置完成后的效果如图 5.47 所示。此时单击【图表编辑器】按钮，可以看到关键帧发生了变化，如图 5.48 所示。

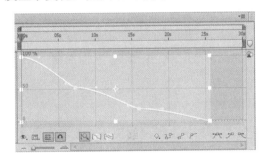

图 5.47　柔缓曲线效果

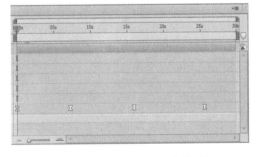

图 5.48　关键帧图标变化效果

5.4.3　速度控制

在【图表编辑器】中可观察层的运动速度，并能够对其进行调整。观察【图表编辑器】中的曲线，线的位置高表示速度快，位置低表示速度慢，如图 5.49 所示。

在【合成】面板中，可通过观察运动路径上点的间隔了解速度的变化。路径上两个关键帧之间的点越密集，表示速度越慢；点越稀疏，表示速度越快。

速度调整方法有如下几种。

(1) 调节关键帧间距

调节两个关键帧间的空间距离或时间距离可对动画速度进行调节。在【合成】面板中调整两个关键帧间的距离，距离越大，速度越快；距离越小，速度越慢。在【时间轴】面板中调整两个关键帧间的距离，距离越大，速度越慢；距离越小，速度越快。

(2) 控制手柄

在【图表编辑器】中可调节关键帧控制点上的【缓冲手柄】，产生加速、减速等效果，如图 5.50 所示。

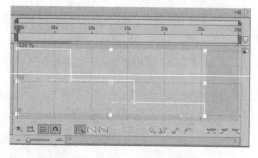
图 5.49 在【图表编辑器】中观察速度

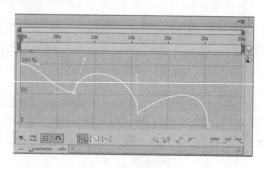
图 5.50 控制手柄

拖曳关键帧控制点上的【缓冲手柄】，即可调节该关键帧的速度。向上调节增大速度，向下调节减小速度。向左右方向调节手柄，可以扩大或减小缓冲手柄对相邻关键帧产生的影响，如图 5.51 所示。

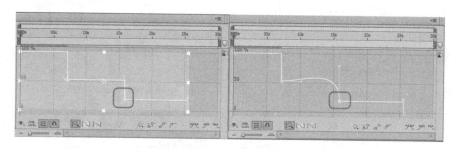
图 5.51 调整控制手柄

(3) 指定参数

在【时间轴】面板中，在要调整速度的关键帧上右击，在弹出的快捷菜单中选择【关键帧速度】命令，打开【关键帧速度】对话框，如图 5.52 所示。可在该对话框中设置关键帧速率，当设置该对话框中某个项目参数时，在【时间轴】面板中关键帧的图标也会发生变化。

图 5.52 【关键帧速度】对话框

提示

不同属性的关键帧在调整速率时，在对话框中的单位也不同。锚点和位置：像素/秒；遮罩形状：像素/秒，该速度用 X(水平)和 Y(垂直)两个量；缩放：百分比/秒，该速度用 X(水平)和 Y(垂直)两个量；旋转：度/秒；不透明度：百分比/秒。

【关键帧速度】对话框中的部分参数介绍如下。

- 【进来速度】：引入关键帧的速度。
- 【输出速度】：引出关键帧的速度。
- 【影响】：控制对前面关键帧(进入插值)或后面关键帧(离开插值)的影响程度。
- 【连续】：保持相等的进入和离开速度以产生平稳过渡。

5.4.4 时间控制

选择要进行调整的层并右击，在弹出的快捷菜单中选择【时间】命令，在其下的子菜单中包含有对当前层的 4 种时间控制命令，如图 5.53 所示。

1．时间反向图层

应用【时间反向图层】命令，可对当前层实现反转，即影片倒播。在【时间轴】面板中，设置反转后的层会有斜线显示，如图 5.54 所示。执行【启用时间重映射】命令会发现，当时间轴在 0:00:00:00 的时间位置时，"时间重置"显示为层的最后一帧。

图 5.53 【时间】子菜单

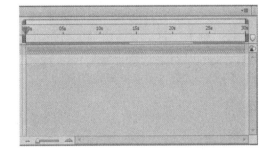

图 5.54 时间反向

2．时间伸缩

应用【时间伸缩】命令，可打开【时间伸缩】对话框，如图 5.55 所示。在该对话框中显示了当前动画的播放时间和伸缩比例。

【伸缩比率】可按百分比设置层的持续时间。当参数大于 100%时，层的持续时间变长，速度变慢；当参数小于 100%时，层的持续时间变短，速度变快。

设置【新建长度】参数，可为当前层设置一个精确的持续时间。

当双击某个关键帧时，可以弹出该关键帧的属性对话框，例如单击【不透明度】参数的其中一个关键帧，即可弹出【不透明度】对话框，如图 5.56 所示。在弹出的对话框中可以改变其参数。

图 5.55 【时间伸缩】对话框

图 5.56 【不透明度】对话框

5.4.5 动态草图

在菜单栏中选择【窗口】|【动态草图】命令，打开【动态草图】窗口，如图5.57所示。其中各项参数介绍如下。

- 【捕捉速度为】：指定一个百分比确定记录的速度与绘制路径的速度在回放时的关系。当参数大于 100%时，回放速度快于绘制速度；当参数小于 100%时，回放速度慢于绘制速度；当参数等于 100％时，回放速度与绘制速度相同。
- 【平滑】：设置该参数，可以将运动路径进行平滑处理，数值越大路径越平滑。
- 【线框】：绘制运动路径时，显示层的边框。
- 【背景】：绘制运动路径时，显示【合成】面板内容。可以利用该选项显示【合成】面板内容，作为绘制运动路径的参考。该选项只显示合成图像窗口中开始绘制时的第一帧。
- 【开始】：绘制运动路径的开始时间，即【时间轴】面板中工作区域的开始时间。
- 【持续时间】：绘制运动路径的持续时间，即【时间轴】面板中工作区域的总时间。
- 【开始捕捉】：单击该按钮，在【合成】面板中拖曳层，绘制运动路径，如图 5.58 所示。释放鼠标后，结束路径绘制，如图 5.59 所示。运动路径只能在工作区内绘制，当超出工作区时，系统自动结束路径的绘制。

图 5.57 【动态草图】窗口

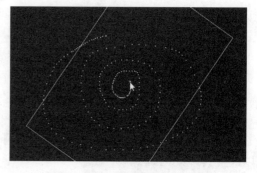

图 5.58 绘制路径

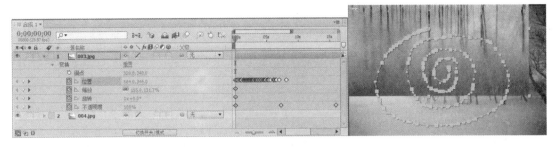

图 5.59　完成后的效果

5.4.6　平滑运动

在菜单栏中选择【窗口】|【平滑器】命令，打开【平滑器】面板，如图 5.60 所示。选择需要调节的层的关键帧，设置【宽容度】后，单击【应用】按钮，完成操作。

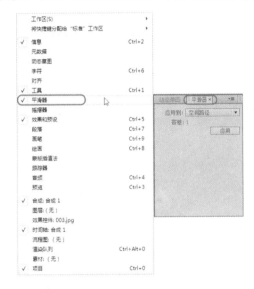

图 5.60　【平滑器】面板

该操作可适当减少运动路径上的关键帧，使路径平滑，如图5.61所示。

图 5.61　平滑路径效果对比

【平滑器】面板中的参数介绍如下。

- 【应用到】：控制平滑器应用到何种曲线。系统根据选择的关键帧属性自动选择曲线类型。

- 【时间图表】：依时间变化的时间图表。
- 【空间路径】：修改空间属性的空间路径。
- 【宽容度】：宽容度设置越高，产生的曲线越平滑，但过高的值会导致曲线变形。

5.4.7 增加动画随机性

在菜单栏中选择【窗口】|【摇摆器】命令，打开【摇摆器】面板，如图5.62所示。

图 5.62 【摇摆器】面板

通过在该面板中的设置，可以对依时间变化的属性增加随机性。该功能根据关键帧属性及指定的选项，通过对属性增加关键帧或在已有的关键帧中进行随机插值，对原来的属性值产生一定的偏差，使图像产生更为自然的运动，如图 5.63 所示。

图 5.63 摇摆效果对比

【摇摆器】面板中的参数介绍如下。

- 【应用到】：设置摇摆变化的曲线类型。选择【空间路径】增加运动变化，选择【时间图表】增加速度变化。如果关键帧属性不属于空间变化，则只能选择"时间图表"。
- 【杂色类型】：变化类型。可选择【平滑】产生平缓的变化或选择【成锯齿状】

产生强烈的变化。

- 【维数】：设置要影响的属性单元。【维数】对选择的属性的单一单元进行变化。例如，选择在 X 轴对缩放属性随机化或在 Y 轴对缩放属性随机化；【所有相同】在所有单元上进行变化；【全部独立】对所有单元增加相同的变化。
- 【频率】：设置目标关键帧的频率，即每秒增加多少变化帧。低值产生较小的变化，高值产生较大的变化。
- 【数量级】：设置变化的最大尺寸，与应用变化的关键帧属性单位相同。

5.4.8　模拟变焦镜头

【指数比例】是用于模拟真实变焦镜头效果的工具。在真实的拍摄过程中，光线变焦镜头变化不是线性的，其变化率是随着变焦率变化而变化的，要模拟这种变化，指数缩放将缩放的速度转换为指数曲线。

在【时间轴】面板中，按住 Shift 键选择缩放属性的开始点的关键帧和结束点的关键帧。然后在菜单栏中选择【动画】|【关键帧辅助】|【指数比例】命令，如图 5.64 所示。替换所选择的开始和结束关键帧之间的所有关键帧，如图 5.65 示。

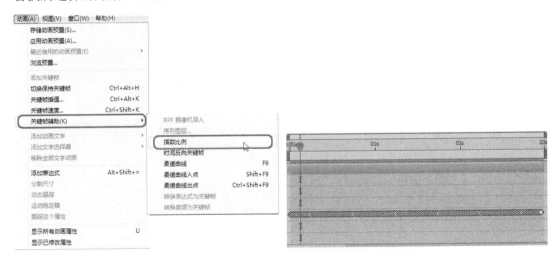

图 5.64　【指数比例】命令　　　　　　图 5.65　效果图

5.5　上机实践——制作翻转卡片

本案例将介绍怎样通过为图像添加关键帧制作一个图片翻转的动画效果。首先，我们创建一个纯色图层，并为其设置渐变效果，然后添加图片，通过参数的设置使其产生的卡片拥有在空间中旋转的效果。最终效果如图 5.66 所示。

(1) 启动 After Effects CC 软件，在【项目】面板中右击，在弹出的快捷菜单中选择【新建合成】命令，如图 5.67 所示。

(2) 打开【合成设置】对话框，将【合成名称】命名为【翻转卡片】，将【预设】设

置为"自定义",将【宽度】设置为 1024,将【高度】设置为 768,将【像素长宽比】设
置为 D1/DV PAL(1.09),将【持续时间】设置为 0:00:03:00,如图 5.68 所示。

图 5.66　翻转卡片

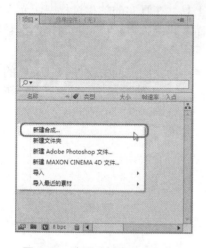

图 5.67　选择【新建合成】命令

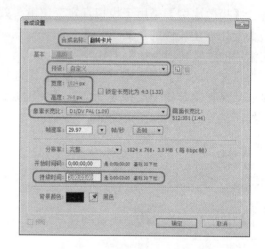

图 5.68　【合成设置】对话框

　　(3)　设置完成后单击【确定】按钮,按 Ctrl+I 组合键,在弹出的对话框中选择随书附
带光盘中的 CDROM\素材\Cha05\图片 1、图片 2 素材文件,如图 5.69 所示。

　　(4)　单击【导入】按钮,即可将选择的素材导入到【项目】面板中,在【时间轴】面
板中右击,在弹出的快捷菜单中选择【新建】|【纯色】命令,如图 5.70 所示。

图 5.69　选择素材文件

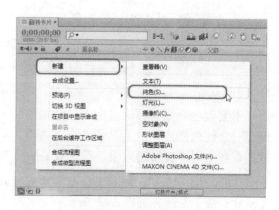

图 5.70　选择【纯色】命令

（5）打开【纯色设置】对话框，在该对话框中将【名称】重命名为【背景】，其他均为默认设置，如图 5.71 所示。

（6）设置完成后单击【确定】按钮，打开【效果和预设】面板，在该面板中选择【生成】|【梯度渐变】特效，如图 5.72 所示。

图 5.71　【纯色设置】对话框

图 5.72　选择【梯度渐变】特效

（7）在【时间轴】面板中选择创建的纯色图层，将选择的【梯度渐变】添加至该图层上，打开【效果控件】面板，将【渐变形状】设置为【径向渐变】，将【渐变起点】设置为 510、385，将【起始颜色】的 RGB 值设置为 178、203、223，将【渐变终点】设置为 1005、16，将【结束颜色】的 RGB 值设置为 84、90、116，如图 5.73 所示。

（8）在【项目】面板中选择【图像 1.jpg】、【图像 2.jpg】素材文件，将其拖曳至【时间轴】面板中，用其调整自己【背景】层的上方，如图 5.74 所示。

（9）在【时间轴】面板中选择【图像 2.jpg】素材文件，单击左侧的◉按钮，隐藏该图层的显示，选择【图像 1.jpg】层，在【效果和预设】面板中选择【过渡】|【卡片擦除】特效，如图 5.75 所示。

（10）为【图像 1.jpg】添加【卡片擦除】特效，在【时间轴】面板中展开【图像 1.jpg】的【效果】|【卡片擦除】选项，将【过渡宽度】设置为 100%，将【背面图层】定义为【2.图像 2.jpg】，将【行数】和【列数】均设置为 20，将【翻转轴】定义为 X 轴，将【翻转方向】定义为"随机"，如图 5.76 所示。

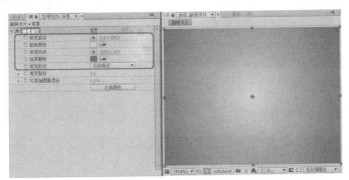

图 5.73　设置渐变参数

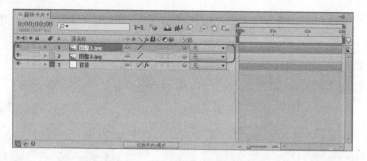

图 5.74　添加素材文件

图 5.75　选择【卡片擦除】特效

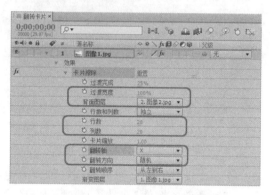

图 5.76　设置【卡片擦除】参数

　　(11) 将【渐变层】定义为"无",将【随机时间】设置为 1,展开【摄像机位置】选项,将【X 轴旋转】设置为-14°,将【Y 轴旋转】设置为 19°,将【Z 轴旋转】设置为 0,将【X、Y 位置】设置为 569、383,将【Z 位置】设置为 2,将【焦距】设置为 49,如图 5.77 所示。

　　(12) 将当前时间设置为 0:00:00:15,展开【位置抖动】和【旋转抖动】选项,分别单击【X 抖动量】、【Y 抖动量】、【Z 抖动量】、【X 旋转抖动量】、【Y 旋转抖动量】、【Z 旋转抖动量】左侧的 按钮,使用其默认参数,如图 5.78 所示。

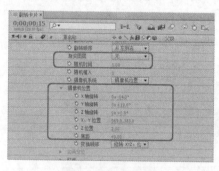

图 5.77　设置参数

图 5.78　添加关键帧

　　(13) 将当前时间设置为 0:00:01:00,将【过渡完成】设置为 0,单击其左侧的 按钮,如图 5.79 所示。

　　(14) 将当前时间设置为 0:00:01:08,将【X 抖动量】、【Y 抖动量】均设置为 5,将

【Z 抖动量】设置为 25，将【X 旋转抖动量】、【Y 旋转抖动量】、【Z 旋转抖动量】均设置为 360，如图 5.80 所示。

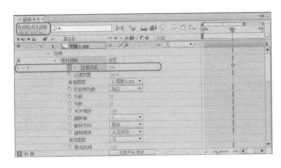

图 5.79　设置参数

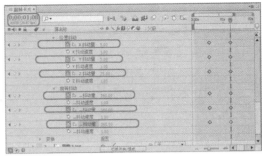

图 5.80　添加关键帧

(15) 将当前时间设置为 0:00:01:21，分别单击【X 抖动量】、【Y 抖动量】、【Z 抖动量】、【X 旋转抖动量】、【Y 旋转抖动量】、【Z 旋转抖动量】右侧的【在当前时间添加或移除关键帧】按钮，为其添加关键帧，如图 5.81 所示。

(16) 将当前时间设置为 0:00:02:00，将【过渡完成】设置为 100%，如图 5.82 所示。

图 5.81　设置关键帧

图 5.82　设置参数

(17) 将当前时间设置为 0:00:02:15，将【X 抖动量】、【Y 抖动量】、【Z 抖动量】、【X 旋转抖动量】、【Y 旋转抖动量】、【Z 旋转抖动量】的参数均设置为 0，如图 5.83 所示。

(18) 选择【图像 1.jpg】层，为其添加【斜面 Alpha】特效，在【效果控件】面板中将【边缘厚度】设置为 5，将【灯光角度】设置为 116°，如图 5.84 所示。

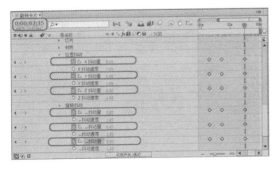

图 5.83　设置参数

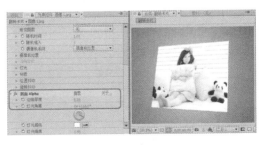

图 5.84　添加特效

(19) 至此，翻转卡片就制作完成了，按键盘上的 0 键预览效果即可。

5.6 思考与练习

1. 如何设置关键帧动画？
2. 如何复制关键帧？
3. 简述摇摆器的功能。

第6章 文字与表达式

文字在视频制作过程中起着重要的作用，文字不仅扮演着标题、说明性文字的角色，而且通过添加绚丽的文字动画还能丰富视频画面，吸引人们的视线。本章主要讲解 After Effects CC 中文字的创建及使用。另外，在后期制作过程中经常会出现大量的重复性操作，此时便可以通过使用表达式使复杂的操作简单化。

6.1 文字的创建与设置

在 After Effects CC 中提供了较完整的文字功能，基本上可以为文字进行较为专业的处理，通过 After Effects CC 中提供的【横排文字工具】按钮 $\boxed{T}$ 和【竖排文字工具】按钮 $\boxed{T}$ 可以直接在【合成】面板中输入文字，并通过【文字】、【段落】面板对文字大小、字体、颜色等属性进行更改。

6.1.1 创建文字

在 After Effects CC 中，用户可以通过文本工具创建点文本和段落文本两种。所谓的点文本，就是每一行文字都是独立的，在对文本进行编辑时，文本行的长度会随时变长或缩短，但是不会因此与下一行文本重叠。段落文本与点文本唯一的差别就是段落文本可以自动换行。本节将以点文本为例介绍如何创建文本，其具体操作步骤如下。

(1) 选择文字工具后，在【合成】面板中单击，即可在【合成】面板中插入光标，在【时间轴】面板中将新建一个文本图层，如图 6.1 所示。

(2) 输入文字之后，在【时间轴】面板中单击文字层，文字层的名称将由输入的文字代替，如图 6.2 所示。

图 6.1　新建文本图层

图 6.2　输入文字后的效果

使用层创建文本时，在【时间轴】面板空白区域右击，在弹出的快捷菜单中选择【新

建】|【文本】命令，如图 6.3 所示。此时在【合成】面板中自动弹出输入光标，可以直接输入需要的文字，确定文字输入完成，该图层名将由输入文字替代。

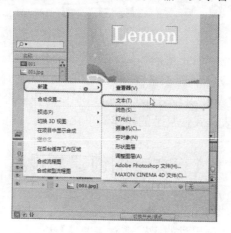

图6.3　选择【文本】命令

6.1.2　修改文字

当文字创建后，还可以像 Photoshop 等平面软件一样对其进行编辑修改。在【合成】面板中使用文字工具，将鼠标指针移至要修改的文字上，按住鼠标左键拖曳，选择要修改的文字，然后进行编辑。被选中的文字会显示浅红色矩阵，如图 6.4 所示。

图6.4　选择文本

提 示

如果要全选输入的文字，可在【时间轴】面板中双击该文字的文字层，即可将该文字层的文字全部选中。

用户可以通过在菜单栏中选择【窗口】|【字符】命令调出【字符】面板，或按 Ctrl+6 组合键，如图 6.5 所示。当选择文字后，可以在【字符】面板中改变文字的字体、颜色、边宽等，如图 6.6 所示。

图 6.5　选择【字符】命令

图 6.6　【字符】面板

其中【字符】面板中的各个选项功能介绍如下。

- 【字体】：用于设置文字的字体，单击【字体】右侧的下三角按钮，在打开的下拉列表中提供了系统中已经安装的所有字体，如图 6.7 所示。

提示

如果字体太多，需要逐个挑选。可在字体下拉列表中选择某个字体，此时字体名称会显示蓝色底色。使用键盘上的上下方向键可逐个浏览字体，在【合成】面板中被选中的文字会随之转换为当前所选字体。

- 【填充颜色】：单击该色块，将会弹出【文本颜色】对话框，如图 6.8 所示。在对话框中即可为字体设置颜色，如图 6.9 所示。

图 6.7　字体下拉列表

图 6.8　【文本颜色】对话框

图 6.9　设置文本颜色

单击【吸管】按钮，可以在 AE 软件中任意位置单击来吸取颜色，如图 6.10 所示。单击黑白色块可以将文字直接设置为黑色或白色；单击【没有填充颜色】按钮，文字区域将没有任何颜色显示。

- 【描边颜色】：单击该色块后也会弹出【文本颜色】对话框，选择某种颜色后即可为文字添加或更改描边颜色，如图 6.11 所示。

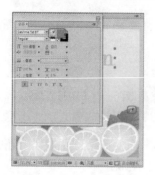

图 6.10　使用吸管工具吸取颜色

图 6.11　调整填充颜色后的效果

- 【设置字体大小】：用于设置字体大小。可以直接输入数值，也可以单击其右侧下拉图标，选择预设大小，如图 6.12 所示为字体大小不同时的效果。

图 6.12　设置字体大小后的效果

- 【设置行距】：用于设置行与行之间的距离，数值越小，行与行之间的文字越有可能重合。
- 【设置两个字符间的字偶间距】：用于设置文字之间的距离。
- 【设置所选字符的字符间距】：该选项也是用于设置文字之间的距离。区别在【设置两个字符间的字偶间距】需要将光标放置在要调整的两个文字之间，而【设置所选字符的字符间距】是调整选中文字层中所有文字之间的距离。如图 6.13 所示为当字符间距不同时的效果。
- 【设置描边宽度】：用于设置文字描边的宽度。在其右侧的下拉列表中还可以选择不同的选项来设置描边与填充色之间的关系，其中包括【在描边上填充】、【在填充上描边】、【全部填充在全部描边之上】、【全部描边在全部填充之上】。如图 6.14 所示为边宽参数不同时的效果。
- 【垂直缩放】与【水平缩放】：分别用于设置文字的高度和宽度大小。

- 【设置基线偏移】：用于修改文字基线，改变其位置。
- 【设置所选字符的比例间距】：该选项用于对文字进行挤压。
- 【仿粗体】：单击该按钮后，即可对选中的文本进行加粗。
- 【仿斜体】：单击该按钮后，选中的文本将会进行倾斜，效果如图 6.15 所示。

图 6.13　设置字符间距效果

图 6.14　设置边宽后的效果

图 6.15　仿斜体

- 【全部大写字母】：该按钮可以将选中的英文字母全部都以大写的形式显示，效果如图 6.16 所示。
- 【小型大写字母】：单击该按钮后，可以将选中的英文字母以小型的大写字母的形式显示，效果如图 6.17 所示。

图 6.16　单击【全部大写字母】按钮后的效果

图 6.17　设置小型大写字母

● 【上标】、【下标】：单击该按钮后，即可将选中的文本进行上标或下标设置。

在 After Effects CC 中选择文本工具，在【合成】面板中通过按住鼠标左键进行拖曳，即可创建一个输入框，用于创建段落文本，并通过【段落】面板可以对段落文本进行相应设

6.1.3 修饰文字

文字创建完成后，为使文字适应不同的效果环境，可使用 After Effects CC 中的特效对其进行设置，已达到修饰文字的效果，例如为文字添加阴影、发光等效果。

1. 阴影效果

应用径向阴影效果可以增强文字的立体感，在 After Effects CC 中提供了两种阴影效果：【投影】和【径向阴影】。在【径向阴影】特效中提供了较多的阴影控制，下面对其进行简单的介绍。

选择创建的文字层，在【效果和预设】面板中选择【透视】|【径向阴影】特效，在【效果控件】面板中可以对

图 6.18　添加并调整【径向阴影】效果

【径向阴影】特效进行设置，效果如图 6.18 所示，其各项参数介绍如下。

● 【阴影颜色】：设置阴影的颜色，默认颜色为黑色。
● 【不透明度】：设置阴影的透明度。
● 【光源】：设置灯光的位置，改变灯光的位置，阴影的方向也会随之改变，如图 6.19 所示。

图 6.19　调整【光源】后的效果

● 【投影距离】：用于设置阴影与对象之间的距离，如图 6.20 所示。
● 【柔和度】：调整阴影效果的边缘柔化度，如图 6.21 所示。

图 6.20　设置投影距离

图 6.21　设置柔和度参数

● 【渲染】：用于选择阴影的渲染方式。一般选择【规则】方式。如果选择【玻璃边缘】方式，可以产生类似于投射到透明体上的透明边缘效果。选择该效果后，阴影边缘的效果将受到环境的影响，如图 6.22 所示为选择【常规】和【玻璃边缘】选项后的效果。

图 6.22　设置渲染方式

● 【颜色影响】：设置玻璃边缘效果的影响程度。
● 【仅阴影】：勾选该复选框后将只显示阴影效果，如图 6.23 所示。
● 【调整图层大小】：勾选该复选框，则文字的阴影如果超出了层的范围，将全部被剪掉；不选择该项，则选中文字的阴影可以超出层的范围。

图 6.23　仅显示阴影

2．画笔描边效果

画笔描边效果可以使文本产生一种类似画笔绘制的效果，选择创建的文字层，在【效果和预设】面板中选择【风格化】|【画笔描边】特效，为其添加【画笔描边】特效。如图 6.24 所示，其中各项参数介绍如下。

图 6.24　添加【画笔描边】特效后的效果

- 【描边角度】：该选项用于设置画笔描边的角度。
- 【画笔大小】：用户可以通过该选项设置画笔笔触的大小，当设置为不同的参数时，效果也不相同，如图 6.25 所示。

图 6.25　设置画笔大小参数后的效果

- 【描边长度】：该选项用于设置画笔的描绘长度。
- 【描边浓度】：该选项用于设置画笔笔触的稀密程度。
- 【描边随机】：该选项用于设置画笔的随机变化量。
- 【绘画表面】：用户可以在其右侧的下拉列表中选择用来设置描绘表面的位置。
- 【与原始图】：该选项用于设置笔触描绘图像与原始图像之间的混合比例，参数越大，将会越接近原图。

3．发光效果

在对文字进行设置时，有时需要使其产生发光或光晕的效果，此时可以为文字添加【发光】特效来实现。

选择创建的文字层，在【效果和预设】面板中选择【风格化】|【发光】特效，为其添加【发光】特效，如图 6.26 所示，其中各项参数介绍如下。

- 【发光基于】：用于选择发光作用通道，可以选择【Alpha 通道】和【颜色通道】两个选项，如图 6.27 所示。

图 6.26　添加并调整【发光】效果　　　图 6.27　【发光基于】下拉列表

- 【发光阈值】：设置发光的阈值，影响到发光的覆盖面。
- 【发光半径】：设置发光的发光半径，如图 6.28 所示。
- 【发光强度】：设置发光的强弱程度。
- 【合成原始项目】：设置效果与原始图像之间的融合方式，包括【顶端】、【后面】、【无】3 种方式。
- 【发光操作】：设置效果与原图像之间的混合模式，提供了 25 种混合方式。
- 【发光颜色】：设置发光颜色的来源模式，包括【原始颜色】、【A 和 B 颜色】、【任意映射】3 种模式，当将发光颜色设置为【原始颜色】和【A 和 B 颜色】时的效果如图 6.29 所示。
- 【颜色循环】：设置颜色循环的顺序，该选项提供了【锯齿波 A>B】、【锯齿波 B>A】、【三角形 A>B>A】、【三角形 B>A>B 】4 种方式。
- 【色彩相位】：设置颜色的相位变化。

图 6.28 设置发光半径

图 6.29 设置发光颜色

- 【A 和 B 中间点】：调整颜色 A 和 B 之间色彩的过渡效果的百分比。
- 【颜色 A】：用于设置 A 的颜色。
- 【颜色 B】：用于设置 B 的颜色。
- 【发光维度】：设置发光作用的方向，其中包括【水平和垂直】、【水平】、【垂直】3 种，如图 6.27 所示。

4. 毛边效果

毛边效果可以将文本进行粗糙化，选择创建的文字层，在【效果和预设】面板中选择【风格化】|【毛边】特效，为文字添加【毛边】特效，如图 6.30 所示。其中各项参数介绍如下。

- 【边缘类型】：用户可以在右侧的下拉列表中选择用于粗糙边缘的类型，当将【边缘类型】设置为【剪切】和【影印】时的效果如图 6.31 所示。
- 【边缘颜色】：该选项用于设置边缘粗糙时所使用的颜色。
- 【边界】：该选项用于设置边缘的粗糙度。
- 【边缘锐度】：该选项用于设置边缘的锐化程度。

图 6.30　添加并调整【毛边】效果

图 6.31　设置边缘类型后的效果

- 【分形影响】：该选项用于设置边缘的不规则程度。
- 【比例】：用户可以通过该选项设置碎片的大小。
- 【伸缩宽度或高度】：该选项可以设置边缘碎片的拉伸程度。
- 【偏移(湍流)】：该选项用于设置边缘在拉伸时的位置。
- 【复杂度】：用于设置边缘的复杂程度。
- 【演化】：用于设置边缘的角度。
- 【演化选项】：用户可以通过该选项控制演化的循环设置。
    - 【循环演化】：勾选该复选框后，将启用循环演化功能。
    - 【循环】：用于设置循环的次数。
    - 【随机植入】：用户可以通过该选项设置循环演化的随机性。

6.2　路径文字与轮廓线

在 After Effects CC 中还提供了制作沿着某条指定路径运动的文字以及将文字转换为轮

廓线的功能。通过它们可以制作更多的文字效果。

6.2.1　路径文字

在 After Effects CC 中可以设置文字沿一条指定的路径进行运动,该路径作为文本层上的一个开放或封闭的遮罩存在。其具体操作步骤如下。

(1)　在工具栏中选择【横排文本工具】,在【合成】面板中单击,并输入文字,如图 6.32 所示。

(2)　然后使用【钢笔工具】按钮绘制一条路径,如图 6.33 所示。

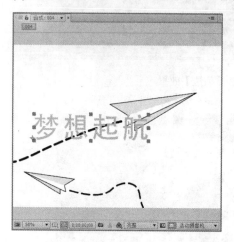
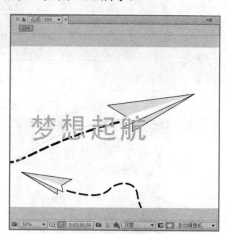

图 6.32　输入文本　　　　　　　　　　　图 6.33　绘制路径

(3)　在【时间轴】面板中展开文字层的【文字】属性,在【路径选项】参数项下将【路径】指定为遮罩,如图 6.34 所示。

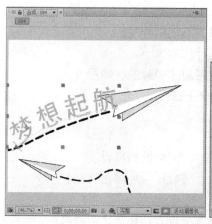

图 6.34　路径文字

【路径选项】下各项参数功能介绍如下。

● 　【路径】:用于指定文字层的遮罩路径。

● 　【反转路径】:打开该选项可反转路径,默认为关闭,如图 6.35 所示。

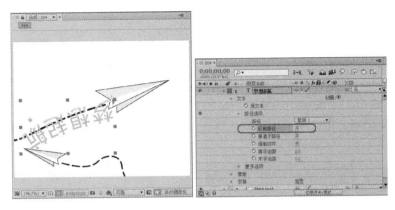

图 6.35　反转路径后的效果

● 　【垂直于路径】：打开该选项可使文字垂直于路径，默认为打开。关闭【垂直于路径】后的效果如图 6.36 所示。

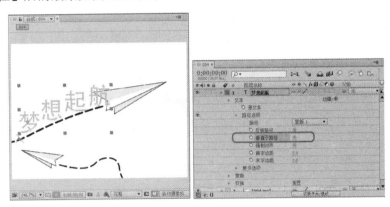

图 6.36　关闭【垂直于路径】后的效果

● 　【强制对齐】：打开该选项，则将文字强制拉伸至路径的两端。

● 　【首字边距】、【末字边距】：调整文本中首、尾字母的缩进。参数为正值表示文本从初始位置向右移动，参数为负值表示文本从初始位置向左移动。如图 6.37 所示为设置【首字边距】后的效果。

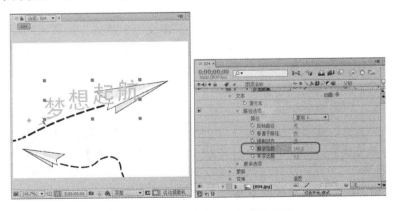

图 6.37　设置【首字边距】后的效果

6.2.2 轮廓线

在 After Effects CC 中可沿文本的轮廓创建遮罩，用户不必自己烦琐地去对文字绘制遮罩。

在【时间轴】面板中选择要设置轮廓遮罩的文字层，在菜单栏中选择【图层】|【从文字创建形状】命令，系统自动生成一个新的固态层，并在该层上产生由文本轮廓转换的遮罩，如图 6.38 所示。可以通过在转换的轮廓线字图层上应用特效，制作出更多精彩的文字效果。

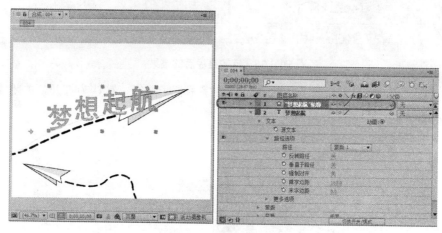

图 6.38　创建文字轮廓线

6.3　文　字　特　效

在 After Effects CC 中除了可以使用【横排文字工具】按钮 T 、【竖排文字工具】按钮 T 创建文字外，还可以通过文字特效来创建。

6.3.1 【基本文字】特效

【基本文字】特效是一个相对简单的文本特效，其功能与使用文字工具创建基础文本相似。其具体操作步骤如下。

(1) 在菜单栏中选择【效果】|【过时】|【基本文字】特效，如图 6.39 所示。

(2) 在弹出的【基本文字】对话框中输入文字并设置字体，如图 6.40 所示。其中部分参数的功能介绍如下。

- 【字体】：设置文字字体。
- 【样式】：设置文字风格。
- 【方向】：设置文字排列方向，包括【水平】、【垂直】2 种。
- 【对齐方式】：设置文字的对齐方式，包括【左对齐】、【居中对齐】和【右对齐】3 种。

(3) 设置完成后，单击【确定】按钮，在【效果控件】面板中可以对创建的文字进行设置，如图 6.41 所示。其中各项参数功能介绍如下。

图 6.39　选择【基本文字】命令

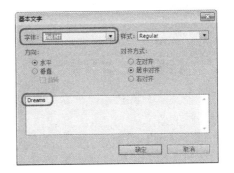

图 6.40　【基本文字】对话框

图 6.41　调整【基本文字】效果

- 【编辑文本】：打开【基本文字】对话框编辑文字。
- 【位置】：设置文字的位置。
- 【显示选项】：选择文字外观。包括【仅填充】、【仅描边】、【填充在边框上】和【边框在填充上】4 种，如图 6.42 所示。

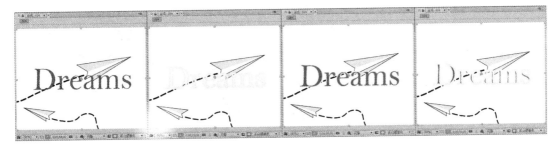

图 6.42　【显示选项】效果

- 【填充颜色】：设置文字的填充颜色。
- 【描边颜色】：设置文字描边的颜色。
- 【描边宽度】：设置文字描边的宽度。
- 【大小】：设置文字的大小。

- 【字符间距】：设置文字之间的距离。
- 【行距】：设置行与行之间的距离。
- 【在原始图像上合成】：勾选该复选框，将文字合成到原始图像上，否则背景为黑色。

6.3.2 【路径文本】特效

【路径文本】特效是一个功能强大的文本特效，它的主要功能是通过设置路径带动文字进行动画的效果。

【路径文本】的创建方法与【基本文字】类似，其中【效果控件】面板中【路径文本】特效的各项参数如图 6.43 所示。各项参数的功能介绍如下。

图 6.43 【路径文本】特效参数

- 【编辑文本】：打开【路径文本】对话框编辑文字。
  - 【字体】：设置文字的字体。
  - 【样式】：设置文字的风格。
- 【信息】：显示当前文字的字体、文本长度和路径长度等信息。
- 【路径选项】：路径的设置选项。
  - 【形状类型】：设置路径类型，包括【贝塞尔曲线】、【圆形】、【循环】和【线】4 种类型。效果如图 6.44 所示，其中【圆】和【循环】类型相似。

图 6.44 【形状类型】效果

- 【控制点】：设置路径的各点位置、曲线弯度等。

- ◆ 【自定义路径】：选择要使用的自定义路径层。
- ◆ 【反转路径】：勾选该复选框将反转路径。
- ● 【填充和描边】：该参数项下的各参数用于设置文字的填充和描边。
  - ◆ 【选项】：设置填充和描边的类型，包括【仅填充】、【仅描边】、【在描边上填充】和【在填充上描边】4 种类型。
  - ◆ 【填充颜色】：设置文字的填充颜色。
  - ◆ 【描边颜色】：设置文字描边的颜色。
  - ◆ 【描边宽度】：设置文字描边的宽度。
- ● 【字符】：该参数项下各参数用于设置文字的属性。
  - ◆ 【大小】：设置文字的大小。
  - ◆ 【字符间距】：设置文字之间的距离。
  - ◆ 【字偶间距】：设置文字的字距。
  - ◆ 【方向】：设置文字在路径上的方向，如图 6.45 所示。

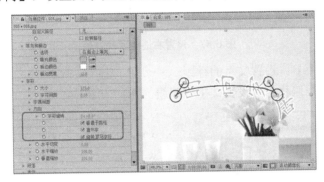

图 6.45　设置方向后的效果

- ◆ 【水平切变】：设置文字在水平位置上的倾斜程度。参数为正值时文字向右倾斜，参数为负值时文字向左倾斜，如图 6.46 所示。

图 6.46　设置水平切变

- ◆ 【水平缩放】：设置文字在水平位置上的缩放。设置缩放时，文字的高度不受影响。
- ◆ 【垂直缩放】：设置文字在垂直方向上的缩放。设置缩放时，文字的宽度不受影响。

- 【段落】：对文字段落进行设置。
  - ◆ 【对齐方式】：设置文字的排列方式。
  - ◆ 【左边距】：设置文字的左边距大小。
  - ◆ 【右边距】：设置文字的右边距大小，如图 6.47 所示。

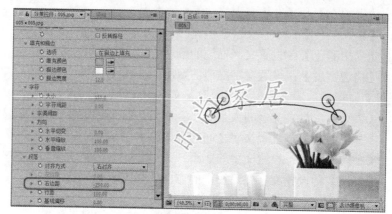

图 6.47　设置右边距后的效果

- ◆ 【行距】：设置文字的行距。
- ◆ 【基线偏移】：设置文字的基线位移，如图 6.48 所示。

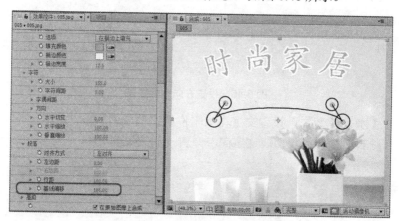

图 6.48　设置基线偏移的效果

- 【高级】：该参数项的各参数对文字进行高级设置。
  - ◆ 【可视字符】：设置文字的显示数量。参数设置为多少，文字最多就可显示多少。当参数为 0 时，则不显示文字。
  - ◆ 【淡化时间】：设置文字淡入淡出的时间。
  - ◆ 【模式】：设置文字与当前层图像的混合模式。
  - ◆ 【抖动设置】：该参数项中参数对文字进行抖动设置。抖动设置效果如图 6.49 所示。
  - ◆ 【在原始图像上合成】：勾选该复选框，文字将合成到原始素材的图像上，否则背景为黑色。

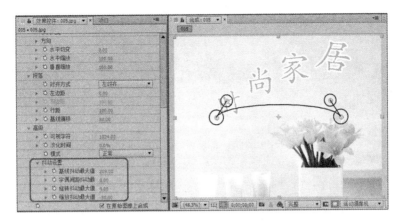

图 6.49　设置抖动设置

6.3.3　【编号】特效

【编号】特效的主要功能是对随机产生的数字进行排列编辑，并通过编辑时间码和当前日期等方式来输入数字。【编号】特效位于【效果和预设】面板中的【文字】特效组下，其创建方法与【基本文字】特效相似，添加【编号】特效后，可在【效果控件】面板中对其进行设置，如图 6.50 所示。其中各项参数功能介绍如下。

图 6.50　添加编号后的效果

- 【格式】：在该参数项下对文字的格式进行设置。
  - 【类型】：设置数字文本的类型。包含【数目】、【时间码】、【数字日期】等 10 种类型。如图 6.51 所示为【时间码】、【时间】和【十六进制的】类型效果。
  - 【随机值】：勾选该复选框，数字将随机变化，随机产生数字限制在【值/偏移/最大随机值/】选项的数值范围内，若该选项值为 0，则不受限制。
  - 【数值/位移/随机】：设置数字随机离散范围。
  - 【小数位数】：设置添加编号中小数点的位数。
  - 【当前时间/日期】：勾选该复选框，系统将显示当前的时间和日期。

图 6.51　不同类型的效果

- 【填充和描边】：该参数项下的参数用于设置数字的颜色和描边。
  - ◆ 【位置】：设置添加编号的位置坐标。
  - ◆ 【显示选项】：设置数值外观，包含有 4 种方式。
  - ◆ 【填充颜色】、【描边颜色】、【描边宽度】：设置数字的颜色、描边颜色以及描边宽度。
- 【大小】：设置数字文本的大小。
- 【字符间距】：设置数字文本间的间距。
- 【比例间距】：勾选该复选框可使数字均匀间距显示。
- 【在原始图像上合成】：勾选该复选框，数字层将与原图像层合成，否则背景为黑色。

6.3.4　【时间码】特效

【时间码】特效主要用于为影片添加时间和帧数，作为影片的时间依据，方便后期制作。添加【时间码】特效的效果和参数如图 6.52 所示。其中各项参数功能介绍如下。

图 6.52　添加【时间码】特效后的效果

- 【显示格式】：设置时间码的显示格式。包含【SMPTE 时:分:秒:帧】、【帧序号】、【英尺+帧(35mm)】和【英尺+帧(16mm)】4 种方式。
- 【时间源】：设置帧速率。该设置应与合成设置相对应。
- 【文本位置】：设置时间码的位置，调整文本位置后的效果如图 6.53 所示。

图 6.53　调整文本的位置

- 【文字大小】：设置时间码的显示大小。
- 【文本颜色】：设置时间码的颜色。
- 【显示方框】：勾选该复选框后，将会在时间码的底部显示方框，如图 6.54 所示为取消勾选该复选框后的效果。

图 6.54　取消勾选【显示方框】复选框

- 【方框颜色】：该选项用于设置方框的颜色，只有在【显示方框】复选框勾选时该选项才可用，设置方框颜色后的效果如图 6.55 所示。

图 6.55　设置方框颜色

- 【不透明度】：该选项用于设置时间码的透明度。
- 【在原始图像上合成】：勾选该复选框，时间码将与原图像层合成，否则背景为黑色。

6.4 文本动画

在 After Effects CC 中也可以对创建的文本进行变换动画制作。在文字图层中【变换】属性组下的【定位点】、【位置】、【缩放】、【旋转】和【透明度】属性都可以进行常规的动画设置。此外，还提供更强大的动画功能。

6.4.1 动画控制器

在文字图层中【文字】属性组中有一个【动画】选项，单击其右侧的小三角图标，在弹出的下拉列表中包含多种设置文本动画的命令，如图 6.56 所示。

1. 变换类控制器

该类控制器可以控制文本动画的变形，如【位置】、【缩放】、【倾斜】、【旋转】等。与层的【变换】属性类似，如图 6.57 所示。

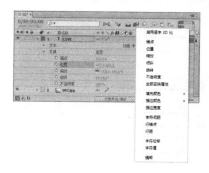

图 6.56　动画下拉列表

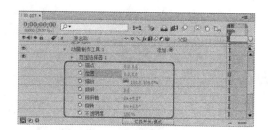

图 6.57　【动画】选项

- 【锚点】、【位置】：设置文字的位置。其中【锚点】主要设置文字轴心点的位置，对文字进行的缩放、旋转等操作均是以文字轴心点为中心进行。如图 6.58 所示为调整定位点效果。

图 6.58　设置位置后的效果

- 【缩放】：设置文本的缩放大小，数值越大，文本越大。启用参数左侧的【约束比例】按钮，可使 X、Y 轴同时缩放，防止字体变形，如图 6.59 所示。
- 【倾斜】：设置文本的倾斜度，数值为正时，文本向右倾斜；数值为负时，文本向左倾斜，如图 6.60 所示。

图 6.59 设置缩放后的效果

图 6.60 设置倾斜后的效果

- 【倾斜轴】、【旋转】：分别用于设置文本的倾斜度和旋转角度，如图 6.61 所示。
- 【不透明度】：设置文本的不透明度。

2．颜色类控制器

颜色类控制器用于控制文本动画的颜色，如色相、饱和度、亮度等。综合使用可调整出丰富的文本颜色效果，如图 6.62 所示。

图 6.61 设置旋转角度后的效果

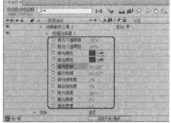

图 6.62 颜色类控制器

- 【填充】类：设置文本的基本颜色的色相、色调、亮度、透明度等，如图 6.63 所示。
- 【描边颜色】类、【描边宽度】类：设置文字描边的色相、色调、亮度和描边宽度等，设置描边后的效果如图 6.64 所示。

图 6.63 设置填充色相后的效果

图 6.64 设置描边后的效果

3. 文本类控制器

文本类控制器用于控制文本字符的行间距和空间位置以及字符属性的变换效果，如图 6.65 所示。

- 【行锚点】：设置文本的定位。
- 【字符间距类型】、【字符间距大小】：前者用于设置前后间距的类型，控制间距数量变化的前后范围。其中包含 3 个选项。后者用于设置间距的数量。
- 【字符对齐方式】：设置字符对齐的方式。包含【左侧或顶部】、【中心】、【右侧或底部】等 4 种对齐方式，如图 6.66 所示。

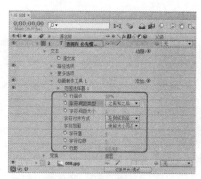

图 6.65 文本类控制器

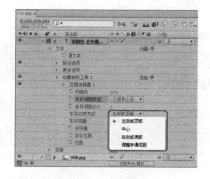

图 6.66 字符的对齐方式

- 【字符范围】：设置字符范围类型。可设置【保留大小写与数字】和【全部 Unicode】两种。
- 【字符值】：调整该参数可使整个字符变为新的字符，如图 6.67 所示。
- 【字符位移】：调整该参数可使字符产生偏移，从而变成其他字符。
- 【行距】：设置文本中行和列的间距，如图 6.68 所示。

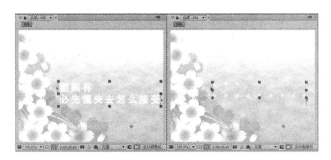

图 6.67　设置字符值

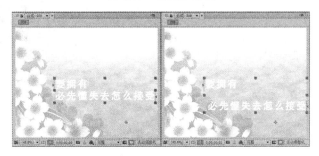

图 6.68　设置行距后的效果

4．启用逐字 3D 化与模糊控制器

启用逐字 3D 化控制器将文字层转换为三维层，并在【合成】面板中出现 3D 坐标轴，通过调整坐标轴来改变文本三维空间的位置，如图 6.69 所示。

图 6.69　机轴坐标

模糊控制器可以分别对文本进行水平和垂直方向上模糊效果的设置，如图 6.70 所示。

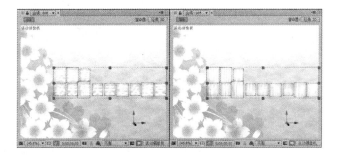

图 6.70　设置模糊参数

5. 范围控制器

每当添加一种控制器时，都会在【动画】属性组中添加一个【范围控制器】选项，如图 6.71 所示。

- 【起始】、【结束】：设置该控制器的有效起始或结束范围。有效范围的效果如图 6.72 所示。

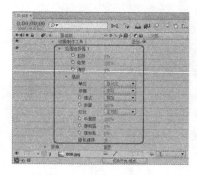
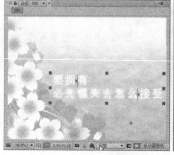

图 6.71　设置范围控制器　　　　　　　　　图 6.72　设置起始和结束参数

- 【偏移】：设置有效范围的偏移量，如图 6.73 所示。

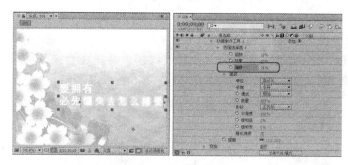

图 6.73　设置偏移参数

- 【单位】、【依据】：这两个参数用于控制有效范围内的动画单位。前者以字母为单位，后者以词组为单位。
- 【模式】：设置有效范围与原文本之间的交互模式。
- 【数量】：设置属性控制文本的程度，值越大，影响的程度就越强，如图 6.74 所示。

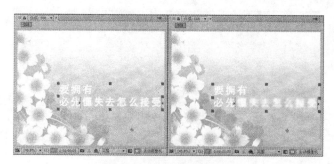

图 6.74　设置数量后的效果

- 【形状】：设置有效范围内字符排列的形状模式，包括【矩形】、【上倾斜】、【三角形】等6种形状。
- 【平滑度】：设置产生平滑过渡的效果。
- 【缓和高】、【缓和低】：控制文本动画过渡柔和最高点和最低点的速率。
- 【随机顺序】：设置有效范围添加在其他区域的随机性，随着随机数值的变化，有效范围在其他区域的效果也在不断变化。

6．摆动控制器

摆动控制器可以控制文本的抖动，配合关键帧动画可以制作出复杂的动画效果。要添加摆动控制器，需要在添加后的【动画】属性组右侧，单击【添加】右侧的小三角按钮，在弹出的快捷菜单中选择【选择器】|【摆动】命令即可，如图 6.75 所示。在默认情况下，添加摆动控制器后即可得到不规律的文字抖动效果。

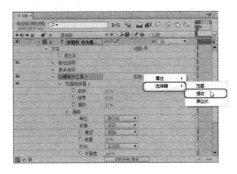

图 6.75　选择【摆动】命令

- 【最大量】、【最小量】：设置随机范围的最大值、最小值。
- 【摇摆/秒】：设置每秒随机变化的频率。数值越大，变化频率越大。
- 【关联】：设置字符间相互关联变化的程度。
- 【时间相位】、【空间相位】：设置文本动画在时间、空间范围内随机量的变化。
- 【锁定维度】：设置随机相对范围的锁定。

6.4.2　预置动画

在 After Effects CC 的预置动画中提供了很多文字动画，在【效果和预设】面板中展开【动画预置】选项，在【文字】文件夹下包含所有的文本预置动画，如图 6.76 所示。

图 6.76　预置动画

选择合适的动画预置，使用鼠标直接将其拖曳至文字层上即可。还可以在【效果控件】中对添加的预置动画进行修改。

6.5　表　达　式

After Effects CC 中提供了一种非常方便的动画控制方法——表达式。表达式是由传统的 JavaScript 语言编写而成，利用表达式可以实现界面中不能执行的命令或将大量重复性操作简单化。使用表达式可以制作出层与层或属性与属性之间的关联。

6.5.1　认识表达式

在 After Effects CC 中的表达式具有类似于其他程序设计的语法，只有遵循这些语法才可以创建正确的表达式。其实在 After Effects CC 中应用的表达式不需要熟练掌握JavaScript 语言，只要理解简单的写法，就可创建表达式。

例如在某层的旋转下输入表达式：transform.rotation=transform.rotation+time*50。表示随着时间的增长呈 50 倍的旋转。

如果当前表达式要调用其他图层或者其他属性时，需要在表达示中加上全局属性和层属性。如 thisComp（"03_1.jpg"）transform.rotation=transform.rotation+time*20。

- 全局属性(thisComp)：用来说明表达式所应用的最高层级，也可理解为这个合成。
- 【层级标识符号(.)】：该符号为英文输入状态下的句号。表示属性连接符号，该符号前面为上位层级，后面为下位层级。
- layer（""）：定义层的名称，必须在括号内加引号，例如素材名称为 XW.jpg 可写成 layer（"XW.jpg"）。

另外，还可以为表达式添加注释。在注释语句前加上 "//" 符号，表示在同一行中任何处于 "//" 后面的语名都被认为是表达式注释语句。如：//单行语句；在注释语句首尾添加 "/*" 和 "*/" 符号，表示处于 "/*" 和 "*/" 之间的语句都被认为是表达式的注释语句。如：/*这是一条

多行注释*/

在 After Effects CC 中经常用到的一个数据类型是数组，而数组经常使用常量和变量中一部分。因此，需要了解其中的数组属性，这对于编写表达式有很大的帮助。

- 【数组常量】：在 JavaScript 语言中，数组常量通常包含几个数值，如[5，6]，其中 5 表示第 0 号元素，6 表示第 1 号元素。在 After Effects CC 中表达式的数值是由 0 开始的。
- 【数组变量】：用一些自定义的元素来代替具体的值，变量类似一个容器，这些值可以不断被改变，并且值本身不全是数字，可以是一些文字或某一对象，scale=[10，20]。
- 可使用 "[]" 中的元素序号访问数组中的某一元素，如 scale[0]表示的数字是 10，而 scale[1]表示的数字是 20。
- 【将数组指针赋予变量】：主要是为属性和方法赋予值或返回值。如将二维数组 thislayer.position 的 X 方向保持为 100，Y 方向可以运动，则表达式应为：y=position[1]，[100，y]或[100，position[1]]。
- 【数组维度】：属性的参数量为维度，如透明度的属性为一个参数，即为一维，也可以说是一元属性，不同的属性具有不同的维度。例如：
  - ◆ 【一维】：旋转、透明度。
  - ◆ 【二维】：二维空间中的位置、缩放、旋转。

- ◆ 　【三维】：三维空间中的位置、缩放、方向。
- ◆ 　【四维】：颜色。

6.5.2　创建与编辑表达式

在 After Effects 中要为某个属性创建表达式，可以选择该属性，然后在菜单栏中选择【动画】|【添加文本选择器】|【表达式】命令，如图 6.77 所示。或按住 Alt 键单击该属性左侧的 按钮即可。添加表达式后的效果如图 6.78 所示。

图 6.77　选择【表达式】命令　　　　　　图 6.78　添加表达式后的效果

此时，在表达式区域中输入 transform.rotation=transform.rotation+time*20，按 Enter 键或在其他位置处单击即可完成表达式的输入。按空格键可以查看【旋转】动画。

如果输入的表达式有误，按 Enter 键确认时，系统会弹出如图 6.79 所示的错误语句提示对话框，并在表达式下【启用表达式】按钮 的左侧出现警告图标 ，如图 6.80 所示。

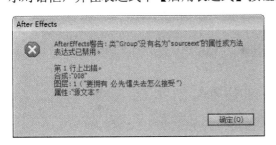

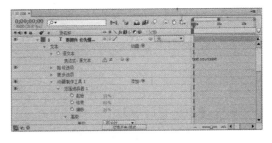

图 6.79　提示对话框　　　　　　　　图 6.80　警告图标

在创建表达式后，可以通过修改相应表达式的属性来编辑表达的命令，如启用、关闭表达式，链接属性等。

- ● 【启用表达式】按钮 ：设置表达式的开关，当开启时，相关属性参数将显示红色，当关闭时，相关属性恢复默认颜色，如图 6.81 所示。
- ● 【显示后表达式图表】按钮 ：单击该按钮可以定义表达式的动画曲线，但是需要先激活图形编辑器。
- ● 【表达式关联器】按钮 ：单击该按钮，可以拉出一根橡皮筋，将其链接到其他属性上，可以创建表达式，使它们建立关联性的动画，如图 6.82 所示。

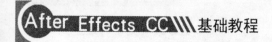

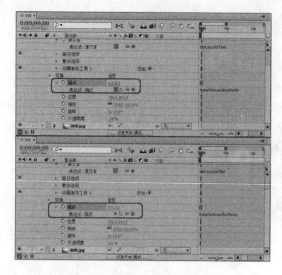

图 6.81　表达式的开启与关闭　　　　　　图 6.82　表达式拾取

- 【表达式语言菜单】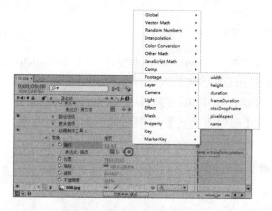：单击该按钮，可以弹出系统为用户提供的表达式库中的命令，根据需要在表达式菜单中选择相关的表达式语言，如图 6.83 所示。

图 6.83　设置表达式语言菜单

- 【表达式区域】：用户可以在表达式区域中对表达式进行修改，可以通过手动该区域下方的边界向下进行扩展。

6.6　上机实践——制作光晕文字

下面将介绍如何制作光晕文字，效果如图 6.84 所示。其具体操作步骤如下。

(1) 按 Ctrl+N 组合键，在弹出的对话框中将【合成名称】设置为【光晕文字】，将【宽度】和【高度】分别设置为 1024、768，将【持续时间】设置为 0:00:06:00，如图 6.85 所示。

(2) 设置完成后，单击【确定】按钮，按 Ctrl+I 组合键，在弹出的对话框中选择随书附带光盘中的 CDROM\素材\Cha06\009.jpg 素材文件，如图 6.86 所示。

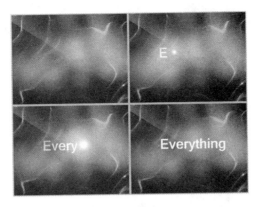

图 6.84　光晕文字

图 6.85　设置合成参数

图 6.86　选择素材文件

（3）单击【导入】按钮，将选中的素材文件导入至【项目】面板中，按住鼠标将其拖拽曳至【时间轴】面板中，在【合成】面板中查看效果，效果如图 6.87 所示。

（4）在【时间轴】面板中右击，在弹出的快捷菜单中选择【新建】|【文本】命令，如图 6.88 所示。

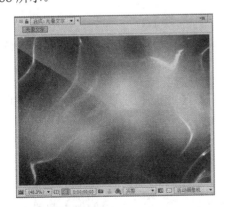

图 6.87　查看素材效果

图 6.88　选择【文本】命令

（5）在【合成】面板中输入文字，选中输入的文字，在【字符】面板中将字体设置为

Shruti，将字体样式设置为 Bold，将字体大小设置为 128，将填充颜色设置为白色，并调整其位置，效果如图 6.89 所示。

(6) 在【时间轴】面板中单击文字图层中的【动画】按钮 ⊙，在弹出的下拉列表中选择【不透明度】命令，如图 6.90 所示。

图 6.89　输入文字并进行设置　　　　　　图 6.90　选择【不透明度】命令

(7) 将当前时间设置为 0:00:00:20，单击【范围选择器 1】中的【起始】左侧的按钮 ⊙，将【不透明度】设置为 0，如图 6.91 所示。

(8) 将当前时间设置为 0:00:04:10，将【起始】参数设置为 100，如图 6.92 所示。

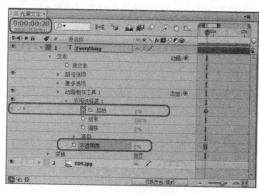

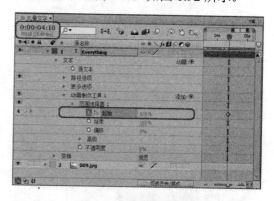

图 6.91　设置不透明度参数　　　　　　　图 6.92　设置起始参数

(9) 设置完成后，将该图层的【模式】设置为【叠加】，设置后的效果如图 6.93 所示。

(10) 在【时间轴】选中该文字图层，按 Ctrl+D 组合键对其进行复制，如图 6.94 所示。

(11) 选中新复制的图层，将当前时间设置为 0:00:04:00，在【时间轴】面板中将【动画制作工具 1】删除，单击【不透明度】左侧的按钮 ⊙，将【不透明度】设置为 0，如图 6.95 所示。

(12) 将当前时间设置为 0:00:05:00，将【不透明度】设置为 100%，将图层模式设置为

【正常】，如图 6.96 所示。

图 6.93　设置图层模式

图 6.94　复制图层

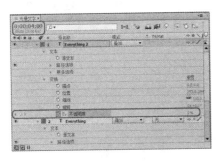

图 6.95　设置不透明度参数

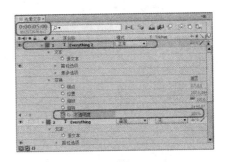

图 6.96　设置不透明度和图层模式

(13) 在【时间轴】面板中右击，在弹出的快捷菜单中选择【新建】|【纯色】命令，如图 6.97 所示。

(14) 在弹出的对话框中将【名称】设置为【光晕】，将【颜色】的 RGB 值设置为 0、0、0，如图 6.98 所示。

图 6.97　选择【纯色】命令

图 6.98　【纯色设置】对话框

(15) 设置完成后，单击【确定】按钮，在【时间轴】面板中将新建的图层调整至文字图层的下方，如图 6.99 所示。

(16) 继续选中该图层，在【时间轴】面板中将【模式】设置为【屏幕】，将【缩放】设置为 180%，如图 6.100 所示。

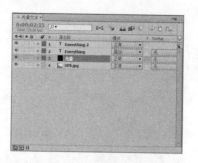

图 6.99　调整图层的位置

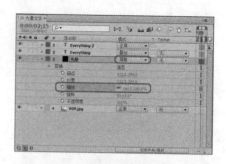

图 6.100　设置图层模式和缩放参数

（17）设置完成后，在【效果和预设】面板中选择【镜头光晕】特效，如图 6.101 所示。

（18）双击该特效，为选中的图层添加该特效，将当前时间设置为 0:00:00:00，在【效果控件】面板中单击【光晕中心】和【光晕亮度】左侧的 ○ 按钮，将【光晕中心】都设置为 358，将【光晕亮度】设置为 0，如图 6.102 所示。

图 6.101　选择【镜头光晕】特效

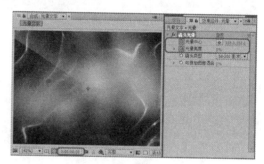

图 6.102　设置光晕参数

（19）将当前时间设置为 0:00:04:00，在【效果控件】面板中将【光晕亮度】设置为 90%，如图 6.103 所示。

（20）将当前时间设置为 0:00:04:10，在【效果控件】面板中将【光晕中心】设置为 732、358，将【光晕亮度】设置为 0，如图 6.104 所示。

图 6.103　设置光晕亮度

图 6.104　设置镜头光晕参数

（21）设置完成后，在【效果和预设】面板中选择【颜色校正】|【色相/饱和度】特效，如图 6.105 所示。

（22）双击该特效，为选中的图层添加该特效，在【效果控件】面板中勾选【彩色化】

复选框，将【着色色相】设置为 200%，将【着色饱和度】设置为 60%，如图 6.106 所示。

图 6.105 选择【色相/饱和度】特效

图 6.106 设置色相/饱和度

(23) 在【时间轴】面板中右击，在弹出的快捷菜单中选择【新建】|【纯色】命令，如图 6.107 所示。

(24) 在弹出的对话框中将【名称】设置为【白色】，将【颜色】的 RGB 值设置为 255、255、255，如图 6.108 所示。

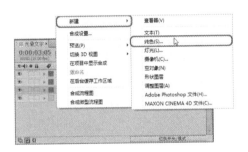

图 6.107 选择【纯色】命令

图 6.108 纯色设置

(25) 设置完成后，单击【确定】按钮，在工具箱中选择【椭圆工具】，在【合成】面板中绘制一个圆形，如图 6.109 所示。

(26) 在【时间轴】面板中将【蒙版 1】中的【蒙版羽化】设置为 200%，如图 6.110 所示。

图 6.109 绘制圆形

图 6.110 设置蒙版羽化

(27) 将当前时间设置为 0:00:00:00，单击【位置】和【不透明度】左侧的 按钮，将【位置】设置为 322、384，将【不透明度】设置为 0，如图 6.111 所示。

(28) 将当前时间设置为 0:00:00:10，将【位置】设置为 463、384，将【不透明度】设置为 65%，如图 6.112 所示。

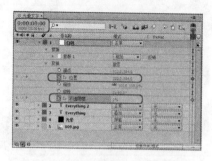 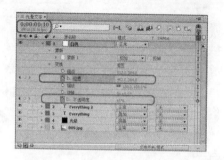

图 6.111　设置位置和不透明度(1)　　　图 6.112　设置位置和不透明度(2)

(29) 将当前时间设置为 0:00:04:10，在【时间轴】面板中将【位置】设置为 1172、384，将【不透明度】设置为 0，如图 6.113 所示。

(30) 设置完成后，将该图层调整至【光晕文字】图层的上方，如图 6.114 所示，设置完成后，对完成后的场景进行保存和输出即可。

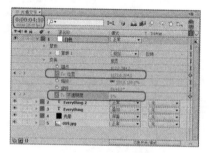 

图 6.113　设置位置和不透明度　　　图 6.114　调整图层的位置

6.7　思考与练习

1. 创建文本的方法有哪些？
2. 如何将文本沿一条路径排列？
3. 在文本动画控制器中，文本类控制器的作用是什么？

第7章　蒙版与蒙版特效

蒙版就是通过蒙版层中的图形或轮廓对象透出下面图层中的内容。本章主要对蒙版的创建、编辑蒙版的形状、【蒙版】属性设置以及蒙版特效的使用进行介绍。

7.1　认　识　蒙　版

一般来说，蒙版需要有两个层，而在 After Effects CC 中，蒙版绘制在图层中，虽然是一个层，但可以将其理解为两个层：一个是轮廓层，即蒙版层；另一个是被蒙版层，即蒙版下面的层。蒙版层的轮廓形状决定看到的图像形状，而被蒙版层决定显示的内容。

7.2　创　建　蒙　版

在 After Effects CC 自带的工具栏中，可以利用相关的蒙版工具来创建如矩形、圆形和自由形状的蒙版。

7.2.1　使用【矩形工具】创建蒙版

在工具栏中选取【矩形工具】按钮▣可以创建矩形或正方形蒙版。选择要创建蒙版的层，在工具栏中选择【矩形工具】按钮▣，然后在【合成】面板中，单击并拖曳鼠标即可绘制一个矩形蒙版区域，如图 7.1 所示，在矩形蒙版区域中将显示当前层的图像，矩形以外的部分将隐藏。

选择要创建蒙版的层，然后双击工具栏中的【矩形工具】按钮▣，可以快速创建一个与层素材大小相同的矩形蒙版，如图 7.2 所示。在绘制蒙版时，如果按住 Shift 键，可以创建一个正方形蒙版。

图 7.1　绘制矩形蒙版

图 7.2　创建蒙版

提　示

在绘制矩形蒙版时，移动鼠标并按住空格键可以移动绘制的图形蒙版。

7.2.2 使用【圆角矩形工具】创建蒙版

使用【圆角矩形工具】按钮■创建蒙版与使用【矩形工具】按钮■创建蒙版的方法相同，在这里就不再赘述，效果如图 7.3 所示。

选择要创建蒙版的层，然后双击工具栏中的【圆角矩形工具】按钮■，可沿层的边创建一个最大限度的圆角矩形蒙版，如图 7.4 所示。在绘制蒙版时，如果按住 Shift 键，可以创建一个圆角的正方形蒙版。

图 7.3 绘制圆角矩形蒙版

图 7.4 窗机蒙版

7.2.3 使用【椭圆工具】创建蒙版

选择要创建蒙版的层，在工具栏中选择【椭圆工具】按钮■，然后在【合成】面板中，单击并拖曳鼠标即可绘制一个椭圆形蒙版区域，如图 7.5 所示，在椭圆形蒙版区域中将显示当前层的图像，椭圆形以外的部分变成透明。

选择要创建蒙版的层，然后双击工具栏中的【椭圆工具】按钮■，可沿层的边创建一个最大限度的椭圆形蒙版，如图 7.6 所示。在绘制蒙版时，如果按住 Shift 键，可以创建一个圆形蒙版。

图 7.5 绘制椭圆蒙版

图 7.6 创建蒙版

7.2.4 使用【多边形工具】创建蒙版

使用【多边形工具】按钮■可以创建一个正五边形蒙版。选择要创建蒙版的层，在工具栏中选择【多边形工具】按钮■。在【合成】窗口中，单击并拖曳鼠标即可绘制一个正五边形蒙版区域，如图 7.7 所示，在正五边形蒙版区域中将显示当前层的图像，正五边形以外的部分变成透明。

图 7.7　绘制正五边形蒙版

　　在绘制蒙版时，如果按住 Shift 键可固定它们的创建角度。

7.2.5　使用【星形工具】创建蒙版

　　使用【星形工具】按钮☆可以创建一个星形蒙版，使用该工具创建蒙版的方法与使用【多边形工具】按钮⬮创建蒙版的方法相同，在这里就不再赘述，效果如图 7.8 所示。

图 7.8　绘制星形蒙版

7.2.6　使用【钢笔工具】创建蒙版

　　使用【钢笔工具】按钮🖋可以绘制任意形状的蒙版，它不但可以绘制封闭的蒙版，还可以绘制开放的蒙版。【钢笔工具】按钮🖋具有很高的灵活性，可以绘制直线，也可以绘制曲线，可以绘制直角多边形，也可以绘制弯曲的任意形状。

　　选择要创建蒙版的层，在工具栏中选择【钢笔工具】按钮🖋。在【合成】面板中，单击创建第 1 点，然后在其他区域单击创建第 2 点，如果连续单击下去，可以创建一个直线的蒙版轮廓，如图 7.9 所示。

　　如果按鼠标左键并拖曳，则可以绘制一个曲线点，以创建曲线。多次创建后，可以创建一个弯曲的曲线轮廓，如图 7.10 所示。若使用【转换顶点工具】按钮◣，可以对顶点进行转换，将直线转换为曲线或将曲线转换为直线。

图 7.9 直线蒙版轮廓

图 7.10 曲线蒙版轮廓

如果想绘制开放蒙版，可以在绘制到需要的程度后，按住 Ctrl 键的同时在【合成】窗口中单击，即可结束绘制，如图 7.11 所示。

如果要绘制一个封闭的轮廓，则可以将鼠标光标移到开始点的位置，当光标变成◇样式时单击，即可将路径封闭，如图 7.12 所示。

图 7.11 绘制开放蒙版

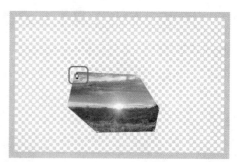

图 7.12 绘制封闭蒙版

7.3 编辑蒙版形状

创建完蒙版后，可以根据需要对蒙版的形状进行修改，以更适合图像轮廓的要求。下面就来介绍一下修改蒙版形状的方法。

7.3.1 选择顶点

创建蒙版后，可以在创建的形状上发现小的方形控制点，这些控制点就是顶点。

选中的顶点与没有选中的顶点是不同的，选中的顶点是实心的方形，没有选中的顶点是空心的方形。

选择顶点的方法如下。

(1) 使用【选取工具】按钮 在顶点上单击，即可选择一个顶点，如图 7.13 所示。如果想选择多个顶点，可以在按住 Shift 键的同时，分别单击要选择的顶点即可。

(2) 在【合成】窗口中单击并拖曳鼠标，将出现一个矩形选框，被矩形选框框住的顶点都将被选中，如图 7.14 所示。

图 7.13　选择顶点

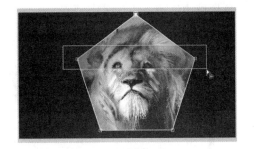

图 7.14　矩形选框

提示

在按住 Alt 键的同时单击其中一个顶点，可以选择所有的顶点。

7.3.2　移动顶点

选中蒙版图形的顶点，通过移动顶点，可以改变蒙版的形状。其具体操作方法如下。

(1) 打开随书附带光盘中的 CDROM\素材\Cha07\移动顶点.aep 文件，在【时间轴】面板中选中图层，如图 7.15 所示。

(2) 在工具栏中使用【选取工具】按钮，在【合成】面板中，选中其中一个顶点，然后拖曳顶点到其他位置即可，如图 7.16 所示。

图 7.15　选中图层

图 7.16　移动顶点

7.3.3　添加/删除顶点

通过使用【添加顶点工具】按钮和【删除顶点工具】按钮，可以在绘制的形状上添加或删除顶点，从而改变蒙版的轮廓结构。

1. 添加顶点

在工具栏中选择【添加顶点工具】按钮，将鼠标移动到路径上需要添加顶点的位置处单击，即可添加一个顶点，如图 7.17 所示为添加顶点前后的对比效果。多次在路径上不同的位置单击，可以添加多个顶点。

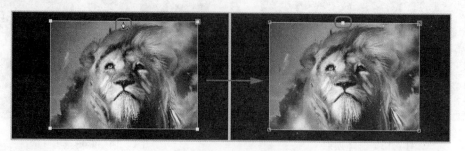

图 7.17　添加顶点前后的对比效果

2. 删除顶点

在工具栏中选择【删除顶点工具】按钮 ，将鼠标移动到需要删除的顶点上并单击，即可删除该顶点。如图 7.18 所示为删除顶点前后的对比效果。

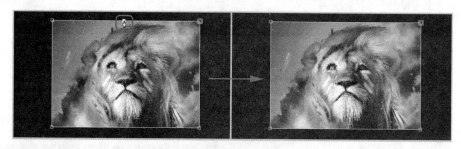

图 7.18　删除顶点前后的对比效果

> **提示**
>
> 选择需要删除的顶点，然后在菜单栏中选择【编辑】|【清除】命令或按 Delete 键，也可将选择的节点删除。

7.3.4　顶点的转换

绘制的形状上的顶点可以分为两种：角点和曲线点，如图 7.19 所示。

- 角点：顶点的两侧都是直线，没有弯曲角度。
- 曲线点：一个顶点有两个控制手柄，可以控制曲线的弯曲程度。

图 7.19　角点和曲线点

通过使用工具栏中的【转换"顶点"工具】按钮 ，可以将角点和曲线点进行快速转换，如图 7.20 所示。转换的操作方法如下。

(1) 使用工具栏中的【转换顶点工具】按钮 ，在曲线点上单击，即可将曲线点转换为角点。

(2) 使用工具栏中的【转换顶点工具】按钮 ，单击角点并拖曳，即可将角点转换成曲线点。

图 7.20　顶点转换

提 示

当转换成曲线点后，通过使用【选取工具】按钮 可以手动调节曲线点两侧的控制柄，以修改蒙版的形状。

7.3.5　蒙版羽化

在工具栏中选择【蒙版羽化工具】按钮，单击蒙版轮廓边缘能够添加羽化顶点，如图 7.21 所示。

图 7.21　添加羽化顶点

使用鼠标拖曳羽化顶点可以为蒙版调整羽化效果，如图 7.22 所示。

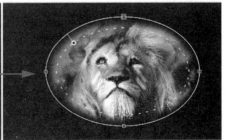

图 7.22　为蒙版调整羽化效果

7.4　【蒙版】属性设置

创建蒙版后，会在【时间轴】面板中添加一组新的属性——【蒙版】，如图 7.23 所示。

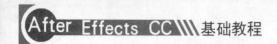

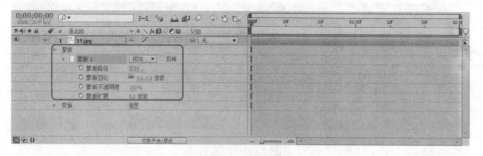

图 7.23 【蒙版】属性

7.4.1 锁定蒙版

为了避免操作中出现失误，可以将蒙版锁定，锁定后的蒙版将不能被修改，锁定蒙版的操作方法如下。

(1) 在【时间轴】面板中展开【蒙版】属性组。

(2) 单击要锁定的【蒙版 1】左侧的 ▢ 图标，此时该图标将变成 🔒 图标，如图 7.24 所示，表示该蒙版已锁定。

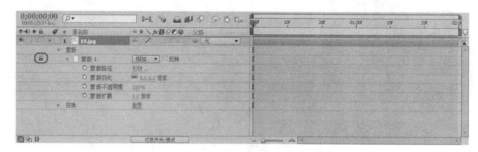

图 7.24 锁定蒙版

7.4.2 蒙版的混合模式

当一个层上有多个蒙版时，可在这些蒙版之间添加不同的模式来产生各种效果。在【时间轴】面板中选择层，打开【蒙版】属性卷展栏。蒙版的默认模式为【加】，单击【加】按钮，在弹出的下拉菜单中可以选择蒙版的其他模式，如图 7.25 所示。

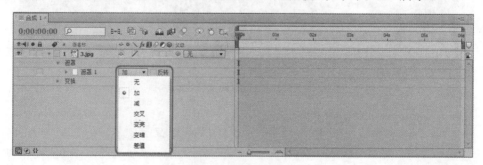

图 7.25 蒙版模式下拉菜单

使用【矩形工具】按钮■和【椭圆工具】按钮○为层绘制两个交叉的蒙版，如图 7.26 所示。其中将蒙版 1 的模式设置为【加】，下面将通过改变蒙版 2 的模式来演示效果。

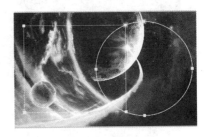

图 7.26　绘制的蒙板

- 【无】：选择【无】混合模式的路径将不起到蒙版作用，仅作为路径存在，如图 7.27 所示。
- 【加】：使用该模式，在合成图像上显示所有蒙版内容，蒙版相交部分不透明度相加。如图 7.28 所示，蒙版 1 的【不透明度】为 60%，蒙版 2 的【不透明度】为 80%。
- 【减】：使用该模式，上面的蒙版减去下面的蒙版，被减去区域内容不在合成图像上显示，如图 7.29 所示。
- 【交叉】：该模式只显示所选蒙版与其他蒙版相交部分的内容，如图 7.30 所示。

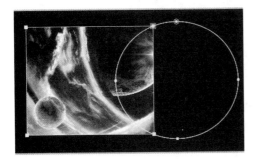

图 7.27　【无】模式

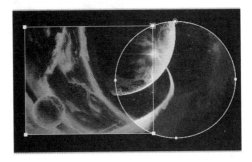

图 7.28　【加】模式

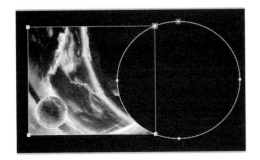

图 7.29　【减】模式

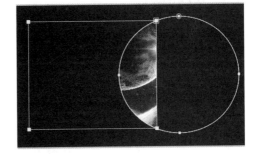

图 7.30　【交叉】模式

- 【变亮】：该模式与【加】模式效果相同，但是对于蒙版相交部分的不透明度则采用不透明度较高的那个值，如图 7.31 所示，蒙版 1 的【不透明度】为 100%，蒙版 2 的【不透明度】为 60%。
- 【变暗】：该模式与【交叉】模式效果相同，但是对于蒙版相交部分的不透明度则采用不透明度较小的那个值，如图 7.32 所示，蒙版 1 的【不透明度】为 100%，蒙版 2 的【不透明度】为 60%。

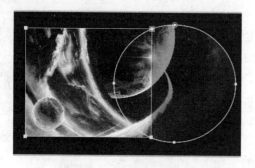
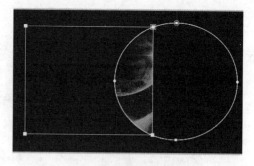

图 7.31 【变亮】模式 图 7.32 【变暗】模式

- 【差值】：应用该模式蒙版将采取并集减交集的方式，在合成图像上只显示相交部分以外的所有蒙版区域，如图 7.33 所示。

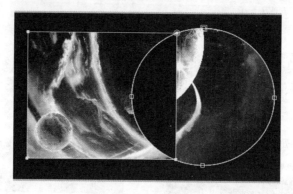

图 7.33 【差值】模式

7.4.3 反转蒙版

在默认情况下，至显示蒙版以内当前层的图像，蒙版以外将不显示。勾选【时间轴】面板中的【反转】复选框可设置蒙版的反转，也可以在菜单栏中选择【图层】|【蒙版】|【反转】命令，如图 7.34 所示，也可设置蒙版反转。如图 7.35 左图所示为反转前效果，右图为反转后效果。

图 7.34 选择【反转】命令

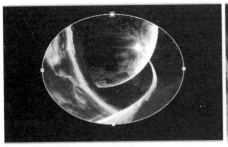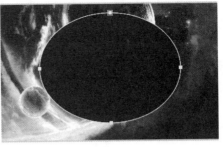

图 7.35　反转蒙版

7.4.4　蒙版路径

在添加了蒙版的图层中，单击【蒙版】属性中【蒙版路径】右侧的【形状】，可以弹出【蒙版形状】对话框，如图 7.36 所示。在【定界框】区域中，通过修改【顶部】、【底部】、【左侧】、【右侧】选项参数，可以修改当前蒙版的大小。通过【单位】下拉列表可以为修改值设置一个适当的单位。

在【形状】区域中可以修改当前蒙版的形状，可以将其改成矩形或椭圆。

- 选择【矩形】选项，可以将该蒙版形状修改为矩形，如图 7.37 所示。
- 选择【椭圆】选项，可以将该蒙版形状修改为椭圆，如图 7.38 所示。

图 7.36　【蒙版形状】对话框

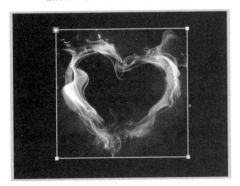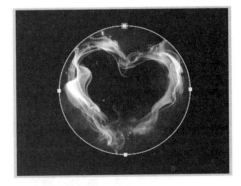

图 7.37　蒙版形状修改为矩形　　　　图 7.38　蒙版形状修改为椭圆

7.4.5　蒙版羽化

通过设置【蒙版羽化】参数可以对蒙版的边缘进行柔化处理，制作出虚化的边缘效果，如图 7.39 所示。

在菜单栏中选择【图层】|【蒙版】|【蒙版羽化】命令，或在图层的【蒙版】|【蒙版 1】|【蒙版羽化】参数上右击，在弹出的快捷菜单中选择【编辑值】命令，弹出【蒙版羽化】对话框，在该对话框中也可设置羽化参数，如图 7.40 所示。

图 7.39　蒙版羽化

图 7.40　【蒙版羽化】对话框

若要单独地设置水平羽化或垂直羽化。在【时间轴】面板中单击【蒙版羽化】右侧的【约束比例】按钮，将约束比例取消，然后可以分别调整水平或垂直的羽化值。

水平羽化和垂直羽化效果如图 7.41 所示。

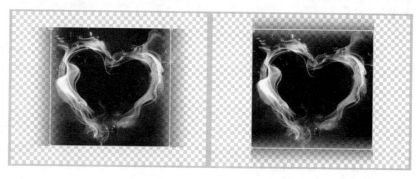

图 7.41　水平羽化和垂直羽化效果

7.4.6　蒙版不透明度

通过设置【蒙版不透明度】参数可以调整蒙版的不透明度。如图 7.42 所示为参数分别为 100%(左)和 60%(右)的效果。

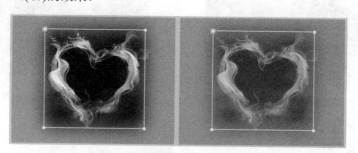

图 7.42　设置【蒙版不透明度】参数

在图层的【蒙版】|【蒙版 1】|【蒙版不透明度】参数上右击，在弹出的快捷菜单中选择【编辑值】命令，或在菜单栏中选择【图层】|【蒙版】|【蒙版不透明度】命令，如图 7.43 所示。弹出【蒙版不透明度】对话框，在该对话框中也可设置蒙版的透明度参数，如图 7.44 所示。

图 7.43　选择【蒙版不透明度】命令　　　　图 7.44　【蒙版不透明度】对话框

7.4.7　蒙版扩展

蒙版的范围可以通过【蒙版扩展】参数来调整，当参数值为正值时，蒙版范围将向外扩展，如图 7.45 所示。当参数值为负值时，蒙版范围将向里收缩，如图 7.46 所示。

图 7.45　参数值为正值　　　　　　　图 7.46　参数值为负值

在图层的【蒙版】|【蒙版 1】|【蒙版扩展】参数上右击，在弹出的快捷菜单中选择【编辑值】命令，或在菜单栏中选择【图层】|【蒙版】|【蒙版扩展】命令，如图 7.47 所示。弹出【蒙版扩展】对话框，在该对话框中可以对蒙版的扩展参数进行设置，如图 7.48 所示。

图 7.47　选择【蒙版扩展】命令　　　　图 7.48　【蒙版扩展】对话框

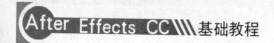
7.5 多蒙版操作

After Effects CC 支持在同一个层上建立多个蒙版，各蒙版间可以进行叠加。层上的蒙版以创建的先后顺序命名、排列。蒙版的名称和排列位置可以改变。

7.5.1 多蒙版的选择

After Effects CC 可以在同一层中同时选择多个蒙版进行操作，选择多个蒙版的方法如下。

(1) 在【合成】面板中，选择一个蒙版后，按住 Shift 键可同时选择其他蒙版的控制点。

(2) 在【合成】面板中，选择一个蒙版后，按住 Alt+Shift 组合键单击要选择的蒙版的一个控制点即可。

(3) 在【时间轴】面板中打开层的【蒙版】卷展栏，按住 Ctrl 键或 Shift 键选择蒙版。

(4) 在【时间轴】面板中打开层的【蒙版】卷展栏，使用鼠标框选蒙版。

7.5.2 蒙版的排序

在默认状态下，系统以蒙版创建的顺序为蒙版命名，例如：【蒙版 1】、【蒙版 2】……蒙版的名称和顺序都可改变。

- 在【时间轴】面板中选择要改变顺序的蒙版，按住鼠标左键，将蒙版拖曳至目标位置，即可改变蒙版的排列顺序，如图 7.49 所示。

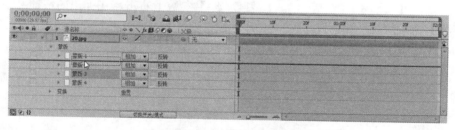

图 7.49 拖曳蒙版

- 使用菜单命令也可改变蒙版的排列顺序，首先要在【时间轴】面板中选择需要改变顺序的蒙版。在菜单栏中选择【图层】|【排列】命令，在弹出的菜单中有 4 种排列命令，如图 7.50 所示。

  - ◆ 【将蒙版置于顶层】：可以将蒙版移至顶部位置。
  - ◆ 【使蒙版前移一层】：可以将蒙版向上移动一层。

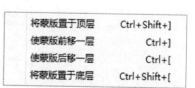

图 7.50 【排列】命令

- ◆ 【使蒙版后移一层】：可以将蒙版向下移动一层。
- ◆ 【将蒙版置于底层】：可以将蒙版移至底部位置。

7.6　遮　罩　特　效

　　【遮罩】特效组包含 mocha shape、【调整柔和遮罩】、【调整实边遮罩】、【简单阻塞工具】和【遮罩阻塞工具】5 种特效，利用【遮罩】特效可以将带有 Alpha 通道的图像进行收缩或描绘的应用。

7.6.1　mocha shape

　　mocha shape 特效主要是为抠像层添加形状或颜色蒙版效果，以便对该蒙版做进一步动画抠像，参数如图 7.51 所示。

- ● Blend mode(混合模式)：用于设置抠像层的混合模式。包括 Add(相加)、Subtract(相减)和 Multiply(正片叠底)3 种模式。
- ● Invert(反转)：勾选该复选框，可以对抠像区域进行反转设置。
- ● Render edge width(渲染边缘宽度)：勾选该复选框，可以对抠像边缘的宽度进行渲染。
- ● Render type(渲染类型)：用于设置抠像区域的渲染类型。包括 Shape cutout(形状剪贴)、Color composite(颜色合成)和 Color shape cutout(颜色形状剪贴)3 种类型。
- ● Shape colour(形状颜色)：用于设置蒙版的颜色。
- ● Opacity(透明度)：用于设置抠像区域的不透明度。

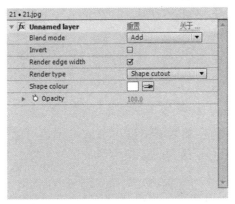

图 7.51　mocha shape 特效参数

7.6.2　调整柔和遮罩

　　【调整柔和遮罩】特效主要是通过参数属性来调整蒙版与背景之间的衔接过渡，使画面过渡得更加柔和，是 After Effects CC 新增加的效果特效。使用新的【调整柔和遮罩】效果可以定义柔和遮罩。此效果使用额外的进程来自动计算更加精细的边缘细节和透明区

域，其参数如图 7.52 所示。

图 7.52 【调整柔和遮罩】效果参数

- 【计算边缘细节】：计算半透明边缘，拉出边缘区域中的细节。
- 【其他边缘半径】：沿整个边界添加均匀的边界带，描边的宽度由此值确定。
- 【查看边缘区域】：将边缘区域渲染为黄色，前景和背景渲染为灰度图像(背景光线比前景更暗)。
- 【平滑】：沿 Alpha 边界进行平滑，跨边界保存半透明细节。
- 【羽化】：在优化后的区域中模糊 Alpha 通道。如图 7.53 所示为参数分别为 10%(左)和 50%(右)的效果。

图 7.53 设置【羽化】参数

- 【对比度】：在优化后的区域中设置 Alpha 通道对比度。
- 【移动边缘】：相对于【羽化】属性值，遮罩扩展的数量，值的范围从-100%到 100%。
- 【震颤减少】：启用或禁用【震颤减少】。可以选择【更多细节】或【更平滑(更慢)】。
- 【减少震颤】：增大此属性可减少边缘逐帧移动时的不规则更改。【更多细节】的最大值为 100%，【更平滑(更慢)】的最大值为 400%。
- 【更多运动模糊】：选中此选项可用运动模糊渲染遮罩。这个高品质选项虽然比较慢，但能产生更干净的边缘。此选项可以控制样本数和快门角度，其意义与在合成设置的运动模糊相同。在【调整柔和遮罩】效果中，源图像中的任何运动模糊都会被保留，只有希望向素材添加效果时才需使用此选项。

- 【运动模糊】：用于设置抠像区域的动态模糊效果。
    - ◆ 【每帧采样数】：用于设置每帧图像前后采集运动模糊效果的帧数，数值越大动态模糊越强烈，需要渲染的时间也就越长。
    - ◆ 【快门角度】：用于设置快门的角度。
    - ◆ 【更高品质】：勾选该复选框，可让图像在动态模糊状态下保持较高的影像质量。
- 【净化边缘颜色】：选中此选项可净化(纯化)边缘像素的颜色。从前景像素中移除背景颜色有助于修正经运动模糊处理的其中含有背景颜色的前景对象的光晕和杂色。此净化的强度由【净化数量】决定。
- 【净化数量】：确定净化的强度。
- 【扩展平滑的地方】：只有在【减少震颤】大于 0 并选择了【净化边缘颜色】时才有作用。清洁为减少震颤而移动的边缘。
- 【增加净化半径】：为边缘颜色净化(也包括任何净化，如羽化、运动模糊和扩展净化)而增加的半径值量(像素)。
- 【查看净化地图】：显示哪些像素将通过边缘颜色净化而被清除，其中白色边缘部分为净化半径作用区域，如图 7.54 所示。

图 7.54　查看净化地图

7.6.3　调整实边遮罩

使用【调整实边遮罩】效果可改善现有实边 Alpha 通道的边缘。【调整实边遮罩】效果是 After Effects CC 以前版本中【调整遮罩】效果的更新，其参数如图 7.55 所示。

【羽化】：增大此值，可通过平滑边缘，降低遮罩中曲线的锐度。

【对比度】：确定遮罩的对比度。如果【羽化】为 0，则此属性不起作用。与【羽化】属性不同，【对比度】跨边缘应用。

【移动边缘】：相对于【羽化】属性值，遮罩扩展的数量。其结果与【遮罩阻塞工具】效果内的【阻塞】属性结果非常相似，只是值的范围从-100%到

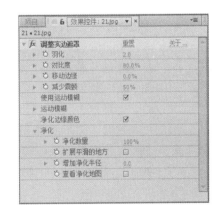

图 7.55　【调整实边遮罩】效果参数

100%(而非-127 到 127)。

【减少震颤】：增大此属性可减少边缘逐帧移动时的不规则更改。此属性确定在跨邻近帧执行加权平均以防止遮罩边缘不规则地逐帧移动时，当前帧应具有多大影响力。如果【减少震颤】值高，则震颤减少程度强，当前帧被认为震颤较少。如果【减少震颤】值低，则震颤减少程度弱，当前帧被认为震颤较多。如果【减少震颤】值为 0，则认为仅当前帧需要遮罩优化。

> **提示**
>
> 如果前景物体不移动，但遮罩边缘正在移动和变化，增加【减少震颤】属性的值。如果前景物体正在移动，但遮罩边缘没有移动，降低【减少震颤】属性的值。

【使用运动模糊】：选中此选项可用运动模糊渲染遮罩。这个高品质选项虽然比较慢，但能产生更干净的边缘。也可以控制样本数和快门角度，其意义与在合成设置的运动模糊上下文中的相同。在【调整实边遮罩】效果中，如要使用任何运动模糊，则需要打开此选项。

【净化边缘颜色】：选中此选项可净化(纯化)边缘像素的颜色。从前景像素中移除背景颜色有助于修正经运动模糊处理的其中含有背景颜色的前景对象的光晕和杂色。此净化的强度由【净化数量】决定。

【净化数量】：确定净化的强度。

【扩展平滑的地方】：只有在【减少震颤】大于 0 并选择了【净化边缘颜色】时才有作用。清洁为减少震颤而移动的边缘。

【增加净化半径】：为边缘颜色净化(也包括任何净化，如羽化、运动模糊和扩展净化)而增加的半径值量(像素)。

【查看净化地图】：显示哪些像素将通过边缘颜色净化而被清除。

7.6.4 简单阻塞工具

【简单阻塞工具】特效与下面要讲到的【遮罩阻塞工具】特效相似，只能作用于 Alpha 通道，参数如图 7.56 所示。

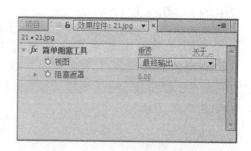

图 7.56 【简单阻塞工具】效果参数

- 【视图】：在右侧的下拉列表中可以选择显示图像的最终效果。
  - 【最终输出】：表示以图像为最终输出效果。
  - 【遮罩】：表示以蒙版为最终输出效果，如图 7.57 所示。
- 【阻塞遮罩】：用于设置蒙版的阻塞程度。正值图像扩展，负值图像收缩。其分别值设置为-10%(左)和20%(右)，如图 7.58 所示。

图 7.57　【最终输出】和【遮罩】效果

图 7.58　设置【阻塞遮罩】

7.6.5　遮罩阻塞工具

【遮罩阻塞工具】特效主要用于对带有 Alpha 通道的图像进行控制，可以收缩和扩展 Alpha 通道图像的边缘，达到修改边缘的效果，参数如图 7.59 所示。

图 7.59　【遮罩阻塞工具】效果参数

- 【几何柔和度 1】/【几何柔和度 2】：用于设置边缘的柔化程度。
- 【阻塞 1】/【阻塞 2】：用于设置阻塞的数量。正值图像扩展，负值图像收缩。
- 【灰色阶柔和度 1】/【灰色阶柔和度 2】：用于设置边缘的柔和程度。值越大，边缘柔和程度越强烈。
- 【迭代】：用于设置蒙版扩展边缘的重复次数。如图 7.60 所示为参数分别为 1%(左)和 5% (右)的效果。

图 7.60　设置【迭代】参数

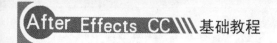
7.7　上　机　实　践

7.7.1　制作合成图像

下面将介绍合成图像的制作过程，制作完成后的效果如图 7.61 所示。

图 7.61　合成图像

(1)　启动 After Effects CC 软件，在【项目】面板中右击，在弹出的快捷菜单中选择【新建合成】命令，如图 7.62 所示。

(2)　打开【合成设置】对话框，将【合成名称】命名为【合成图像】，将【预设】设置为【自定义】，将【宽度】设置为 720，将【高度】设置为 576，将【像素长宽比】设置为 D1/DV PAL(1.09)，如图 7.63 所示。

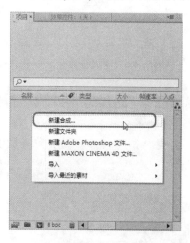

图 7.62　选择【新建合成】命令

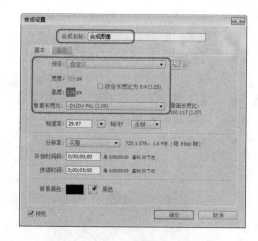

图 7.63　【合成设置】对话框

(3)　设置完成后单击【确定】按钮，按 Ctrl+I 组合键，在弹出的对话框中选择随书附带光盘中的 CDROM\素材\Cha07\图像 1.jpg、图像 2.jpg、图像 3.jpg 素材文件，如图 7.64 所示。

(4)　单击【打开】按钮，即可将选择的素材文件导入到【项目】面板中，选择导入的

【图像 1.jpg】素材文件，将其拖曳至【时间轴】面板中，展开该素材的选项，将【变换】选项下的【缩放】设置为 102%，将【位置】设置为 505、368，如图 7.65 所示。

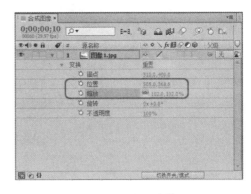

图 7.64 选择素材文件 　　　　　　　　　　图 7.65 设置参数

(5) 在【时间轴】面板中右击，在弹出的快捷菜单中选择【新建】|【纯色】命令，如图 7.66 所示。

(6) 打开【纯色设置】对话框，在该对话框中将其重命名为【纯色 1】，将【宽度】设置为 720，将【高度】设置为 576，将【颜色】的 RGB 值设置为 255、232、199，如图 7.67 所示。

图 7.66 选择【纯色】命令 　　　　　　　图 7.67 【纯色设置】对话框

(7) 设置完成后单击【确定】按钮，即可创建一个纯色图层，在工具箱中选择【钢笔工具】按钮，在【合成】面板中绘制如图 7.68 所示的蒙版。

(8) 使用同样的方法，再次创建一个纯色图层，并将其颜色的 RGB 值设置为 238、194、157，其他参数均为默认，如图 7.69 所示。

(9) 使用同样的方法，在【合成】面板中绘制蒙版，然后将其向左移动一定的位置，如图 7.70 所示。

(10) 将【图像 2.jpg】添加至【时间轴】面板中，并将其调整至【纯色 2】层的上方，将【变换】选项下的【位置】设置为 154、436，将【缩放】设置为 68%，如图 7.71 所示。

图 7.68　绘制蒙版(1)

图 7.69　【纯色设置】对话框

图 7.70　绘制蒙版(2)

图 7.71　设置参数

(11) 在工具箱中选择【椭圆工具】按钮 ◯ ，在合成面板中绘制一个正圆，如图 7.72 所示。

(12) 在【效果和预设】面板中选择【生成】|【描边】特效，如图 7.73 所示，参数设置见图 7.74。

图 7.72　绘制正圆

图 7.73　选择【描边】特效

(13) 使用同样的方法，将【图像 3.jpg】素材文件添加至【时间轴】面板中，并将其【位置】设置为 291、240，将【缩放】设置为 79%，如图 7.75 所示。

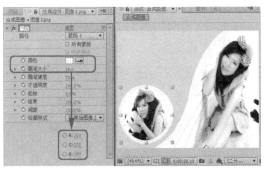

图 7.74　设置效果参数　　　　　　　　　图 7.75　设置参数

(14) 使用同样的方法，在【合成】面板中绘制一个正圆蒙版，如图 7.76 所示。

(15) 使用同样的方法，为其添加【描边】特效，在【效果控件】面板中将【颜色】的 RGB 值设置为 255、232、199，将【画笔大小】设置为 12，如图 7.77 所示。

图 7.76　绘制正圆蒙版　　　　　　　　　图 7.77　设置效果参数

(16) 在工具箱中选择【横排文字工具】按钮 T，在【合成】面板中单击并输入相应的文字信息，并选择输入的文字，在【字符】面板中将【字体系列】设置为 Sunday Morning Garage Sale，将【填充颜色】设置为 255、72、0，将【字体大小】设置为 40 像素，将【字符间距】设置为 200，将【垂直缩放】设置为 152%，如图 7.78 所示。

(17) 在【时间轴】面板中选择文本层，展开其选项，将【变换】选项下的【位置】设置为 20、244，将【旋转】设置为-9.2°，如图 7.79 所示。

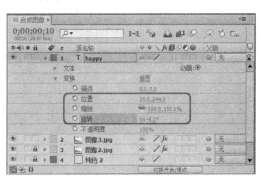

图 7.78　输入文本并设置文本属性　　　　图 7.79　设置【变换】选项下的参数

(18) 使用同样的方法，输入文本信息，设置参数，将其【位置】设置为 138、290，将【旋转】设置为-5.1°，如图 7.80 所示。

(19) 设置完成后的效果如图 7.81 所示。保存场景即可。

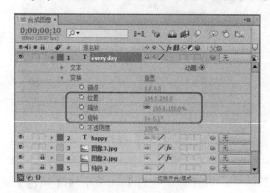

图 7.80　设置参数

图 7.81　设置完成后的效果

7.7.2　制作显示切片图像

下面将介绍制作显示切片图像的操作步骤，制作完成后的效果如图 7.82 所示。

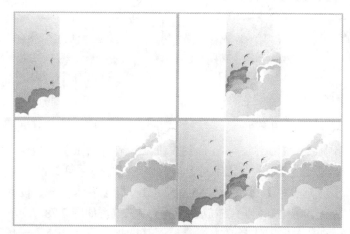

图 7.82　切片图像

(1) 启动 After Effects CC 软件，在【项目】面板中双击，在弹出的【导入文件】对话框中，选择随书附带光盘中的 CDROM\素材\Cha07\01.jpg 素材图片，如图 7.83 所示。

(2) 单击【导入】按钮，将素材图片导入到【项目】面板中，在【项目】面板中，拖曳 01.jpg 素材图片至【时间轴】面板的空白处，释放鼠标后将自动创建合成，如图 7.84 所示。

(3) 在【时间轴】面板中选中 0.1jpg 图层，在工具栏中选择【矩形工具】按钮▢，在【合成】面板中的左侧创建一个矩形蒙版，如图 7.85 所示。

(4) 在【时间轴】面板中，选中 0.1jpg 图层中的【蒙版】|【蒙版 1】，如图 7.86 所示。

图 7.83　选择素材图片

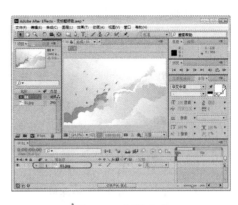

图 7.84　创建合成

图 7.85　绘制矩形蒙版

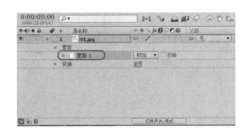

图 7.86　选中【蒙版 1】

(5)　连续按两次 Ctrl+D 组合键，复制两个蒙版，如图 7.87 所示。

(6)　单击【蒙版 1】|【蒙版路径】右侧的【形状】文本，如图 7.88 所示。

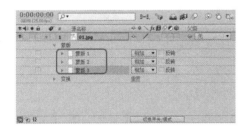

图 7.87　复制蒙版

图 7.88　单击【形状】

(7)　在弹出的【蒙版形状】对话框中，将【顶部】设置为 0，【底部】设置为 900，【左侧】设置为 0，【右侧】设置为 400，如图 7.89 所示。

(8)　单击【确定】按钮。单击【蒙版 2】|【蒙版路径】右侧的【形状】文本，在弹出的【蒙版形状】对话框中，将【顶部】设置为 0，【底部】设置为 900，【左侧】设置为 410，【右侧】设置为 900，如图 7.90 所示。

(9)　单击【确定】按钮。单击【蒙版 3】|【蒙版路径】右侧的【形状】文本，在弹出的【蒙版形状】对话框中，将【顶部】设置为 0，【底部】设置为 900，【左侧】设置为 910，【右侧】设置为 1440，如图 7.91 所示。

(10)　将各个蒙版中的【蒙版羽化】设置为 10，如图 7.92 所示。

图 7.89 【蒙版形状】对话框

图 7.90 设置参数

图 7.91 设置参数

图 7.92 设置【蒙版羽化】

(11) 在【时间轴】面板中，将当前时间设置为 0:00:00:00，单击【蒙版 1】|【蒙版不透明度】左侧的 ○ 按钮，将其值设置为 0，如图 7.93 所示。

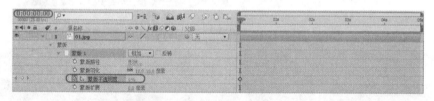

图 7.93 设置蒙版不透明度(1)

(12) 在【时间轴】面板中，将当前时间设置为 0:00:01:00，将【蒙版 1】|【蒙版不透明度】的值设置为 100%，【蒙版 2】|【蒙版不透明度】左侧的 ○ 按钮，将其值设置为 0，如图 7.94 所示。

图 7.94 设置【蒙版不透明度】(2)

(13) 在【时间轴】面板中，将当前时间设置为 0:00:02:00，将【蒙版 1】|【蒙版不透明度】的值设置为 0，将【蒙版 2】|【蒙版不透明度】的值设置为 100%，【蒙版 3】|【蒙版不透明度】左侧的 按钮，将其值设置为 0，如图 7.95 所示。

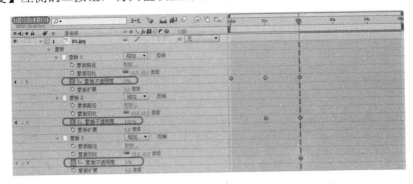

图 7.95　设置【蒙版不透明度】(3)

(14) 在【时间轴】面板中，将当前时间设置为 0:00:03:00，将【蒙版 2】|【蒙版不透明度】的值设置为 0，将【蒙版 3】|【蒙版不透明度】的值设置为 100%，如图 7.96 所示。

图 7.96　设置【蒙版不透明度】(4)

(15) 在【时间轴】面板中，将当前时间设置为 0:00:04:00，单击【蒙版 1】|【蒙版不透明度】和【蒙版 2】|【蒙版不透明度】左侧的 图标，添加关键帧。然后将【蒙版 3】|【蒙版不透明度】的值设置为 0，如图 7.97 所示。

图 7.97　设置【蒙版不透明度】(5)

(16) 在【时间轴】面板中，将当前时间设置为 0:00:04:24，将【蒙版 1】|【蒙版不透明度】的值设置为 100%，将【蒙版 2】|【蒙版不透明度】的值设置为 100%，将【蒙版 3】|【蒙版不透明度】的值设置为 100%，如图 7.98 所示

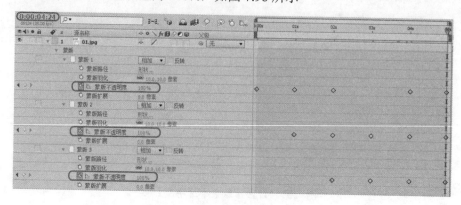

图 7.98　设置【蒙版不透明度】(6)

(17) 设置完成后将合成进行渲染并保存文件。

7.8　思考与练习

1. 简述蒙版的概念。
2. 如何使用【钢笔工具】创建蒙版？
3. 简述【遮罩阻塞工具】特效的作用。

第 8 章　颜色校正与抠像特效

在影视制作中，图像处理时经常需要对图像颜色进行调整，色彩的调整主要是通过对图像的明暗、对比度、饱和度以及色相等调整，来达到改善图像质量的目的，以更好地控制影片的色彩信息，制作出更加理想的视频画面效果。抠像是通过利用一定的特效手段，对素材进行整合的一种手段，在 AE 中专门提供了抠像特效，本章将对其进行详细介绍。

8.1　颜色校正特效

在 After Effects CC 中的颜色校正中包含 33 种特效，它们集中了 AE 中最强大的图像效果修正特效。通过版本的不断升级，其中的一些特效得到了很大程度上的完善，从而为用户提供了很好的工作平台。

选择【颜色校正】特效有以下两种方法。

(1) 在菜单栏中选择【效果】|【颜色校正】命令，在弹出的子菜单栏中选择相应的特效，如图 8.1 所示。

(2) 在【效果和预设】面板中单击【颜色校正】左侧的下拉三角按钮，在打开的列表中选择相应的特效即可，如图 8.2 所示。

图 8.1　【颜色校正】菜单

图 8.2　【颜色校正】列表

8.1.1　CC Color Offset(CC 色彩偏移)特效

CC Color Offset(CC 色彩偏移)特效可以对图像中的色彩信息进行调整，可以通过设置各个通道中的颜色相位偏移来获得不同的色彩效果。如图 8.3 所示为 CC Color Offset(CC

色彩偏移)特效参数。

- Red Phase/Green Phase/Blue Phase(红色/绿色/蓝色相位)：用来调整图像的红色、绿色、蓝色相位的位置。设置参数后的效果如图 8.4 所示。

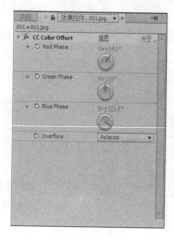

图 8.3　CC Color Offset
(CC 色彩偏移)特效

图 8.4　调整红、绿、蓝色相位效果

- Overflow(溢出)：用于设置颜色溢出现象的处理方式，当在该下拉列表中分别选择 Wrap(包围)、Solarize(曝光过度)、Polarize(偏振)3 个不同的选项时所出现的效果如图 8.5 所示。

图 8.5　包围、曝光过度和偏振效果

8.1.2　CC Toner(CC 调色)特效

　　CC Toner(CC 调色)特效通过对原图的高光颜色、中间色调和阴影颜色的调节来改变图像的颜色。CC Toner(CC 调色)特效的参数设置如图 8.6 所示。应用该特效的前后效果如图 8.7 所示。

- Highlights(高光)：用于设置图像的高光颜色。
- Midtons(中间)：用于设置图像的中间色调。
- Shadows(阴影)：用于设置图像的阴影颜色。
- Blend w. Original(混合初始状态)：用于调整与原图的混合程度。

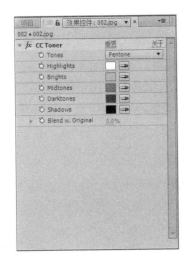

图 8.6　CC Toner
(CC 调色)特效

图 8.7　图像前后效果

8.1.3　【PS 任意映射】特效

　　【PS 任意映射】特效可调整图像色调的亮度级别。该特效可用在 Photoshop 的映像文件上。【PS 任意映射】特效参数设置如图 8.8 所示。应用该特效的前后效果如图 8.9 所示。

图 8.8　【PS 任意映射】特效

图 8.9　图像前后效果

　　● 　【相位】：主要用于设置图像颜色相位值。

　　● 　【应用相位映射到 Alpha】：勾选该复选框，将应用外部的相位映射贴图到该层的 Alpha 通道。如果确定的映像中不包含 Alpha 通道，After Effects CC 则会为当前层指定一个 Alpha 通道，并用默认的映像指定于 Alpha 通道中。

> **提　示**
>
> 　　在【效果控件】面板中单击【选项】按钮可以打开【加载 PS 任意映射】对话框，用户可在对话框中调用任意影响文件。

8.1.4 【保留颜色】特效

　　【保留颜色】特效可以通过设置颜色来指定图像中保留的颜色，将其他颜色转换为灰度效果。在一张图像中，为了保留色彩中的蓝色，将保留颜色设置为想要保留的颜色，这样，其他的颜色将会转换为灰度效果。【保留颜色】特效参数面板如图 8.10 所示。应用该特效前后的效果如图 8.11 所示。

图 8.10　【保留颜色】特效

图 8.11　图像前后效果

- 　　【脱色量】：用于控制保留颜色以外颜色的脱色百分比。
- 　　【要保留的颜色】：通过单击该选项右侧的色块或吸管来设置图像中需要保留的颜色。
- 　　【容差】：用于调整颜色的容差程度，值越大，保留的颜色就越大。
- 　　【边缘柔和度】：用于调整保留颜色边缘的柔和程度。
- 　　【匹配颜色】：用于匹配颜色模式。

8.1.5 【更改为颜色】特效

　　【更改为颜色】特效是通过颜色的选择，将一种颜色直接改变为另一颜色，在用法上与【更改颜色】特效有很大的相似之处。【更改为颜色】特效参数设置如图 8.12 所示。应用该特效前后效果如图 8.13 所示。

图 8.12　【更改为颜色】特效

图 8.13　图像前后效果

- 【自】：利用色块或吸管来设置需要替换的颜色。
- 【收件人】：通过利用色块或吸管来设置替换的颜色。
- 【更改】：单击右侧选项的下拉三角按钮，在弹出的列表中选择替换颜色的基准，包括【色相】、【色相和亮度】、【色相和饱和度】、【色相、亮度和饱和度】几个选项。
- 【更改方式】：用于设置颜色的替换方式，单击该选项右侧的下拉三角按钮，在弹出的下拉选项中包括【设置为颜色】、【变换为颜色】两种选项。
  - ◆ 【设置为颜色】用于将受影响的像素直接更改为目标颜色。
  - ◆ 【变换为颜色】用于使用 HLS 插值将受影响的像素值转变为目标颜色；每个像素的更改量取决于像素的颜色接近源颜色的程度。
- 【柔和度】：用于设置替换颜色后的柔和程度。
- 【查看校正遮罩】：勾选该复选框，可以将替换后的颜色变为蒙版的形式。

8.1.6　【更改颜色】特效

　　【更改颜色】特效用于改变图像中某种颜色区域的色调饱和度和亮度，用户可以通过指定某一个基色和设置相似值来确定区域。【更改颜色】特效参数设置如图 8.14 所示。应用该特效前后效果如图 8.15 所示。

图 8.14　【更改颜色】特效　　　　图 8.15　图像前后效果

- 【视图】：选择【合成】面板的预览效果模式，包括【校正的图层】和【颜色校正蒙版】。【校正层】用来显示【更改颜色】调节的效果，【色彩校正蒙版】用来显示层上哪个部分被修改。在【色彩校正蒙版】中，白色区域为转化最多的区域，黑色区域为转化最少的区域。
- 【色相变换】：主要用于设置色调，调节所选颜色区域的色彩校准度。
- 【亮度变换】：用于设置所选颜色亮度。
- 【饱和度变换】：用于设置所选颜色的饱和度。
- 【要更改的颜色】：选择图像中需要调整的区域颜色。
- 【匹配容差】：调节颜色匹配的相似程度。
- 【匹配柔和度】：控制修正颜色的柔和度。

- 【匹配颜色】：用于匹配颜色空间。用户在其下拉列表中选择【使用 RGB】、【使用色调】、【使用色度】3 种选项，使用 RGB 以红、绿、蓝为基础匹配颜色，使用色调以色调为基础匹配颜色，使用色度以饱和度为基础匹配颜色。
- 【反转色彩校正蒙版】：勾选该复选框，将对当前颜色调整遮罩的区域进行反转。

8.1.7 【广播颜色】特效

【广播颜色】特效主要对影片像素的颜色值进行测试，因为计算机本身与电视播放色彩有很大的区别，在一般的家庭视频设备上是不能显示高于某个波幅以上的信号的，为了使图像信号能正确地在两种不同的设备中传输与播放，用户可以使用【广播颜色】特效把计算机产生的颜色亮度或饱和度降低到一个安全值，从而使图像正常播放。【广播颜色】特效参数设置如图 8.16 所示。应用该特效前后效果如图 8.17 所示。

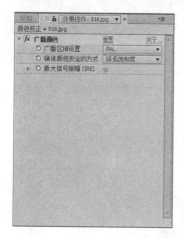

图 8.16 【广播颜色】特效　　　　　　　图 8.17 图像前后效果

- 【广播区域设置】：用户可以在该下拉列表中选择需要的广播标准制式，其中包括 NTSC 和 PAL 两种制式。
- 【确保颜色安全的方式】：用户可以在该下拉列表中选择一种获得安全色彩的方式，【降低亮度】选项可以减少图像像素的明亮度，【降低饱和度】选项可以减少图像像素的饱和度，以降低图像的色彩度，【非安全切断】选项可以使不安全的图像像素透明，【安全切断】选项可以使安全的图像像素透明。
- 【最大信号振幅(IRE)】：用于限制最大信号幅度，其最小值为 90，最大值为 120。

8.1.8 【黑色和白色】特效

【黑色和白色】特效主要是通过设置原图像中相应的色系参数，将图像转化为黑白或单色的画面效果。【黑色和白色】特效的参数设置如图 8.18 所示。应用该特效的前后效果如图 8.19 所示。

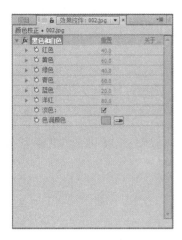

图 8.18　【黑色和白色】特效　　　　　　　图 8.19　图像前后效果

- 【红色/黄色/绿色/青色/蓝色/洋红】：用于设置原图像中的颜色明暗度；数值越大，图像中该色系区域越亮。
- 【淡色】：勾选该复选框，可以为黑白添加单色效果。
- 【色调颜色】：用于设置图像的着色时的颜色。

8.1.9　【灰度系数/基值/增益】特效

　　【灰度系数/基值/增益】特效可以对每个通道单独调整响应曲线，以便于细致地更改图像的效果。【灰度系数/基值/增益】特效的参数设置如图 8.20 所示。应用该特效的前后效果如图 8.21 所示。

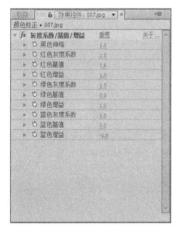

图 8.20　【灰度系数/基值/增
　　　　　益】特效　　　　　　　　图 8.21　图像前后效果

- 【黑色伸缩】：用于控制图像中的黑色像素。
- 【红色、绿色、蓝色灰度系数】：用于控制颜色通道曲线的形状。
- 【红色、绿色、蓝色基值】：用于设置通道中最小输出值，主要控制图像的暗区部分。

● 【红色、绿色、蓝色增益】：用于设置通道中最大输出值，主要控制图像的亮区
部分。

8.1.10　【可选颜色】特效

　　【可选颜色】特效可以对图像中的指定颜色进行校正，便于调整图像中不平衡的颜色，其最大的好处就是可以单独调整某一种颜色，而不影响其他颜色。【可选颜色】特效参数设置如图 8.22 所示。应用该特效前后的效果如图 8.23 所示。

图 8.22　【可选颜色】特效　　　　　　　　　　图 8.23　图像前后效果

8.1.11　【亮度和对比度】特效

　　【亮度和对比度】特效主要是对图像的亮度和对比度进行调节。【亮度和对比度】特效参数设置如图 8.24 所示。应用该特效前后的效果如图 8.25 所示。

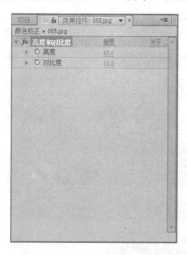

图 8.24　【亮度和对比度】特效　　　　　　　　图 8.25　图像前后效果

- 　　【亮度】：用于调整图像的亮度。
- 　　【对比度】：用于调整图像的对比度。

8.1.12　【曝光度】特效

　　【曝光度】特效用于调节图像的曝光程度，用户可以通过选择通道来设置图像曝光的通道。【曝光度】特效参数设置如图 8.26 所示。应用该特效前后的效果如图 8.27 所示。

图 8.26　【曝光度】特效

图 8.27　图像前后效果

- 　　【通道】：用户可以在其右侧的下拉列表中选择要曝光的通道，其中包括【主要通道】和【单个通道】两种。
- 　　【主】：用于调整整个图像的色彩。
  - ◆　【曝光】：设置整体画面曝光程度。
  - ◆　【补偿】：设置整体画面曝光偏移量。
  - ◆　【Gamma 校正】：设置整体画面的灰度值。
- 　　【红色/绿色/蓝色】：设置每个 RGB 色彩通道的【曝光】、【补偿】和【Gamma 校正】选项。
- 　　【不使用线性光转换】：勾选该复选框将设置线性光变换旁路。

8.1.13　【曲线】特效

　　【曲线】特效用于调整图像的色调和明暗度，该特效可以精确地调整高光、阴影和中间调区域中任意一点的色调与明暗。该特效与 Photoshop 中的曲线功能基本相似，可以对图像的各个通道进行控制，调节图像色调范围。在曲线上最多可以设置 16 个控制点。

　　【曲线】特效参数设置如图 8.28 所示。应用该特效前后的效果如图 8.29 所示。

- 　　【通道】：用户可以在该下拉列表中选择调整图像的颜色通道，可选择 RGB 命令，对图像的 RGB 通道进行调节，也可分别选择红、绿、蓝和 Alpha，对这些通道分别进行调节。
- 　　【曲线工具】按钮 ：选中曲线工具单击曲线，可以在曲线上增加控制点。如果要删除控制点，在曲线上选中要删除的控制点，将其拖曳至坐标区域外。按住鼠标左键拖曳控制点，可对曲线进行编辑。

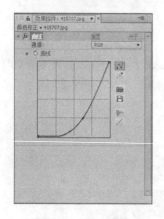

图 8.28　【曲线】特效

图 8.29　图像前后效果

- 【铅笔工具】按钮 ✐：使用该工具可以在左侧的控制区内单击拖曳，绘制一条曲线来控制图像的亮区和暗区分布效果。
- 【打开工具】按钮 📁：单击该按钮可以打开储存的曲线文件，用户可以根据打开的曲线文件控制图像。
- 【存储工具】按钮 💾：该工具用于对调节好的曲线进行存储，方便再次使用。存储格式为.ACV。
- 【平滑工具】按钮 〜：用户单击该工具可以将所设置的曲线转换为平滑的曲线。
- 【直线工具】按钮 ╱：单击该按钮可以将曲线恢复为初始的直线效果。

8.1.14　【三色调】特效

【三色调】特效与【CC 调色】特效的功能和参数相同，在此就不再赘述。【三色调】特效参数设置如图 8.30 所示。应用该特效前后的效果如图 8.31 所示。

图 8.30　【三色调】特效

图 8.31　图像前后效果

8.1.15　【色调】特效

【色调】特效可以通过指定的颜色对图像进行颜色映射处理。【色调】特效参数设置如图 8.32 所示。应用该特效前后的效果如图 8.33 所示。

图 8.32　【色调】特效　　　　　　　　　图 8.33　图像前后效果

- 【将黑色映射到】：用于设置图像中黑色和灰色映射的颜色。
- 【将白色映射到】：用于设置图像中白色映射的颜色。
- 【着色数量】：用于设置色调映射时的映射程度。

8.1.16　【色调均化】特效

【色调均化】特效用于对图像的阶调平均化。用白色取代图像中最亮的像素，用黑色取代图像中最暗的像素，以平均分配白色与黑色之间的阶调取代最亮与最暗之间的像。【色调均化】特效参数设置如图 8.34 所示。应用该特效的前后效果如图 8.35 所示。

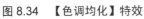

图 8.34　【色调均化】特效　　　　　　　　图 8.35　图像前后效果

- 【色调均化】：用于设置均衡方式。用户可以在其右侧的下拉列表中选择 RGB、

【亮度】、【Photoshop 风格】3 种均衡方式。RGB 基于红、绿、蓝平衡图像；【亮度】基于像素亮度；【Photoshop 风格】可重新分布图像中的亮度值，使其更能表现整个亮度范围。

- 【色调均化量】：通过设置参数指定重新分布亮度的程度。

8.1.17 【色光】特效

【色光】特效是一种功能强大的通用效果，可用于在图像中转换颜色和为其设置动画。使用【色光】特效，可以为图像巧妙地着色，也可以彻底更改其调色板。

【色光】特效参数设置如图 8.36 所示。应用该特效前后的效果如图 8.37 所示。

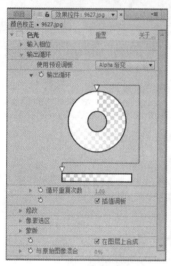

图 8.36 【色光】特效

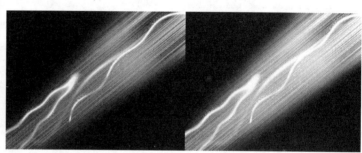

图 8.37 图像前后效果

- 【输入相位】：主要对色彩的相位进行调整，在该选项中包括多种选择，如图 8.38 所示。

  图 8.38 【输入相位】子选项

  - 【获取相位，自】：选择产生渐变映射的元素，单击右侧的下拉三角按钮，在弹出的下拉列表中选择即可。
  - 【添加相位】：单击该选项右侧的下拉三角按钮，在弹出的下拉列表中指定合成图像中的一个层产生渐变映射。
  - 【添加相位，自】：为当前层指定渐变映射的层添加通道。
  - 【相移】：设置相移的旋转角度。

- 【输出循环】：在该选项中可以对渐变映射的样式进行设置。

  - 【使用预设调板】：在该选项中单击右侧的下拉三角按钮，在弹出的下拉列表中设置渐变映射的效果。
  - 【输出循环】：可以调整三角色块来改变图像中相对应的颜色。

◆　【循环重复次数】：控制渐变映射颜色的循环次数。

◆　【差值调板】：取消勾选该复选框，系统以 256 色在色轮上产生粗糙的渐变映射效果。

● 【修改】：可以对渐变映射效果进行更改。

● 【像素选区】：指定色光影响的颜色。

● 【蒙版】：用于指定一个控制色光的蒙版层。

● 【在图层上合成】：将效果合成在图层画面上。

● 【与原始图像混合】：用于设置特效的应用程度。

8.1.18　【色阶】特效

【色阶】特效用于调整图像的阴影、中间调和高光的强度级别，从而校正图像的色调范围和色彩平衡。【色阶】特效参数设置如图 8.39 所示。应用该参数前后的效果如图 8.40 所示。

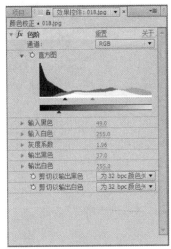

图 8.39　【色阶】特效　　　　　　　　　　图 8.40　图像前后效果

● 【通道】：利用该下拉列表，可以在整个的颜色范围内对图像进行色调调整，也可以单独编辑特定颜色的色调。

● 【直方图】：用于显示图像中像素的分布情况。

● 【输入黑色】：设置输入图像中暗区的阈值，输入的数值将应用到图像的暗区。

● 【输入白色】：设置输入图像中白色的阈值。由直方图中右方的白色小三角控制。

● 【灰度系数】：用于设置输出的中间色调。

● 【输出黑色】：设置输出图像中黑色的阈值。在直方图下方灰阶条中由左方黑色小三角控制。

● 【输出白色】：设置输出图像中白色的阈值。在直方图下方灰阶条中由右方白色小三角控制。

◆　【剪切以输出黑色】：用于设置修剪暗区输出的状态。

◆ 【剪切以输出白色】：用于设置修剪亮区输出的状态。

8.1.19　【色阶(单独控件)】特效

　　【色阶(单独控件)】特效与【色阶】特效的应用方法相同，只是在设置图像的亮度、对比度和灰度系数时，对图像的通道进行单独设置，更加细化了控件的效果。该特效各项参数的含义与【色阶】特效的参数相同，此处就不再赘述。【色阶(单独控件)】特效参数设置如图 8.41 所示。应用该参数前后的效果如图 8.42 所示。

图 8.41　【色阶(单独控件)】特效

图 8.42　图像前后效果

8.1.20　【色相/饱和度】特效

　　【色相/饱和度】特效用于调整图像中单个颜色分量的【主色调】、【主饱和度】和【主亮度】。其应用的效果与【色彩平衡】特效相似。【色相/饱和度】特效参数设置如图 8.43 所示。

- 【通道控制】：用于设置颜色通道。如果设置为【主】，将对所有颜色应用效果，选择其他选项，则对相应的颜色应用效果。

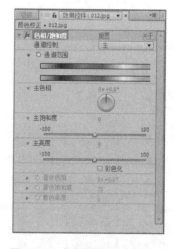

- 【通道范围】：控制所调节的颜色通道的范围。两个色条表示其在色轮上的顺序，上面的色条表示调节前的颜色，下面的色条表示在全饱和度下调整后的效果。当对单独的通道进行调节时，下面的色条会显示控制滑杆。拖曳竖条调节颜色范围；拖动三角，调整羽化量。

- 【主色相】：控制所调节的颜色通道的色调。利用颜色控制轮盘改变总的色调，对其进行设置的前后效果如图 8.44 所示。

图 8.43　【色相/饱和度】特效

图 8.44　调整【主色相】参数效果

- 【主饱和度】：用于控制所调节的颜色通道的饱和度，设置该参数的前后效果如图 8.45 所示。

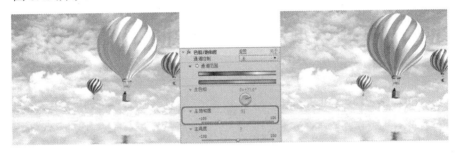

图 8.45　调整【主饱和度】参数效果

- 【主亮度】：控制所调节的颜色通道的亮度，调整该参数后的效果如图 8.46 所示。

图 8.46　调整【主亮度】参数效果

- 【彩色化】：勾选该复选框，图像将被转换为单色调效果，效果如图 8.47 所示。

图 8.47　取消勾选与勾选【彩色化】效果

- 【着色色相】：设置彩色化图像后的色调，调整后的效果如图 8.48 所示。

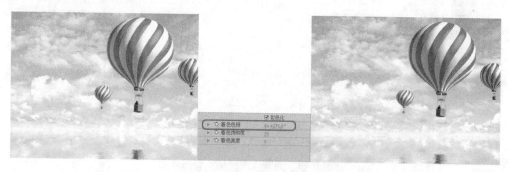

图 8.48　调整【着色色相】参数效果

- 【着色饱和度】：设置彩色化图像后的饱和度，调整后的效果如图 8.49 所示。

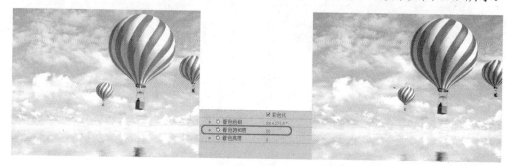

图 8.49　调整【着色饱和度】参数效果

- 【着色亮度】：设置彩色化图像后的亮度。

8.1.21　【通道混合器】特效

【通道混合器】特效可以使用图像中现有颜色通道的混合来修改目标(输出)颜色通道，从而控制单个通道的颜色量。 利用该命令可以创建高品质的灰度图像、棕褐色调图像或其他色调图像，也可以对图像进行创造性的颜色调整。【通道混合器】特效参数设置如图 8.50 所示。应用该特效前后的效果如图 8.51 所示。

图 8.50　【通道混合器】特效　　　　　　图 8.51　图像前后效果

- 【红色、绿色、蓝色】：该组合选项可以调整图像色彩，其中左右参数代表来自 RGB 通道色彩信息。
- 【单色】：勾选该复选框，图像将变为灰色，即单色图像。此时再次调整通道色彩将会改变单色图像的明暗关系。

8.1.22　【颜色链接】特效

　　【颜色链接】特效用于将当前图像的颜色信息覆盖在当前层上，以改变当前图层的颜色，用户可以通过设置不透明参数，使图像产生透过玻璃看画面的效果。【颜色链接】特效参数设置如图 8.52 所示。应用该特效前后的效果如图 8.53 所示。

图 8.52　【颜色链接】特效

图 8.53　图像前后效果

- 【源图层】：用户可以通过该下拉列表选择需要与之颜色匹配的图层。
- 【示例】：用户可以在其右侧的下拉列表中选择一种默认的样品来调节颜色。
- 【剪切(%)】：用于设置调整的程度。
- 【模板原始 Alpha】：读取原稿的透明模板，如果原稿中没有 Alpha 通道，通过抠像也可以产生类似的透明区域，所以，对此选项的勾选很重要。
- 【不透明度】：用于设置所调整颜色的透明度。
- 【混合模式】：调整所选颜色层的混合模式，这是此命令的另一个关键点，最终的颜色链接通过此模式完成。

8.1.23　【颜色平衡】特效

　　【颜色平衡】特效命令主要用于调整整体图像的色彩平衡，以及对于普通色彩的校正，通过对图像的 R(红)、G(绿)、B(蓝)通道进行调节，分别调节颜色在暗部、中间色调和高亮部分的强度。【颜色平衡】特效参数设置如图 8.54 所示。应用该特效前后的效果如图 8.55 所示。

图 8.54　【颜色平衡】特效　　　　　　　　　　图 8.55　图像前后效果

- 【阴影红色/绿色/蓝色平衡】：分别设置阴影区域中红、绿、蓝的色彩平衡程度，一般默认值为-100~100。
- 【中间红色/绿色/蓝色平衡】：用于调整中间区域的色彩平衡程度。
- 【高光红色/绿色/蓝色平衡】：用于调整高光区域的色彩平衡程度。

8.1.24　【颜色平衡(HLS)】特效

【颜色平衡(HLS)】特效与【颜色平衡】基本相似，不同的是该特效不是调整图像的 RGB 而是 HLS，即调整图像的色相、亮度和饱和度各项参数，以改变图像的颜色。【颜色平衡(HLS)】特效参数设置如图 8.56 所示。应用该特效前后的效果如图 8.57 所示。

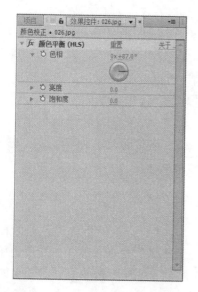

图 8.56　【颜色平衡(HLS)】特效　　　　　　图 8.57　图像前后效果

- 【色相】：用于调整图像的色调。
- 【亮度】：用于控制图像的明亮程度。
- 【饱和度】：用于控制图像的整体颜色的饱和度。

8.1.25　【颜色稳定器】特效

【颜色稳定器】特效可以根据周围的环境改变素材的颜色，用户可以通过设置采样颜色来改变画面色彩的效果。【颜色稳定器】特效参数设置如图 8.58 所示。应用该特效前后的效果如图 8.59 所示。

图 8.58　【颜色稳定器】特效　　　　　　图 8.59　图像前后效果

- 【稳定】：用于设置颜色稳定的方式，在其右侧的下拉列表中有【亮度】、【电平】、【曲线】3 种形式。
- 【黑场】：用来指定图像中黑色点的位置。
- 【中点】：用于在亮点和暗点中间设置一个保持不变的中间色调。
- 【白场】：用来指定白色点的位置。
- 【样本大小】：用于设置采样区域的大小尺寸。

8.1.26　【阴影/高光】特效

【阴影/高光】特效适合校正由强逆光而形成剪影的照片，也可以校正由于太接近相机闪光灯而有些发白的焦点，在其他方式采光的图像中，这种调整也可以使阴影区域变亮。【阴影/高光】是非常有用的特效，它能够基于阴影或高光中的局部相邻像素来校正每个像素，在调整阴影区域时，对高光区域的影响很小，而调整高光区域时又对阴影区域的影响很小。【阴影/高光】特效参数设置如图 8.60 所示。应用该特效前后的效果如图 8.61 所示。

- 【自动数量】：勾选该复选框，系统将自动对图像进行阴影和高光的调整，勾选该复选框后，【阴影数量】和【高光数量】将不能使用。
- 【阴影数量】：用于调整图像的阴影数量。

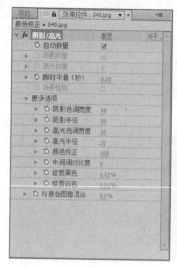

图 8.60 【阴影/高光】特效

图 8.61 图像前后效果

- 【高光数量】：用于调整图像的高光数量。
- 【瞬时平滑(秒)】：用于调整时间轴向滤波。
- 【场景检测】：勾选该复选框，则设置场景检测。
- 【更多选项】：在该参数项下可进一步设置特效的参数。

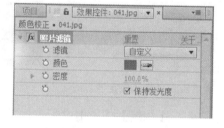

- 【与原始图像混合】：设置效果与原图像的混合程度。

图 8.62 【照片滤镜】特效

8.1.27 【照片滤镜】特效

【照片滤镜】特效是通过模拟在相机镜头前面加装彩色滤镜来调整通过镜头传输的光的色彩平衡和色温，或者使胶片曝光，在该特效中允许用户选择预设的颜色或者自定义的颜色调整图像的色相。【照片滤镜】特效参数设置如图 8.62 所示。

- 【滤镜】：用户可以在其右侧的下拉列表中选择一个滤镜，当用户在该下拉列表中选择【冷色滤镜(80)】和【深红】命令时的效果如图 8.63 所示。

图 8.63 【冷色滤镜(80)】和【深红】时效果对比

- 【颜色】：当将【滤镜】设置为【自定义】时，用户可单击该选项右侧的颜色块，可以在打开的【拾色器】中设置自定义的滤镜颜色。
- 【密度】：用来设置滤光镜的滤光浓度，该值越高，颜色的调整幅度就越大，如图 8.64 所示为不同密度值效果。
- 【保持发光度】：勾选该复选框，将对图像中的亮度进行保护，可在添加颜色的同时保持原图像的明暗关系。

图 8.64　当密度不同时的效果

8.1.28　【自动对比度】特效

【自动对比度】特效将对图像的自动对比度进行调整。如果图像值和自动对比度的值相近，应用该特效后图像变换效果较小。【自动对比度】特效参数设置如图 8.65 所示。应用该特效前后的效果如图 8.66 所示。

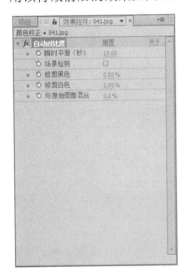

图 8.65　【自动对比度】特效

图 8.66　图像前后效果

- 【瞬时平滑(秒)】：用于指定一个时间滤波范围，以秒为单位。
- 【场景检测】：检测层中的图像。
- 【修剪黑色】：修剪阴影部分的图像，加深阴影。
- 【修剪白色】：修剪高光部分的图像，提高高光亮度。
- 【与原始图像混合】：用于设置特效图像与原图像间的混合比例。

8.1.29　【自动色阶】特效

　　【自动色阶】特效对图像进行自动色阶的调整，如果图像值和自动色阶的值相近，应用该特效后的图像变换效果比较小。该特效的各项参数含义与自动色彩的参数含义相似，此处就不再赘述。【自动色阶】特效参数设置如图 8.67 所示。应用该特效前后的效果如图 8.68 所示。

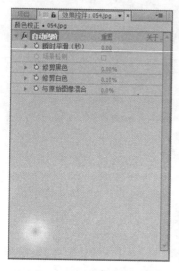

图 8.67　【自动色阶】特效　　　　　　　图 8.68　图像前后效果

8.1.30　【自动颜色】特效

　　【自动颜色】特效与【自动对比度】特效类似，只是比【自动对比度】特效多了个【对齐中性中间调】选项。【自动颜色】特效参数设置如图 8.69 所示。应用该特效前后效果如图 8.70 所示。

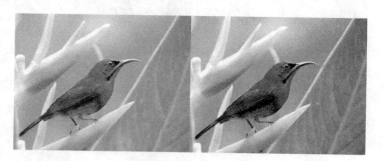

图 8.69　【自动颜色】特效　　　　　　　图 8.70　图像前后效果

● 【对齐中性中间调】：识别并自动调整中间颜色影调。

8.1.31　【自然饱和度】特效

使用【自然饱和度】特效调整饱和度以便在图像颜色接近最大饱和度时，最大限度地减少修剪。【自然饱和度】特效参数设置如图 8.71 所示。应用该特效前后效果如图 8.72 所示。

图 8.71　【自然饱和度】特效　　　　　　　图 8.72　图像前后效果

● 【自然饱和度】：用于设置颜色的饱和度轻微变化效果。数值越大，饱和度越高，反之饱和度越小。
● 【饱和度】：用于设置颜色浓烈的饱和度差异效果。数值越大，饱和度越高，反之饱和度越小。

8.2　键　控　特　效

【键控】有时也叫叠加或抠像，在影视制作领域是被广泛采用的技术手段，同样也非常重要，它和蒙版在应用上基本相似。键控主要是将素材中的背景去掉，从而保留场景的主体。

8.2.1　CC Simple Wire Removal(擦钢丝)特效

CC Simple Wire Removal(擦钢丝)特效是利用一根线将图像分割，在线的部位产生模糊效果。CC Simple Wire Removal(擦钢丝)特效的参数设置如图 8.73 所示。应用该特效后的前后效果如图 8.74 所示。

● Point A(点 A)：用于设置控制点 A 在图像中的位置。
● Point B(点 B)：用于设置控制点 B 在图像中的位置。
● Removal Style(移除样式)：用于设置钢丝的样式。
● Thickness(厚度)：用于设置线的厚度。
● Slope(倾斜)：用于设置钢丝的倾斜角度。
● Mirror Blend(镜像混合)：用于设置线与原图像的混合程度。值越大，越模糊；值越小，越清晰。
● Frame Offset(帧偏移)：当 Removal Style(移除样式)为 Frame Offset 时，该选项才

能够使用。

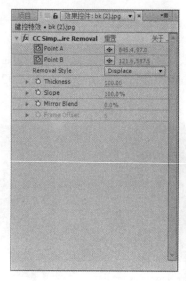

图 8.73　CC Simple Wire
Removal(擦钢丝)特效

图 8.74　图像前后效果

8.2.2　Keylight(1.2)特效

Keylight(1.2)特效可以通过指定颜色对图像进行抠除，用户可以对其进行参数设置，从而产生不同的效果。Keylight(1.2)特效参数设置如图 8.75 所示。应用该特效前后的效果如图 8.76 所示。

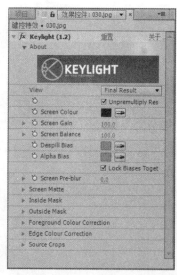

图 8.75　Keylight(1.2)特效

图 8.76　图像前后效果

- View(视图)：用户可以在其右侧的下拉列表中选择不同的视图。
- Screen Color(屏幕颜色)：用户可以使用该选项设置要抠除的颜色。

- Screen Gain(屏幕增益)：用于设置屏幕颜色的饱和度。
- Screen Balance(屏幕平衡)：用于设置屏幕色彩的平衡。
- Screen Matte(屏幕蒙版)：用于调节图像黑白所占的比例及图像的柔和度。
- Inside Mask(内侧遮罩)：用于为图像添加并设置抠像内侧的遮罩属性。
- Outside Mask(外侧遮罩)：用于为图像添加并设置抠像外侧的遮罩属性。
- Foreground Colour Correction(前景色校正)：用于设置蒙版影像的色彩属性。
- Edge Colour Correction(边缘色校正)：用于校正特效的边缘色。
- Source Crops(来源)：用于设置裁剪影像的属性类型及参数。

8.2.3　【差值遮罩】特效

【差值遮罩】特效通过对差异层与特效层进行颜色对比，将相同颜色的区域抠出，制作出透明的效果。【差值遮罩】特效参数设置如图 8.77 所示。

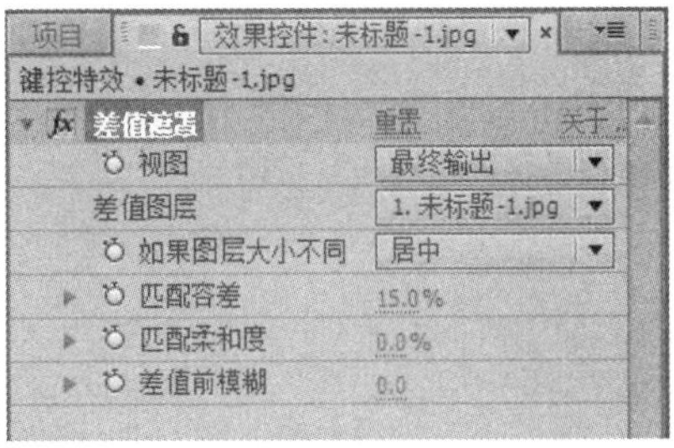

图 8.77　【差值遮罩】特效

- 【视图】：用于选择不同的图像视图。
- 【差值图层】：用于指定与特效层进行比较的差异层。
- 【如果图层大小不同】：设置差异层与特效层的对齐方式。
- 【匹配容差】：用于设置颜色对比的范围大小；值越大，包含的颜色信息量就越多。
- 【匹配柔和度】：用于设置颜色的柔化程度。
- 【差值前模糊】：用于设置模糊值。

8.2.4　【亮度键】特效

【亮度键】特效主要是利用图像中像素的不同亮度来进行抠图，该特效主要用于明暗对比度比较大但色相变化不大的图像。【亮度键】特效参数设置如图 8.78 所示。应用该特效前后的效果如图 8.79 所示。

图 8.78　【亮度键】特效

图 8.79　图像前后效果

- 【键控类型】：用于指定亮度键类型。【亮部抠出】使比指定亮度值亮的像素透明；【暗部抠出】使比指定亮度值暗的像素透明；【抠出相似区域】使亮度值宽容度范围内的像素透明；【抠出非相似区域】使亮度值宽容度范围外的像素透明。
- 【阈值】：指定键出的亮度值。

- 【容差】：指定键出亮度的宽容度。
- 【薄化边缘】：设置对键出区域边界的调整。
- 【羽化边缘】：设置键出区域边界的羽化度。

8.2.5 【内部/外部键】特效

【内部/外部键】特效可以通过指定的遮罩来定义内边缘和外边缘，然后根据内外遮罩进行图像差异比较，从而得到一个透明的效果。【内部/外部键】特效的参数设置如图 8.80 所示。应用该特效前后效果如图 8.81 所示。

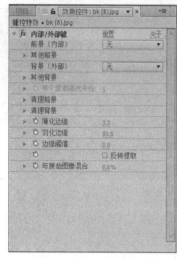

图 8.80 【内部/外部键】特效   图 8.81 图像前后效果

- 【前景(内部)】：为键控特效指定前景遮罩。
- 【其他前景】：对于较为复杂的键控对象，需要为其指定多个遮罩，以进行不同部位的键出。
- 【背景(外部)】：为键控特效指定外边缘遮罩。
- 【其他背景】：在该选项中添加更多的背景遮罩。
- 【单个蒙版高光半径】：当使用单一遮罩时，修改该参数就可以扩展遮罩的范围。
- 【清理前景】：在该参数栏中，可以根据指定的遮罩路径，清除前景色。
- 【清理背景】：在该参数栏中，可以根据指定的遮罩路径，清除背景。
- 【薄化边缘】：用于设置边缘的粗细。
- 【羽化边缘】：用于设置边缘的柔化程度。
- 【边缘阈值】：用于设置边缘颜色的阈值。
- 【反转提取】：勾选该复选框，将设置的提取范围进行反转操作。
- 【与原始图像混合】：用于设置特效图像与原图像间的混合比例，值越大，特效图与原图就越接近。

8.2.6　【提取】特效

【提取】特效根据指定的一个亮度范围来产生透明，亮度范围的选择基于通道的直方图，对于具有黑色或白色背景的图像，或背景亮度与保留对象之间亮度反差很大的复杂背景图像，使用该滤镜特效效果较好。【提取】特效的参数设置如图 8.82 所示。应用该特效的前后效果如图 8.83 所示。

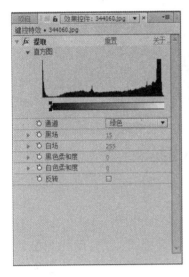

图 8.82　【提取】特效

图 8.83　图像前后效果

- 【直方图】：用于显示图像亮区、暗区的分布情况和参数值的调整情况。
- 【通道】：用于设置抠像图层的色彩通道，其中包括【亮度】、【红色】、【绿色】等 5 种通道。
- 【黑场】：用于设置黑点的范围，小于该值的黑色区域将变成透明。
- 【白场】：用于设置白点的范围，小于该值的白色区域将变成透明。
- 【黑色柔和度】：用于调节暗色区域柔和程度。
- 【白色柔和度】：用于调节亮色区域柔和程度。
- 【反转】：勾选该复选框后，可反转蒙版。

8.2.7　【线性颜色键】特效

【线性颜色键】特效可以根据 RGB 色彩信息或色相及饱和度信息与指定的键控色进行比较。【线性颜色键】特效的参数设置如图 8.84 所示。应用该特效的前后效果如图 8.85 所示。

- 【预览】：用于显示素材视图和键控预览效果图。
  - ◆ 素材视图：用于显示素材原图。
  - ◆ 预览视图：用于显示键控的效果。
  - ◆ 【键控滴管】按钮 ：用于在素材视图中选择键控色。

◆　【加滴管】按钮 ：增加键控色的颜色范围。

◆　【减滴管】按钮 ：减少键控色的颜色范围。

图 8.84　【线性颜色键】特效

图 8.85　图像前后效果

● 　【视图】：用于设置视图的查看效果。

● 　【主色】：用于设置需要设为透明色的颜色。

● 　【匹配颜色】：用于设置抠像的色彩空间模式，用户可以在其右侧的下拉列表中
选择【使用 RGB】、【使用色调】、【使用色度】3 种模式，【使用 RGB】是以
红、绿、蓝为基准的键控色；【使用色调】基于对象发射或反射的颜色为键控
色，以标准色轮廓的位置进行计量；【使用色度】的键控色基于颜色的色调和饱
和度。

● 　【匹配容差】：设置透明颜色的容差度，较低的数值产生透明较少，较高的数值
产生透明较多。

● 　【匹配柔和度】：用于调节透明区域与不透明区域之间的柔和度。

● 　【主要操作】：用于设置键控色是键出还是保留原色。

8.2.8　【颜色差值键】特效

　　【颜色差值键】特效是将指定的颜色划分为 A、B 两个部分实现抠像操作，蒙版 A 是
指定键控色之外的其他颜色区域透明，蒙版 B 是指定键控颜色区域透明，将两个蒙版透明
区域进行组合得到第 3 个蒙版的透明区域，这个新的透明区域就是最终的 Alpha 通道。
【颜色差值键】特效的参数设置如图 8.86 所示。应用该特效前后效果如图 8.87 所示。

● 　【预览】：预演素材视图和遮罩视图。素材视图用于显示源素材画面缩略图；遮
罩视图用于显示调整的遮罩情况。单击下面的按钮 A、B、α分别用于查看【遮罩
A】、【遮罩 B】、【Alpha 遮罩】。

● 　【视图】：用于设置图像在合成面板中的显示模式，在其右侧的下拉列表中共提
供了 9 种查看模式。

图 8.86　【颜色差值键】特效　　　　　　图 8.87　图像前后效果

- 【主色】：用于设置需要抠除的颜色，用户可用吸管直接在面板取得，也可通过色块设置颜色。
- 【颜色匹配准确度】：主要用于设置颜色匹配的精确度。用户可在其右侧的下拉列表中选择【更快】和【更精确】。
- 【黑色区域的 A 部分】：设置 A 遮罩的非溢出黑平衡。
- 【白色区域的 A 部分】：设置 A 遮罩的非溢出白平衡。
- 【A 部分的灰度系数】：设置 A 遮罩的伽玛校正值。
- 【黑色区域外的 A 部分】：设置 A 遮罩的溢出黑平衡。
- 【白色区域外的 A 部分】：设置 A 遮罩的溢出白平衡。
- 【黑色的部分 B】：设置 B 遮罩的非溢出黑平衡。
- 【白色区域中的 B 部分】：设置 B 遮罩的非溢出白平衡。
- 【B 部分的灰度系数】：设置 B 遮罩的伽玛校正值。
- 【黑色区域外的 B 部分】：设置 B 遮罩的溢出黑平衡。
- 【白色区域外的 B 部分】：设置 B 遮罩的溢出白平衡。
- 【黑色遮罩】：设置 Alpha 遮罩的非溢出黑平衡。
- 【白色遮罩】：设置 Alpha 遮罩的非溢出白平衡。
- 【遮罩灰度系数】：设置 Alpha 遮罩的伽玛校正值。

8.2.9　【颜色范围】特效

【颜色范围】特效通过键出指定的颜色范围产生透明效果，可以应用的色彩空间包括 Lab、YUV 和 RGB，这种键控方式可以应用在背景包含多个颜色、背景亮度不均匀和包含相同颜色的阴影，这个新的透明区域就是最终的 Alpha 通道。【颜色范围】特效的参数设置如图 8.88 所示。应用该特效前后效果如图 8.89 所示。

图 8.88 【颜色范围】特效

图 8.89 图像前后效果

- 【键控滴管】按钮 ：该工具可从蒙版缩略图中吸取键控色，用于在遮罩视图中选择开始键控颜色。
- 【加滴管】按钮 ：该工具可增加键控色的颜色范围。
- 【减滴管】按钮 ：该工具可减少键控色的颜色范围。
- 【模糊】：对边界进行柔和模糊，用于调整边缘柔化度。
- 【色彩空间】：设置键控颜色范围的颜色空间，有 Lab、YUV 和 RGB 3 种方式。
- 【最小值】/【最大值】：对颜色范围的开始和结束颜色进行精细调整，精确调整颜色空间参数，(L，Y，R)、(a，U，G)和(b，V，B)代表颜色空间的 3 个分量。【最小值】调整颜色范围开始，【最大值】调整颜色范围结束。L、Y、R 滑块控制指定颜色空间的第一个分量；a、U、G 滑块控制指定颜色空间的第二个分量；b、V、B 滑块控制第三个分量。拖曳【最小值】滑块对颜色范围的开始部分进行精细调整；拖曳【最大值】滑块对颜色的结束范围进行精确调整。

8.2.10 【颜色键】特效

【颜色键】特效可以将素材的某种颜色及其相似的颜色范围设置为透明，还可以对素材进行边缘预留设置。这是一种比较初级的键控特效，如果要处理的图像背景复杂，不适合使用该特效。【颜色键】特效的参数设置如图 8.90 所示。

图 8.90 【颜色键】特效

- 【主色】：用于设置透明的颜色值，用户可以通过单击其右侧的色块或用吸管工具设置其颜色，效果如图 8.91 所示。

图 8.91 提取设置透明的颜色

- 【颜色容差】：设置键出色彩的容差范围。容差范围越大，就有越多与指定颜色相近的颜色被键出；容差范围越小，则被键出的颜色越少。当该值设置为 30 时的效果如图 8.92 所示。

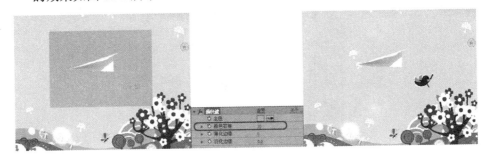

图 8.92 设置颜色容差的前后效果

- 【薄化边缘】：用于对键出区域边界进行调整。
- 【羽化边缘】：用于设置抠像蒙版边缘的虚化程度，数值越大，与背景的融合效果越紧密。

8.2.11 【溢出抑制】特效

【溢出抑制】特效可以去除键控后图像残留的键控痕迹，可以将素材的颜色替换成另外一种颜色。【溢出抑制】特效参数设置如图 8.93 所示。应用该特效前后效果如图 8.94 所示。

图 8.93 【溢出抑制】特效

图 8.94 图像前后效果

- 【要抑制的颜色】：用于设置需要抑制的颜色。

● 【抑制】：用于设置抑制程度。

8.3 上 机 实 践

通过前面对颜色校正和抠像特效的了解，下面将结合所学习的内容，制作【替换人物衣服颜色】和【飞翔的鹰】案例，以巩固所学的知识。

8.3.1 替换人物衣服颜色

本案例使用【更改颜色】特效来对人物衣服颜色进行替换，其效果如图 8.95 所示。

图 8.95　替换人物衣服颜色

(1) 启动 After Effects CC 软件，在【项目】面板中右击，在弹出的快捷菜单中选择【新建合成】命令，如图 8.96 所示。

(2) 打开【合成设置】对话框，将【合成名称】命名为【替换人物衣服颜色】，将【预设】设置为【自定义】，将【宽度】设置为 600，将【高度】设置为 895，如图 8.97 所示。

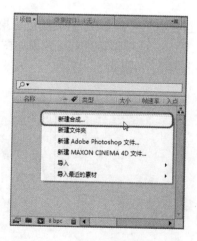

图 8.96　选择【新建合成】命令

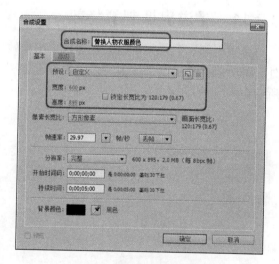

图 8.97　【合成设置】对话框

(3) 设置完成后单击【确定】按钮，创建一个合成文件，按 Ctrl+I 组合键，在弹出的对话框中选择随书附带光盘中的 CDROM\素材\Cha08\人物素材.jpg 素材文件，如图 8.98 所示。

(4)　单击【导入】按钮，即可将选择的素材文件导入到【项目】面板中，选择导入的素材文件，将其拖曳至【时间轴】面板中，单击该素材左侧的三角按钮，展开该选项，然后展开【变换】选项，将【缩放】设置为 16%、16%，如图 8.99 所示。

图 8.98　选择素材文件

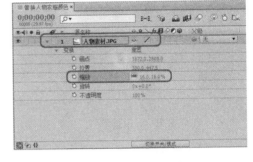

图 8.99　设置缩放值

(5)　打开【效果】面板，在该面板中选择【颜色校正】|【更改颜色】特效，如图 8.100 所示。

(6)　双击该特效，即可将其添加至【时间轴】面板中的【人物素材.jpg】素材文件上，在【效果控件】面板中展开【更改颜色】选项，将【要更改的颜色】的 RGB 值设置为 38、170、170，如图 8.101 所示。

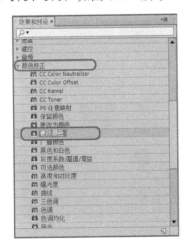

图 8.100　选择【更改颜色】特效

图 8.101　设置 RGB 值

(7)　将【色相变换】设置为 142，将【亮度变换】设置为-8，将【匹配容差】设置为 30%，将【匹配颜色】设置为【使用色相】，如图 8.102 所示。

(8)　颜色替换效果制作完成，在【合成】面板可以直接观察效果，如图 8.103。

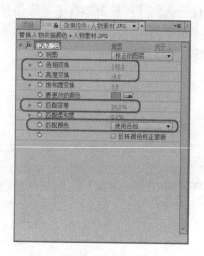

图 8.102　设置参数　　　　　　　　　　　　图 8.103　最终效果

8.3.2　飞翔的鹰

本案例使用【颜色键】特效对素材进行抠像处理，然后使用为背景图像添加位置关键帧，制作其运动效果，完成后的效果如图 8.103 所示。

(1)　按 Ctrl+N 组合键，打开【合成设置】对话框，在该对话框中将【合成名称】设置为【飞翔的鹰】，将【预设】设置为【自定义】，将【宽度】设置为 1024，将【高度】设置为 640，将【持续时间】设置为 0:00:11:15，其他均保持默认设置，如图 8.104 所示。

(2)　设置完成后单击【确定】按钮，按 Ctrl+I 组合键，在弹出的对话框中选择随书附带光盘中的 CDROM\素材\Cha08\天空背景.jpg 素材文件，如图 8.105 所示。

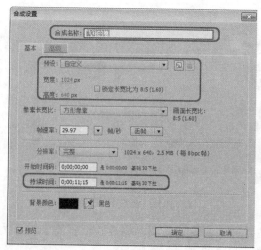

图 8.104　【合成设置】对话框　　　　　　　图 8.105　【导入文件】对话框

(3) 单击【导入】按钮，再次按 Ctrl+I 组合键，在弹出对话框中打开【鹰】文件夹，选择【001.jpg】素材文件，勾选【JPEG 序列】复选框，如图 8.106 所示。

(4) 单击【导入】按钮，即可将选择的素材文件以序列的形式导入到【项目】面板中，将【天空背景.jpg】素材文件拖曳至【时间轴】面板中，并单击左侧的下拉三角按钮，展开【变换】选项，将【缩放】设置为 70%、70%，将【位置】设置为 1487、219，如图 8.107 所示。

(5) 将当前时间设置为 0:00:00:00，单击【位置】左侧的 ⏱ 按钮，然后将当前时间设置为 0:00:11:14，将【位置】设置为-457、289，如图 8.108 所示。

图 8.106　选择素材文件

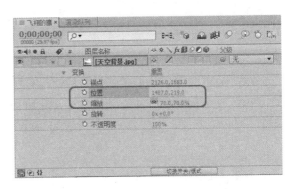

图 8.107　设置参数

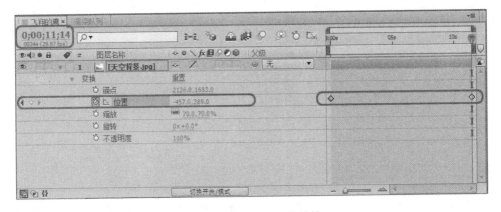

图 8.108　设置位置关键帧

(6) 将导入的【[001-352].jpg】素材文件拖曳至【时间轴】面板中，将其移动至【天空背景.jpg】层的上方，打开【效果和预设】面板，选择【键控】|【颜色键】特效，如图 8.109 所示。

(7) 打开【效果控件】面板，单击【主色】右侧的按钮，在弹出的【主色】对话框中将 RGB 值设置为 0、134、32，如图 8.110 所示。

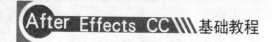

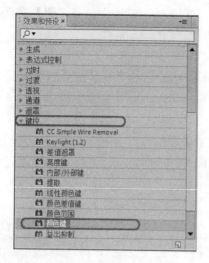

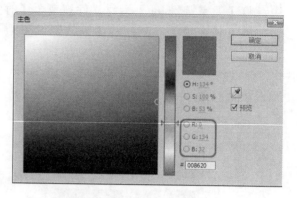

图 8.109 选择特效

图 8.110 【主色】对话框

(8) 设置完成后单击【确定】按钮,将【颜色容差】设置为 65,如图 8.111 所示。

(9) 使用同样的方法为其添加【溢出抑制】特效,并将【要抑制的颜色】的 RGB 值设置为 0、134、32,将【抑制】设置为 200,如图 8.112 所示。

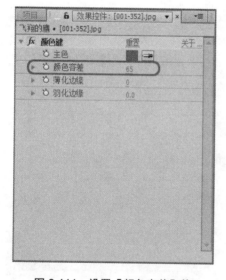

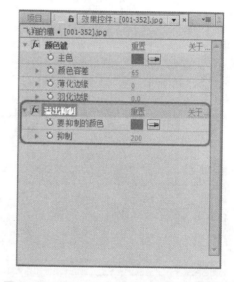

图 8.111 设置【颜色容差】值

图 8.112 添加【溢出抑制】效果并设置参数

(10) 至此,【飞翔的鹰】就制作完成了,导出效果即可。

8.4 思考与练习

1. 简述 CC Color Offset(CC 色彩偏移)特效的作用。

2. 简述【色彩稳定器】特效的作用。

3. 简述【溢出抑制】特效的作用。

第 9 章 仿 真 特 效

本章主要介绍如何利用仿真特效的制作，其中包括下雨、下雪、泡泡、泡沫特效等。

9.1 CC Rainfall(CC 下雨)特效

CC Rainfall(CC 下雨)特效可以模仿真实世界中下雨效果。该特效的参数设置及设置后的前后效果如图 9.1 和图 9.2 所示。

图 9.1 未添加特效   图 9.2 添加特效后的效果

Drops(数量)：用于设置在相同时间内雨滴的数量。

Size(大小)：用于设置雨滴的大小。

Scene Depth(雨的深度)：设置雨的深度。

Speed(角度)：用于设置下雨时的整体角度。

Wind(风)：设置风的速度。

Variation%(Wind)(变动风能)：设置变动风能大小。

Spread(角度的紊乱)：设置雨的旋转角度。

Color(颜色)：设置雨的颜色。

Opacity(透明度)：设置雨的透明度。

Background Reflection(背景反射)：设置背景的反射强度。

Transfer Mode(传输模式)：设置雨的传输模式。

Composite With Original：取消该单选按钮，则背景不显示。

Extras(其他)：用于设置其他，包括外观、偏移量等。

9.2 CC Snowfall(CC 下雪)特效

CC Snowfall(CC 下雪)特效可以模仿真实世界中下雪效果，用户可以根据调整其参数控制下雪的大小以及雪花的大小。该特效的参数设置及设置后的前后效果如图 9.3 和图 9.4 所示。

图 9.3　未添加特效　　　　　　　　　　　图 9.4　添加特效后的效果

- Flakes(雪片数量)：用于设置雪片的数量。
- Size(大小)：用于设置雪片的大小。
- Variation%(Size)(雪的变化)：设置变动雪的面积。
- Scene Depth(雪的深度)：设置雪的深度。
- Speed(角度)：用于设置下雪时的整体角度。
- Variation%(Speed)(速度变化)：设置雪的变化速度。
- Wind(风)：设置风速。
- Variation%(Wind)(风的变化)：设置风的变化速度。
- Spread(角度的紊乱)：设置雪的旋转角度。
- Wiggle(蠕动)：设置雪的位置。
- Color(颜色)：设置雪的颜色。
- Opacity(不透明度)：设置雪的不透明度。
- Background Reflection(背景反射)：设置背景的反射强度。
- Transfer Mode(传输模式)：设置雪的传输模式。
- Composite With Original：取消该单选按钮，则背景不现实。
- Extras(其他)：用于设置其他，包括外观、偏移量等。

9.3　CC Pixel Polly(CC 像素多边形)特效

CC Pixel Polly(CC 像素多边形)特效主要用于模拟图像炸碎的效果，用户可以通过调整其参数从而产生不同方向和角度的抛射移动动画效果。该特效的参数设置及设置后的前后效果如图 9.5 和图 9.6 所示。

- Force(力)：可以设置爆破力的大小。
- Gravity(重力)：可以设置重力大小。
- Spinning(旋转速度)：碎片的自旋速度控制。
- Force Center(力中心)：设置爆破的中心位置。
- Direction Randomness(方向的随机性)：可以设置爆破的随机方向。
- Speed Randomness(速度的随机性)：可以设置爆破速度的随机性。
- Grid Spacing(碎片的间距)：可以设置碎片的间距，值越大则间距越大，值越小间距越小。

- Object(显示)：可以设置碎片的显示，包括多边形、纹理多边形、方形等。
- Enable Depth Sort(应用深度排序)：勾选该选项可以有效地避免碎片的自交叉问题。
- Start Time(sec)(开始时间秒)：设置爆破的开始时间。

　　图 9.5　未添加特效　　　　　　　　　　图 9.6　添加特效后的效果

9.4　CC Bubbles(CC 气泡)特效

　　CC Bubbles(CC 气泡)特效可以使画面产生梦幻效果，创建该特效时，泡泡会以图像的信息颜色创建不同的泡泡。该特效的参数设置及设置后的前后效果如图 9.7 和图 9.8 所示。

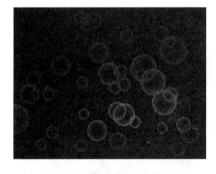

　　图 9.7　未添加特效　　　　　　　　　　图 9.8　添加特效后的效果

- Bubble Amount(气泡量)：用来设置气泡的数量。
- Bubble Speed(气泡的速度)：用来设置气泡的运动速度。
- Wobble Amplitude(摆动幅度)：用来设置气泡的摆动幅度。
- Wobble Frequency(摆动频率)：用来设置气泡的摆动频率。
- Bubble Size(气泡大小)：用来设置气泡的大小。
- Reflection Type(反射类型)：设置泡泡的属性，有两种类型分别是 Liquid(流体)和 Metal(金属)。
- Shading Type(着色方式)：不同的着色对流体和金属泡泡可以产生不同的效果，在很大程度上影响着泡泡的质感。

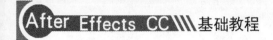
9.5　CC Scatterize(CC 散射)特效

CC Scatterize(CC 散射)特效可以将图像变为很多的小颗粒,并加以旋转,使其产生绚丽多彩的效果,如图 9.9 和图 9.10 所示。

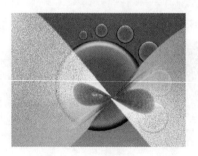

图 9.9　未添加特效　　　　　　　　　图 9.10　添加特效后的效果

- Scatter(分散):用于设置分散的程度。
- Right Twist(右侧旋转):以图形的右侧为开始端开始旋转。
- Left Twist(左侧旋转):以图形的左侧为开始端开始旋转。
- Transfer Mode(传输模式):可以在右侧的下拉列表中选择碎片间的叠加模式。

9.6　CC Star Burst(CC 星爆)特效

CC Star Burst(CC 星爆)特效可以模拟夜晚星空或在宇宙星体间穿行的效果,效果如图 9.11 和图 9.12 所示。

图 9.11　未添加特效　　　　　　　　　图 9.12　添加特效后的效果

- Scatter(分裂):该数值可以设置分散的强度,数值越大则分散强度越大,反之越小。
- Speed(速度):可以设置星体的运动速度。
- Phase(相位):利用不同的相位,可以设置不同的星体结构。
- Grid Spacing(网格间距):可以调整星体之间的间距,来控制星体的大小和数量。
- Size(大小):可以设置星体的大小。
- Blend w.Original(混合强度):设置特效与原来图像的混合程度。

9.7　卡片动画特效

【卡片动画】特效是根据指定层的特征分割画面的三维特效，用户可以根据调整其参数使画面产生卡片舞蹈的效果，如图 9.13 和图 9.14 所示。

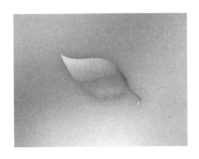

图 9.13　未添加特效

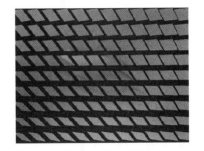

图 9.14　添加特效后的效果

- 【行数和列数】：用户可以在其右侧的下拉列表中选择【独立】和【列数受行数控制】两种方式，其中【独立】选项可单独调整行与列的数值，【列数受行数控制】选项为列的参数跟随行的参数进行变化。
- 【行数】：设置行数。
- 【列数】：设置列数。
- 【背面图层】：用户可以在其右侧的下拉列表中为合成图像中的一个层指定为背景层。
- 【渐变图层 1】：可以在右侧的下拉列表中为合成图像指定渐变图层。
- 【渐变图层 2】：可以在右侧的下拉列表中为合成图像指定渐变图层。
- 【旋转顺序】：用户可以在其右侧的下拉列表中选择卡片的旋转顺序。
- 【变换顺序】：用户可以在其右侧的下拉列表中指定卡片的变化顺序。
- 【X/Y/Z 轴位置】：用于控制卡片在 X、Y、Z 轴上的位移变化。
  - 【源】：用户可以在其右侧的下拉列表中指定影响卡片的素材特征。
  - 【乘数】：用于为影响卡片的偏移值指定一个乘数，以控制影响效果的强弱。一般情况下，该参数影响卡片间的位置。
  - 【偏移】：该参数根据指定影响卡片的素材特征，设定偏移值。影响特效层的总体位置。
- 【X/Y/Z 轴旋转】：该参数用于控制卡片在 X、Y、Z 轴上的旋转属性，其控制参数设置与【X/Y/Z 轴位置】基本相同。
- 【X/Y 轴缩放】：用于设置卡片在 X、Y 轴上的比例属性。控制方式同【位置】参数栏相同。其控制参数设置与【X/Y/Z 轴位置】相同。
- 【摄像机系统】：用于设置特效中所使用的摄像机系统。选择不同的摄像机，效果也不同。
- 【摄像机位置】：通过设置下拉列表选项的参数，可以调整创建效果的空间位置及角度。

- 【边角定位】：当【摄影机系统】选项设置为【角度】时可对【边角定位】选项下拉列表进行调整。该选项才可用，通过设置下拉列表选项参数，可调整图片的角度。
- 【灯光】：该参数选项用于控制特效中所使用的灯光参数。
    - 【灯光类型】：用于选择特效使用的灯光类型。用户可以在其右侧的下拉列表中选择不同的灯光类型，当选择【点光源】时，系统将使用点光源照明；当选择【远距光】时，系统使用远光照明；选择【首选合成照明】时，系统将使用合成图像中的第一盏灯为特效场景照明。当使用三维合成时，选择【首选合成照明】可以产生更为真实的效果，灯光由合成图像中的灯光参数控制，不受特效下的灯光参数影响。
    - 【照明强度】：用于设置灯光照明的强度大小。
    - 【照明色】：用于设置灯光的照明颜色。
    - 【灯光位置】：用户可以使用该选项调整灯光的位置，也可直接使用移动工具在【合成】面板中移动灯光的控制点调整灯光位置。
    - 【照明纵深】：设置灯光在 Z 轴上的深度位置。
    - 【环境光】：设置环境灯光的强度。
- 【材质】：该参数项用于设置特效场景中素材的材质属性。
    - 【漫反射】：用于控制漫反射强度。
    - 【镜面反射】：用于控制镜面反射强度。
    - 【高光锐度】：用于调整高光锐化度。

9.8　【碎片】特效

【碎片】特效可以对图像进行爆炸粉碎处理，使其产生爆炸分散的碎片，用户还可以通过调整其参数来控制其位置、焦点以及半径等，得到想要的效果，如图 9.15 和图 9.16 所示。

图 9.15　未添加特效

图 9.16　添加特效后的效果

- 【视图】：用于设置查看爆炸效果的方式。
    - 【渲染】：可显示特效最终效果，当在【查看】下拉列表中选择该选项时的效果如图 9.16 所示。
    - 【线框正视图】：以线框方式观察前视图爆炸效果，刷新速度较快。

- ◆ 【线框】：以线框方式显示爆炸效果。
- ◆ 【线框正视图+作用力】：以线框方式观察前视图爆炸效果，并显示爆炸的受力状态。
- ◆ 【线框+作用力】：以线框方式显示爆炸效果，并显示爆炸的受力状态。
- ● 【渲染】：该选项只有在将【查看】设置为【渲染】时才会显示其效果，选择该下拉列表中不同的三个选项时的效果如图 9.17 所示。

图 9.17　选择不同选项后的效果

- ◆ 【全部】：选择该选项可显示所有爆炸和未爆炸的对象。
- ◆ 【图层】：选择该选项时将仅显示未爆炸的层。
- ◆ 【块】：选择该选项时将仅显示已爆炸的碎片。
- ● 【形状】：该选项组中的参数主要用来控制爆炸式产生碎片的状态。
- ◆ 【图案】：该选项用于设置碎片破碎时的形状，用户可以在其右侧的下拉列表中选择所需要的碎片形状。
- ◆ 【自定义碎片图】：当【图案】设置为自定义时，该选项才会出现自定义碎片的效果。
- ◆ 【白色拼贴已修复】：勾选该项使用白色平铺的适配功能。
- ◆ 【反复】：设置碎片的重复数量，值越大，产生的碎片越多，当该参数调整为 10 时和 20 时的效果如图 9.18 和图 9.19 所示。

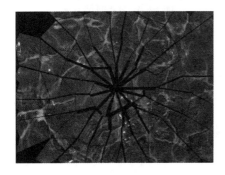

图 9.18　10 时的效果

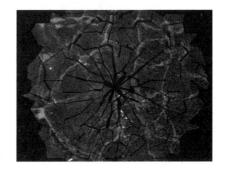

图 9.19　20 时的效果

- ◆ 【方向】：用于设置爆炸的方向。
- ◆ 【源点】：设置碎片裂纹的开始位置。可直接调节参数，也可在【合成】面板中直接拖曳控制点改变位置。
- ◆ 【凹凸深度】：设置爆炸层及碎片的厚度。参数越大，会更有立体感，【挤压深度】为 3 时和 7 时的效果如图 9.20 和图 9.21 所示。

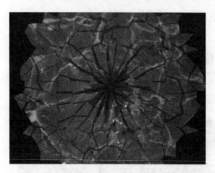

图 9.20　3 时的效果

图 9.21　7 时的效果

- **【作用力 1】**：用于为目标图层设置产生爆炸的力。可同时设置两个力场，在默认情况下系统只使用一个力。
  - ◆ **【位置】**：用于调整产生爆炸的位置，用户还可以通过调整其控制点来调整爆炸产生的位置。
  - ◆ **【深度】**：用于设置力的深度，当深度设置为-0.3 时和 0.3 时的效果如图 9.22 和图 9.23 所示。

图 9.22　-0.3 时的效果

图 9.23　0.3 时的效果

  - ◆ **【半径】**：用于控制力的半径，该数值越大其半径就越大，目标层的受力面积越大，当力为 0 时不会出现任何变化。
  - ◆ **【强度】**：用于控制力的强度。设置的参数越大，强度越大，碎片飞散得越远。当参数为正值时，碎片向外飞散；当参数为 0 时，无法产生飞散爆炸的碎片，但力的半径范围内的部分会受到重力的影响，当参数为负值时，碎片飞散方向与正值时的方向相反。
- **【作用力 2】**：该选项组中的参数设置与【作用力 1】选项组中的参数设置基本相同，在此就不再赘述。
- **【渐变】**：用于指定一个渐变层，利用该层的渐变来影响爆炸效果。
- **【物理学】**：用于对爆炸的旋转隧道、翻滚坐标及重力等进行设置。
  - ◆ **【旋转速度】**：用于设置爆炸产生碎片的旋转速度。数值为 0 时，碎片不会翻滚旋转。参数越大，旋转速度越快。
  - ◆ **【倾覆轴】**：设置爆炸后的碎片的翻滚旋转方式。用户可以在其右侧的下拉列表中选择不同的滚动轴，该选项默认为【自由】，碎片自由翻滚；当将其设置为【无】，碎片不产生翻滚；选择其他的方式，则将碎片锁定在相应的轴上进行翻滚。

- ◆ 【随机性】：设置碎片飞散的随机值。较大的值可产生不规则的、零乱的碎片飞散效果。
- ◆ 【黏性】：设置碎片的黏度。参数较大会使碎片聚集在一起。
- ◆ 【大规模方差】：设置爆炸碎片集中的百分比。
- ◆ 【重力】：用于为爆炸设置一个重力，模拟自然界中的重力效果。
- ◆ 【重力方向】：用于对重力设置方向。
- ◆ 【重力倾斜】：用于为重力设置一个倾斜度。
- ● 【纹理】：在该参数项中可对碎片的颜色、纹理贴图等进行设置。
  - ◆ 【颜色】：设置碎片的颜色。
  - ◆ 【不透明度】：设置颜色的不透明度。
  - ◆ 【正面模式/侧面模式/背面模式】：分别设置爆炸碎片前面、侧面、背面的模式。
  - ◆ 【背面图层】：分别用于为爆炸碎片的背面设置层。
  - ◆ 【摄像机系统】：用于设置特效中的摄像机系统，用户可以在其右侧的下拉列表中选择不同的摄像机，从而得到的效果也不同。
- ● 【摄像机位置】：将【摄像机系统】设置为【摄像机位置】方式后。
  - ◆ 【X、Y、Z 轴旋转】：设置摄像机在 X、Y、Z 轴上的旋转角度。
  - ◆ 【X、Y、Z 位置】：设置摄像机在三维空间中的位置属性。
  - ◆ 【焦距】：用于设置摄像机的焦距。
  - ◆ 【变换顺序】：用于设置摄像机的变换顺序。
- ● 【角度定位】：将【摄像机系统】设置为【角度】方式后，该参数将被激活，用户才可以对其进行设置。
  - ◆ 【角度】：系统在层的 4 个角上定义了 4 个控制点，用户可以调整 4 个控制点来改变层的形状。
  - ◆ 【自动焦距】：勾选该复选框后，系统将可以自动控制焦距。
  - ◆ 【焦距】：用于控制焦距。
- ● 【灯光】：用于设置特效中所使用的灯光的参数。
  - ◆ 【灯光类型】：用户可以在其右侧的下拉列表中选择灯光类型。选择【点光源】时，系统使用点光源照明；选择【远距光】时，系统使用远光照明；选择【首选合成灯光】时，系统使用合成图像中的第一盏灯为特效场景照明。当使用三维合成时，选择该项可以产生更为真实的效果。选择该项后，灯光由合成图像中的灯光参数控制，不受特效下的灯光参数影响。
  - ◆ 【灯光强度】：用于设置灯光的照明强度。
  - ◆ 【灯光颜色】：用于设置灯光的照明颜色。
  - ◆ 【灯光位置】：用于调整灯光的位置。用户可在【合成】面板中直接拖曳灯光的控制点改变其位置。

◆ 【灯光深度】：用于设置灯光在 Z 轴上的深度位置。

◆ 【环境光】：用于设置环境灯光的强度。

● 【材质】：用于设置特效中素材的材质属性。

◆ 【漫反射】：用于设置漫反射的强度。

◆ 【镜面反射】：用于控制镜面反射的强度。

◆ 【高光锐度】：控制高光的锐化程度。

9.9　【焦散】特效

【焦散】特效可以用来模仿大自然的折射和反射效果，以达到想要的结果，其效果如图 9.24 和图 9.25 所示，

图 9.24　未添加特效

图 9.25　添加特效后的效果

● 【底部】：用于设置应用【焦散】特效的底层，如图 9.26 所示。

◆ 【底部】：用户可以在其右侧的下拉列表中指定一个层为底层，即水下图层，默认情况下底层为当前图层。

◆ 【缩放】：用于对设置的底层进行缩放，当参数为 1 时，底层为原始大小。当该参数大于 1 或小于 1 时，底层也会随之放大或缩小，当设置的数值为负数时，图层将进行反转，效果如图 9.27 所示。

图 9.26　【底部】参数

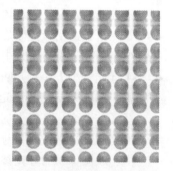

图 9.27　当缩放为负数的效果

◆ 【重复模式】：缩小底层后，用户可以在其右侧的下拉列表中选择如何处理底层中的空白区域。其中【一次】模式将空白区域透明，只显示缩小后的底

层；【平铺】模式重复底层；【反射】模式可反射底层。

◆ 【如果图层大小不同】：在【底部】中指定其他层作为底层时，有可能其尺寸与当前层不同。此时，可在【如果图层大小不同】中选择【缩放至全屏】选项，使底层与当前层尺寸相同。如果选择【中央】，则底层尺寸不变，且与当前层居中对齐。

◆ 【模糊】：用于对复制出的效果进行模糊处理。

● 【水】：该选项组用于指定一个层，以指定层的明度为参考，产生水波纹理。

◆ 【水面】：用户可以在下拉列表中指定合成中的一个层作为水波纹理，效果如图 9.28 所示。

◆ 【波形高度】：用于设置波纹的高度。

◆ 【平滑】：用于设置波纹的平滑程度。该数值越高，波纹越平滑，但是效果也更弱。当将该值设置为 20 时的效果如图 9.29 所示。

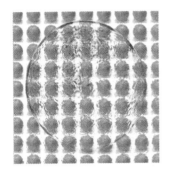

图 9.28　设置水纹

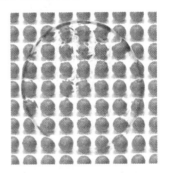

图 9.29　设置水的平滑度

◆ 【水深】：用于设置所产生波纹的深度。

◆ 【折射率】：用于控制水波的折射率。

◆ 【表面色】：用于为产生的波纹设置颜色。

◆ 【表面不透明度】：用于设置水波表面的透明度，当将其参数设置为 1 时的效果如图 9.30 所示。

◆ 【焦散强度】：用于控制聚光的强度。数值越高，聚光强度越大，当焦散强度设为 1 的效果如图 9.31 所示。

图 9.30　设置不透明度

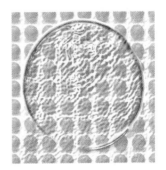

图 9.31　设置焦散强度为 1 时效果

- 【天空】：该参数项用于为水波指定一个天空反射层，控制水波对水面外场景的反射效果。
    - 【天空】：用户可以在其右侧下拉列表中选择一个层作为天空反射层。
    - 【缩放】：该选项可对天空层进行缩放设置，如图 9.32 设置缩放后的效果。
    - 【重复模式】：用户可以在其右侧的下拉列表中选择缩小后天空层空白区域的填充方式。
    - 【如果图层大小不同】：用于设置天空层与当前层尺寸不同时的处理方式。
    - 【强度】：用于设置天空层的强度，该参数值越大其效果就越明显，当该参数值为 0.7 时的效果如图 9.33 所示。

图 9.32　设置缩放后的效果

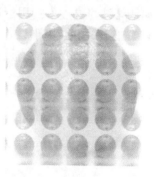

图 9.33　设置强度为 0.7 时效果

    - 【融合】：用于对反射边缘进行处理，参数值越大，边缘越复杂。
- 【照明】：该参数项用于设置特效中灯光的各项参数。
    - 【灯光类型】：用户可以在其右侧的下拉列表中选择特效使用的灯光方式。选择【点光源】时，系统将使用点光源照明；选择【远光源】时，系统将使用远光照明；选择【首选合成灯光】时，系统将使用合成图像中的第一盏灯为特效场景照明。当使用三维合成时，选择【首选合成灯光】可以产生更为真实的效果，灯光由合成图像中的灯光参数控制，不受特效下的灯光参数影响。
    - 【灯光强度】：用于设置灯光照明的强度。
    - 【照明色】：用于设置灯光照明的颜色，用户可以通过单击其右侧的颜色框或使用吸管工具来设置照明的颜色，当照明色的 RGB 值为 255、0、0 时的效果如图 9.34 所示。
    - 【灯光位置】：用于调整灯光的位置。也可直接使用移动工具在【合成】面板中移动灯光的控制点，调整灯光位置。
    - 【灯光高度】：用于设置灯光高度。
    - 【环境光】：设置环境光强度，当环境光设为 2 时的效果如图 9.35 所示。
- 【材质】：该参数项用于设置特效场景中素材的材质属性。
    - 【漫反射】：用于设置漫反射强度。
    - 【镜面反射】：用于设置镜面反射强度。
    - 【高光锐度】：用于设置高光锐化度。

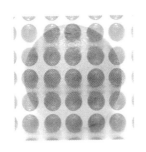

图 9.34　设置照明色后的效果

图 9.35　环境光设为 2 时的效果

9.10　【泡沫】特效

【泡沫】特效可以产生泡沫或泡泡的特效，用户可以对其进行设置达到想要的效果，完成前后效果如图 9.36 和图 9.37 所示。

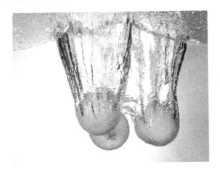

图 9.36　未添加特效的效果

图 9.37　添加【泡沫】特效

● 【视图】：用于设置气泡效果的显示方式，当在下拉列表中选择【草图】和【已渲染】命令时的效果如图 9.38 和图 9.39 所示。

图 9.38　【草图】效果

图 9.39　【已渲染】效果

◆ 【草图】：以草图模式渲染气泡效果，不能看到气泡的最终效果，但可预览气泡的运动方式和设置状态，且使用该方式计算速度快。

◆ 【草图+流动映射】：为特效指定了影响通道后，使用该方式可以看到指定的影响对象。

◆ 【已渲染】：在该方式下可以预览气泡的最终效果，但是计算速度相对较慢。

● 【制作者】：用于设置气泡的粒子发射器。

◆ 【产生点】：用于设置发射器的位置，用户可以通过参数或控制点进行调整产生点的位置。

◆ 【产生 X、Y 大小】：用于设置发射器的大小。

◆ 【产生方向】：用于设置泡泡产生的方向。

◆ 【缩放产生点】：可缩放发射器位置。不选择该项，系统会以发射器效果点为中心缩放发射器。

◆ 【生成速率】：用于设置发射速度。一般情况下，数值越高，发射速度较快，在相同时间内产生的气泡粒子也较多。当数值为 0 时，不发射粒子。

● 【气泡】：用于对气泡粒子的尺寸、生命、强度等进行设置。

◆ 【大小】：用于调整产生泡沫的尺寸大小，数值越大则气泡越大，反之越小。

◆ 【大小差异】：用于控制粒子的大小差异。数值越大，每个粒子的大小差异越大。数值为 0 时，每个粒子的最终大小都是相同的。

◆ 【寿命】：用于设置每个粒子的生命值。每个粒子在发射产生后，最终都会消失。所谓生命值，即是粒子从产生到消失之间的时间。

◆ 【气泡增长速度】：用于设置每个粒子生长的速度，即粒子从产生到最终大小的时间。

◆ 【强度】：调整产生泡沫的数量，数值越大，产生泡沫的数量也就越多。

● 【物理学】：用于设置粒子的运动效果。

◆ 【初始速度】：设置泡沫特效的初始速度。

◆ 【初始方向】：设置泡沫特效的初始方向。

◆ 【风速】：设置影响粒子的风速。

◆ 【风向】：设置风的方向。

◆ 【湍流】：设置粒子的混乱度。该数值越大，粒子运动越混乱；数值越小，则粒子运动越有序和集中。

◆ 【摇摆量】：用于设置粒子的晃动强度。参数较大时，粒子会产生摇摆变形。

◆ 【排斥力】：用于在粒子间产生排斥力。参数越大，粒子间的排斥性越强。

◆ 【弹跳速率】：设置粒子的总速率。

◆ 【黏度】：设置粒子间的黏性。参数越小，粒子越密。

◆ 【黏性】：设置粒子间的黏着性。参数越小，粒子堆砌得越紧密。

● 【缩放】：用于调整粒子大小。

● 【综合大小】：用于设置粒子效果的综合尺寸。在【草图】和【草图+流动映射】方式下可看到综合尺寸范围框。

● 【正在渲染】：用于设置粒子的渲染属性。该参数项的设置效果只有在【已渲染】方式下可以看到。

◆ 【混合模式】：用于设置粒子间的融合模式。【透明】方式下，粒子与粒子间进行透明叠加。选择【旧实体在上】方式，则旧粒子置于新生粒子之上。
选择【新实体在上】方式，则将新生粒子叠加到旧粒子之上。

- ◆ 【气泡纹理】：可在该下拉列表中选择气泡粒子的纹理方式，在该下拉列表中选择不同泡沫材质的效果。
- ◆ 【气泡纹理分层】：除了系统预制的粒子纹理外，还可以指定合成图像中的一个层作为粒子纹理。该层可以是一个动画层，粒子将使用其动画纹理。在下拉列表中选择粒子纹理层时，首先要在【气泡纹理】中将粒子纹理设置为【用户定义】。
- ◆ 【气泡方向】：用于设置气泡的方向。可使用默认的【固定】方式，或【物理定向】、【气泡速度】。
- ◆ 【环境映射】：用于指定气泡粒子的反射层。
- ◆ 【反射强度】：设置反射的强度。
- ◆ 【反射融合】：设置反射的聚焦度。
- ● 【流动映射】：通过调整下拉选项参数属性，设置创建泡沫的流动动画效果。
  - ◆ 【流动映射】：用于指定用于影响粒子效果的层。
  - ◆ 【流动映射黑白对比】：用于设置参考图对粒子的影响效果。
  - ◆ 【流动映射匹配】：用于设置参考图的大小。可设置为【总体范围】或【屏幕】。
  - ◆ 【模拟品质】：用于设置气泡粒子的仿真质量。
- ● 【随机植入】：用于设置气泡粒子的随机种子数。

9.11　上 机 实 践

9.11.1　制作下雨特效

下面练习【CC Rainfall(CC 下雨)】特效和【CC Drizzle(CC 雨滴)】特效的使用方法，制作完成后的效果如图 9.40 所示。

(1) 启动 After Effects CC 软件，在【项目】面板中双击，在弹出的【导入文件】对话框中，选择随书附带光盘中的 CDROM\素材\Cha09\1.jpg、2.tif 素材图片，如图 9.41 所示。

(2) 单击【导入】按钮，将素材图片导入到【项目】面板中，如图 9.42 所示。

(3) 单击【项目】面板中的【新建合成】按钮 ▦，在弹出的【合成设置】对话框中，将【合成名称】设置为【合成 1】，将【宽度】设置为 1024，将【高度】设置为 768，将【帧速率】设置为 25，将【持续时间】设置为 0:00:05:00，将【背景颜色】设置为黑色，如图 9.43 所示。

(4) 单击【确定】按钮。将素材图片 1.jpg 和 2.tif 拖入到【时间轴】面板的【合成 1】中，如图 9.44 所示。

图 9.40　完成后的效果

图 9.41　选择素材图片

图 9.42　导入素材图片

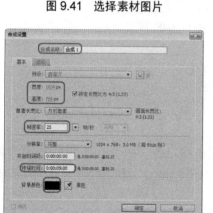

图 9.43　【合成设置】对话框

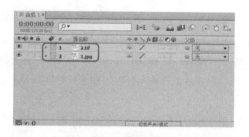

图 9.44　拖入素材图片

(5) 在【时间轴】面板中，单击 1.jpg 和 2.tif 素材图层中【3D 图层】栏下的 ▢ 图标，将 ⬡ 图标点亮，将其转换为 3D 图层，如图 9.45 所示。

(6) 在【时间轴】面板中，将【2.tif】素材图层展开，在【变换】选项中，将【位置】设置为 592.4、653.1、–789.2，将【缩放】设置为 280、280、280%，将【方向】设置为 270°、0°、0°，如图 9.46 所示。

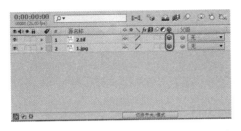
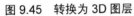

图 9.45　转换为 3D 图层

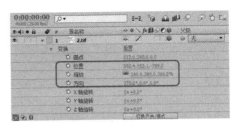

图 9.46　设置【变换】

(7)　将【1.jpg】素材图层展开，在【变换】选项中，将【位置】设置为 605.7、−2.1、303.3，将【缩放】设置为 280、280、280%，如图 9.47 所示。

(8)　将【2.tif】和【1.jpg】素材图层收卷，在【时间轴】面板的空白处右击，在弹出的快捷菜单中选择【新建】|【摄像机】命令，如图 9.48 所示。

图 9.47　设置【位置】和【缩放】

图 9.48　选择【摄像机】命令

(9)　在弹出的【摄像机设置】对话框中，将【预设】设置为【自定义】，将【缩放】设置为 300 毫米，将【胶片大小】设置为 110 毫米，如图 9.49 所示。

(10)　单击【确定】按钮。在【合成】面板中，将 3D 视图设置为【摄像机 1】，如图 9.50 所示。

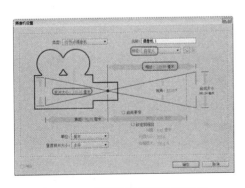

图 9.49　【摄像机设置】对话框

图 9.50　设置视图

(11)　在【时间轴】面板中，将【摄像机 1】素材图层展开，在【变换】选项中，将【目标点】设置为 377.2、413.1、6.9，将【位置】设置为 25.1、91.8、−1284.6，如图 9.51 所示。

(12) 在【时间轴】面板中，选中【1.jpg】素材图层，在菜单栏中选择【效果】|【模拟】| CC Rainfall 命令，如图 9.52 所示。

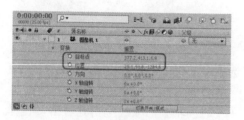

图 9.51 设置【变换】　　　　　　图 9.52 选择【CC Rainfall】命令

(13) 在【效果控件】面板中，设置 CC Rainfall 效果参数。将 Drops(数量)设置为 1000，Size(大小)设置为 1，Scene Depth(雨的深度)设置为 2000，Speed(角度)设置为 800，Spread(角度的紊乱)设置为 0，Opacity(透明度)设置为 100，如图 9.53 所示。

(14) 在【时间轴】面板中，选中 2.tif 素材图层，在菜单栏中选择【效果】|【模拟】|CC Drizzle 命令，如图 9.54 所示。

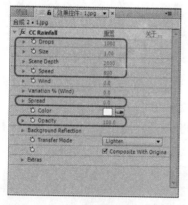

图 9.53 设置【CC Rainfall】效果参数　　　图 9.54 选择【CC Drizzle】命令

(15) 在【效果控件】面板中，设置 CC Drizzle 效果参数。将 Drip Rate(雨滴置换率)设置为 100，Rippling(波纹数量)设置为 2x+5，Displacement(置换强度)设置为 30，Ripple Height(波纹高度)设置为 200，Spreading(散布强度)设置为 30，如图 9.55 所示。

(16) 在【项目】面板中选择【合成 1】，在菜单栏中选择【合成】|【添加到渲染队列】命令，如图 9.56 所示。

(17) 在【渲染队列】中，设置【输出到】，然后单击【渲染】按钮，对合成影片进行渲染输出，如图 9.57 所示。

(18) 最后将文件进行保存。

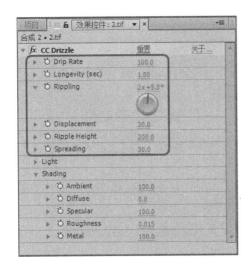

图 9.55　设置【CC Drizzle】效果参数

图 9.56　选择【添加到渲染队列】命令

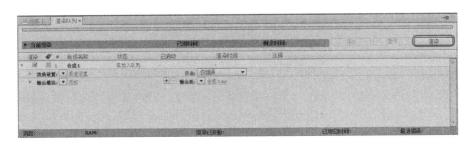

图 9.57　单击【渲染】按钮

9.11.2　制作气泡特效

下面将练习使用 CC Bubbles(CC 气泡特效)制作海底气泡，制作完成后的效果如图 9.58 所示。

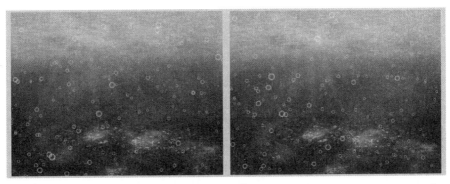

图 9.58　海底气泡

（1）启动 After Effects CC 软件，在【项目】面板中双击，在弹出的【导入文件】对话框中，选择随书附带光盘中的 CDROM\素材\Cha09\3.jpg 素材图片，如图 9.59 所示。

（2）单击【导入】按钮，将素材图片导入到【项目】面板中，如图 9.60 所示。

图 9.59 选择素材图片

图 9.60 导入素材图片

(3) 在【项目】面板中，拖曳 3.jpg 素材图片至【时间轴】面板的空白处，如图 9.61 所示。

(4) 释放鼠标后将自动创建合成，如图 9.62 所示。

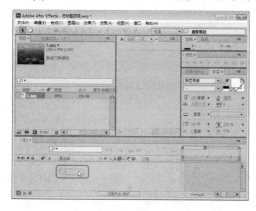

图 9.61 拖曳 3.jpg 素材图片

图 9.62 创建合成

(5) 在【时间轴】面板的空白处右击，在弹出的快捷菜单中选择【新建】|【纯色】命令，如图 9.63 所示。

(6) 在弹出的【纯色设置】对话框中，将【名称】设置为气泡，【宽度】设置为 1024，【高度】设置为 768，将【颜色】的 RGB 值设置为 196、222、248，如图 9.64 所示。

(7) 选中【气泡】层，在菜单栏中选择【效果】|【模拟】|CC Bubbles 命令，如图 9.65 所示。

(8) 在【时间轴】面板中，将当前时间设置为 0:00:00:00。在【效果控件】面板中，设置 CC Bubbles 特效参数。将 Bubble Amount(气泡量)设置为 600，Bubble Speed(气泡的速度)设置为 0.3，Wobble Amplitude(摆动幅度)设置为 1，Wobble Frequency(摆动频率)设置为 1，Bubble Size(气泡大小)设置为 1，如图 9.66 所示。

图 9.63　选择【纯色】命令

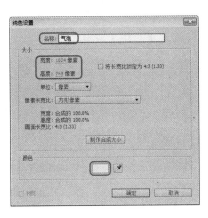

图 9.64　【纯色设置】对话框

图 9.65　选择 CC Bubbles 命令

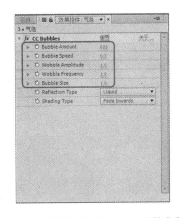

图 9.66　设置 CC Bubbles 特效参数

（9）在【时间轴】面板中，将时间设置为 0:00:01:00，单击 Bubble Speed(气泡的速度)左侧的 🕛 图标，然后将时间设置为 0:00:04:00，将 Bubble Speed(气泡的速度)设置为 3，如图 9.67 所示。

（10）然后将时间设置为 0:00:04:24，将 Bubble Speed(气泡的速度)设置为 0.3，如图 9.68 所示。

图 9.67　设置 Bubble Speed(气泡的速度)

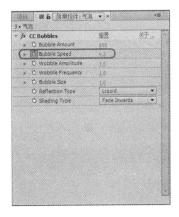

图 9.68　设置 Bubble Speed(气泡的速度)

(11) 按 Ctrl+M 组合键，将当期合成添加到【渲染队列】中，对其输出参数进行设置，然后单击【渲染】按钮。

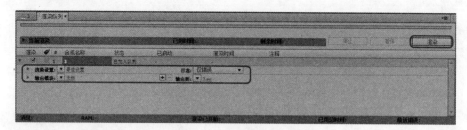

图 9.69   单击【渲染】按钮

(12) 最后将文件进行保存。

9.12   思考与练习

1. 简述 CC Snowfall 特效的作用。
2. 什么特效可以产生泡沫或泡泡的特效？

第 10 章　扭曲与透视特效

在 After Effects CC 中内置的扭曲特效和透视特效都可以称为变形特效，其主要作用是对图像进行变形处理操作。通过扭曲特效可以制作出波浪、放大镜、扭曲变形而成的特殊画面等效果。而透视特效可以将二维图像制作出具有三维深度的特殊效果。

10.1　扭　曲　特　效

扭曲特效主要是对素材进行扭曲、拉伸或挤压等变形操作。既可以对画面的形状进行校正，也可以通过对普通的画面进行变形得到特殊效果。在 After Effects 中提供了多种扭曲特效类型。

10.1.1　CC Bend It(CC 两点扭曲)特效

CC 两点扭曲特效通过在图像上定义两个控制点来模拟图像被吸引到这两个控制点上的效果。该特效的参数如图 10.1 所示。其完成效果前后对比如图 10.2 所示。

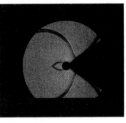

图 10.1　CC 两点扭曲特效参数　　　　图 10.2　前后效果对比

- Bend(弯曲)：设置对象的弯曲程度，数值越大对象弯曲度越大，反之越小。
- Start(开始)：设置开始点的坐标。
- End(结束)：设置结束点的坐标。
- Render Prestart(渲染前)：可以在右侧的下拉菜单中选择一种模式来设置开始点的状态。
- Distort(扭曲)：在右侧的下拉菜单中选择一种模式来设置结束点的状态。

10.1.2　CC Bender(CC 弯曲器)特效

CC Bender(CC 弯曲器)特效可以使图像产生弯曲的效果，其参数和效果如图 10.3 和图 10.4 所示。

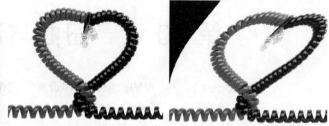

图 10.3　CC 弯曲器特效参数　　　　　　　　图 10.4　前后效果对比

- Amount(数量)：用于设置对象的扭曲程度。
- Style(样式)：可以在右侧的下拉列表中选择一种模式设置图像弯曲的方式，其中包括 Bend(弯曲)、Marilyn(玛丽莲)、Sharp(锐利)、Boxer(拳手)4 个选项。
- Adjust To Distance(调整方向)：选中该复选框，可以控制弯曲的方向。
- Top(顶部)：设置顶部坐标的位置。
- Base(底部)：设置底部坐标的位置。

10.1.3　CC Blobbylize(CC 融化溅落点)特效

CC Blobbylize(CC 融化溅落点)特效主要为对象纹理部分添加融化效果，通过滴状斑点、光、阴影 3 个特效参数的调节达到想要的效果，其参数和效果如图 10.5 和图 10.6 所示。

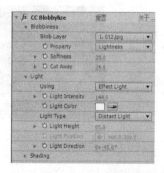

图 10.5　CC 融化溅落点特效参数　　　　　　图 10.6　前后效果对比

- Blobbiness(滴状斑点)：主要用来调整对象的扭曲程度和样式。
  - Blob Layer(滴状斑点层)：用于设置产生融化溅落点效果的图层。默认情况下为效果所添加的层。也可以选择无或其他层。
  - Property(特性)：可以从右侧的下拉列表中选择一种特性，来改变扭曲的形状。
  - Softness(柔和)：设置滴状斑点边缘的柔和程度，如图 10.7 所示，不同柔和值会有不同的效果。
  - Cut Away(剪切)：调整被剪切部分的多少。

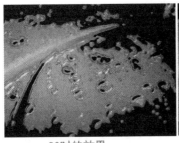

20时的效果　　　　　　　　50时的效果

图 10.7　不同柔和值的不同效果

- Light(光)：用来调整图像光的强度及整个图像的色调。
  - ◆ Using(使用)：用于设置图像的照明方式。其中提供了 Effect Light(效果灯光)、AE Light(AE 灯光)两种。
  - ◆ Light Intensity(光强度)：用于设置图像受光照程度的强弱。数值越大，受光照程度也就越强，如图 10.8 所示为不同光强度时的效果。

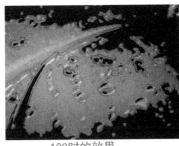

100时的效果　　　　　　　　400时的效果

图 10.8　不同光强度时的效果

  - ◆ Light Color(光颜色)：用于设置光的颜色，可以调节图像的整体色调。
  - ◆ Light Type(光类型)：用于设置照明灯光的类型，其中 Distant Light(远光灯)如图 10.9 所示，Point Light(点光灯)如图 10.10 所示。

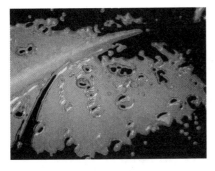

图 10.9　远光灯效果　　　　　　　　图 10.10　点光灯效果

  - ◆ Light Height(光线长度)：用于设置光线的长度，可以调整图像的曝光度。
  - ◆ Light Position(光位置)：用于设置平行光产生的方向。当灯光类型为点光灯时才可用。

◆ Light Direction(光方向)：用于调整光照射的方向，当灯光类型为远光灯时才可用。

● Shading(阴影)：设置图像明暗程度。

◆ Ambient(环境)：用于设置环境光的明暗程度，当数值越小时，照明的效果就越突出，当数值越大时，照明的效果越不明显，如图 10.11 所示。

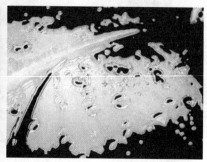

图 10.11　不同值时不同的效果

◆ Diffuse(漫反射)：用于调整光反射的程度，数值越大，反射程度越强，图像越亮，数值越小，反射程度越低，图像越暗。

◆ Specular(高光反射)：用于设置图像的高光反射的强度。

◆ Roughness(边缘粗糙)：用于设置照明光在图像中形成光影的粗糙程度。当数值越大时，阴影效果就越淡。

◆ Metal(质感)：用于设置效果中金属质感的数量，当数值越大时金属质感越低。

10.1.4　CC Flo Motion(CC 液化流动)特效

CC Flo Motion(液化流动)特效是利用图像的两个边角位置的变化对图像进行变形处理，该特效参数及前后效果如图 10.12 和图 10.13 所示。

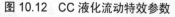

图 10.12　CC 液化流动特效参数　　　　　图 10.13　前后效果对比

● Finer Controls(精细控制)：当勾选该复选框时，则图形的变形更细致。

● Kont1(控制点 1)：设置控制点 1 的位置。

● Amount1(数量 1)：设置控制点 1 位置图像拉伸的重复度。

● Kont2(控制点 2)：设置控制点 2 的位置。

● Amount2(数量 2)：设置控制点 2 位置图像拉伸的重复度。

- Tile Edges(背景显示)：当该复选框没有被勾选时，则表示背景图像不显示。
- Antialiasing(抗锯齿)：在右侧的下拉列表中设置抗锯齿的程度，包括 Low(低)、Medium(中)、High(高)3 种程度。
- Falloff(衰减)：用于图像的拉伸重复程度，数值越小，重复度越大；数值越大，重复度越小。

10.1.5　CC Griddler(CC 网格变形)特效

CC Griddler(网格变形)特效是通过设置水平和垂直缩放比例来对原始图像进行缩放，而且可以将图像进行网格化处理，并平铺至原图像大小，其参数和前后效果如图 10.14 和 10.15 所示。

图 10.14　CC 网格变形特效参数　　　　图 10.15　前后效果对比

- Horizontal Scale(横向缩放)：用于设置网格水平方向的偏移程度。
- Vertical Scale(纵向缩放)：用于设置垂直方向的偏移程度。
- Tile Size(拼贴大小)：用于设置对象中每个网格尺寸的大小，数值越大，网格越大，数值越小，网格越小。
- Rotation(旋转)：用于设置图像中每个网格的旋转角度，如图 10.16 所示。

图 10.16　设置网格的旋转角度

- Cut Tiles(拼贴剪切)：勾选该复选框，网格边缘会出现黑边，并有凸起效果。

10.1.6　CC Lens(CC 透镜)特效

CC Lens(CC 透镜)特效可以使图像变成为镜头的形状，该特效参数及前后效果如图 10.17 和图 10.18 所示。

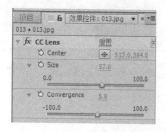

图 10.17　CC 透镜特效参数

 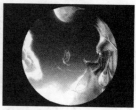

图 10.18　前后效果对比

- Center(中心)：用于设置创建透镜效果的中心。
- Size(大小)：用于设置变形图像的尺寸大小。
- Convergence(聚合)：用于设置透镜效果中图像像素的聚焦程度，如图 10.19 所示。

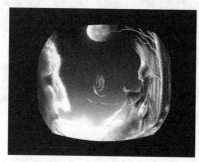 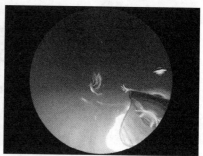

图 10.19　显示不同的效果

10.1.7　CC Page Turn(CC 卷页)特效

CC Page Turn(CC 卷页)特效主要用来模拟图像卷页的效果，并可以制作出卷页的动画。例如可以创建书本翻页的动画效果。该特效的参数和前后效果如图 10.20 和图 10.21 所示。

图 10.20　CC 卷页特效参数

 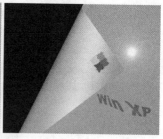

图 10.21　前后效果对比

- Controls(控制)：用于设置图像卷页的类型。其中提供了 Classic UI(典型 UI)、Top Left Corner(左上角)、Top Right Corner(右上角)、Bottom Left Corner(左下角)、Bottom Right Corner(右下角)类型。

- Fold Position(折叠位置)：设置书页卷起的程度，在合适的位置添加关键帧可以产生书页翻动的效果。

- Fold Direction(折叠方向)：设置树叶卷起的方向。

- Fold Radius(折叠半径)：设置折叠时的半径大小。

- Light Direction(光方向)：设置折叠时产生光的方向。

- Render(渲染)：在右侧的下拉列表中可以选择一种方式来设置渲染部位，包括 Front&Back Page(前页和背页)、Back Page(背页)和 Front Page(前页)3 个选项。

- Back Page(背页)：从右侧的下拉列表中可以选择一个层，作为背页的图案。这里的层是当前时间线上的某一层。

- Back Opacity(背页不透明)：用于设置卷起时背页的不透明度。

- Paper Color(纸张颜色)：设置纸张的颜色。

10.1.8　CC Power Pin(CC 动力角)特效

CC Power Pin(CC 动力角)特效主要通过为图像添加 4 个边角控制点来对图像进行变形操作。通过该特效可以制作出透视效果。该特效的参数及前后效果对比如图 10.22 和图 10.23 所示。

图 10.22　CC 动力角特效参数　　　　图 10.23　前后效果对比

- Top Left(左上角)：用于设置左上角的控制点的位置。

- Top Right(右上角)：用于设置右上角的控制点的位置。

- Bottom Left(左下角)：用于设置左下角的控制点的位置。

- Bottom Right(右下角)：用于设置右下角的控制点的位置。

- Perspective(透视)：用于设置图像的透视强度。

- Expansion(扩充)：用于设置变形后边缘的扩充程度。

10.1.9　CC Ripple Pulse(CC 涟漪扩散)特效

CC Ripple Pulse(CC 涟漪扩散)特效主要用来模拟波纹涟漪扩散的效果，该特效参数及前后效果对比如图 10.24 和图 10.25 所示。

- Center(中心)：设置波纹变形中心的位置。

- Pulse Level(Animate)(脉冲等级)：设置波纹扩散的程度，数值越大效果越明显。

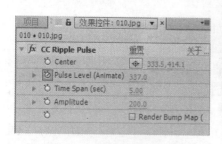

图 10.24　CC 涟漪扩散特效参数　　　　　图 10.25　前后效果对比

- Time Span(sec)(时间长度秒)：用于设置涟漪扩散每次出现的时间跨度，当值为 0 时没有波纹效果。
- Amplitude(振幅)：用于设置波纹涟漪的振动幅度。
- Render Bump Map(RGBA)(渲染贴图)：当勾选该复选框时不显示背景贴图。

10.1.10　CC Slant(CC 倾斜)特效

CC Slant(CC 倾斜)特效可以使对象产生平行倾斜，其特效参数如图 10.26 所示，添加效果前后对比如图 10.27 所示。

图 10.26　CC 倾斜特效参数　　　　　图 10.27　前后效果对比

- Slant(倾斜)：用于设置图像的倾斜程度。
- Streching(拉伸)：勾选该复选框，可以将倾斜后的图像展开。
- Height(高度)：用于设置图像的高度。
- Floor(地面)：用于设置图像距离视图底部的距离。
- Set Color(设置颜色)：勾选该复选框，可以为图像进行填充颜色。
- Color(颜色)：指定填充的颜色，此选项只有在勾选 Set Color(设置颜色)复选框时才可以使用。

10.1.11　CC Smear(CC 涂抹)特效

CC Smear(CC 涂抹)特效是在原图像中设置控制点的位置，并通过调整该特效属性参数来模拟手指在图像中进行涂抹的效果，其参数和效果对比如图 10.28 和图 10.29 所示。

图 10.28　CC 涂抹特效参数　　　　　　　图 10.29　前后效果对比

● From(开始点)：设置涂抹开始点的位置。

● To(结束点)：设置涂抹结束点的位置。

● Reach(涂抹范围)：设置开始点与结束点之间涂抹的范围，如图 10.30 所示分别是 50 时和 100 时不同的效果。

50时的效果　　　　　　　　　　100时的效果

图 10.30　设置不同涂抹范围时的效果

● Radius(涂抹半径)：设置涂抹半径的大小，如图 10.31 所示为设置不同半径时的效果。

80时效果　　　　　　　　　　200时效果

图 10.31　设置不同半径时的效果

10.1.12　CC Split(CC 分割)特效与 CC Split2(CC 分割 2)特效

CC Split(CC 分割)特效可以使对象在两个分裂点之间产生分裂，以达到想要的效果，该特效参数和效果对比如图 10.32 和图 10.33 所示。

● Point A(分割点 A)：设置分割点 A 的位置。

● Point B(分割点 B)：设置分割点 B 的位置。

● Split(分裂)：设置分裂的大小，数值越大则两个分裂点的分裂口越大。

CC Split2(CC 分割 2)特效的使用方法与 CC Split(CC 分割)特效相同，该特效参数和应用特效对比如图 10.34 和图 10.35 所示。

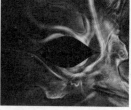

图 10.32　CC 分割特效参数　　　　图 10.33　前后效果对比

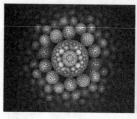

图 10.34　CC Split2 特效参数　　　　图 10.35　前后效果对比

10.1.13　CC Tiler(CC 平铺)特效

CC Tiler(CC 平铺)特效可以使图像经过缩放后，在不影响原图像品质的前提下，快速地布满整个合成窗口。该特效的参数及效果如图 10.36 和图 10.37 所示。

图 10.36　CC 平铺特效参数　　　　图 10.37　前后效果对比

- Scale(缩放)：设置拼贴图像的多少。
- Center(拼贴中心)：设置图像拼贴的中心位置。
- Blend w.Original(混合程度)：用于调整拼贴后的图像与原图像之间的混合程度，值越大越清晰，如图 10.38 所示。

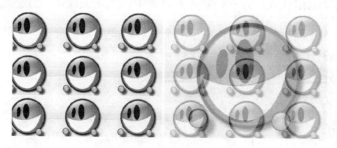

图 10.38　设置混合程度

10.1.14　【贝塞尔曲线变形】特效

【贝塞尔曲线变形】特效通过调整围绕图像四周的贝塞尔曲线来对图像进行扭曲变形。该特效参数如图 10.39 所示。使用贝塞尔曲线变形特效制作的效果如图 10.40 所示。

图 10.39　特效参数

图 10.40　前后效果对比

- 【上左/右上/下右/左下顶点】：分别用于调整图像 4 个边角上的顶点位置。
- 【上左/上右/右上/右下/下右/下左/左下/左上切点】：分别用于调整相邻顶点之间曲线的形状。每个顶点都包含有两条切线。
- 【品质】：用于设置图像弯曲后的品质。

10.1.15　【边角定位】特效

【边角定位】特效是通过改变图像 4 个角的位置来进行变形，也可以用来模拟拉伸、收缩、倾斜、透视等效果。该特效参数如图 10.41 所示。使用边角定位特效制作的效果如图 10.42 所示。

图 10.41　边角定位特效参数

图 10.42　前后效果对比

- 【左上】：用于定位左上角的位置。
- 【右上】：用于定位右上角的位置。
- 【左下】：用于定位左下角的位置。
- 【右下】：用于定位右下角的位置。

10.1.16　【变换】特效

【变换】特效可以对图像的位置、尺寸、不透明度等进行综合调整，以使图像产生扭曲变形效果。该特效参数及前后效果如图 10.43 和图 10.44 所示。

- 【锚点】：设置图像中线定位点坐标。
- 【位置】：设置图像的位置。
- 【统一缩放】：勾选该复选框，对图像的宽度和高度进行等比例缩放。

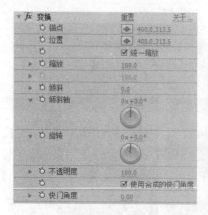

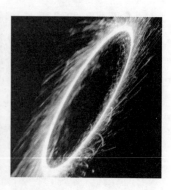

图 10.43　变换特效参数　　　　　　　　　　图 10.44　前后效果对比

- 【缩放】：设置图像的缩放比例。当取消【统一缩放】复选框的勾选时，缩放将变为【高度比例】和【宽度比例】两项，可以分别设置图像的高度和宽度的缩放比例，将【高度比例】和【宽度比例】分别设置为 50 和 100 时的效果如图 10.45 所示。

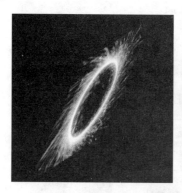

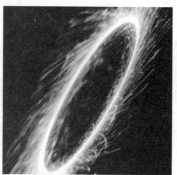

图 10.45　设置不同比例时的效果

- 【倾斜】：用于设置图像的倾斜度。
- 【倾斜轴】：用于设置图像倾斜轴线的角度。
- 【旋转】：用于设置图像的旋转角度。
- 【不透明度】：用于设置图像的透明度。
- 【使用合成的快门角度】：勾选该复选框，使用合成窗口中的快门角度，否则使用特效中设置的角度作为快门角度。
- 【快门角度】：快门角度的设置，将决定运动模糊的程度。

10.1.17　【变形】特效

　　【变形】特效可以使对象图像产生不同形状的变化，如弧形、鱼形、膨胀、挤压等，其参数及效果如图 10.46 和图 10.47 所示。

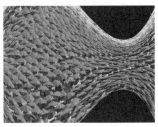

图 10.46　变形特效参数　　　　　　　　　图 10.47　前后效果对比

- 【变形样式】：设置图像的变形样式，包括弧形、下弧形、上弧形等。
- 【变形轴】：设置变形对象以水平或垂直轴变形。
- 【弯曲】：设置图像的弯曲程度，数值越大则图像越弯曲，如图 10.48 所示为不同数值时变形的不同效果。

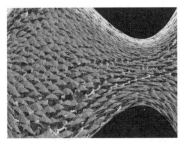

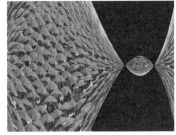

图 10.48　不同弯曲度的效果

- 【水平扭曲】：设置水平方向的扭曲度。
- 【垂直扭曲】：设置垂直方向的扭曲度。

10.1.18　【变形稳定器 VFX】特效

【变形稳定器 VFX】特效用来稳定运动。它可以消除因为摄像机移动导致的抖动，使得可以将抖动的手持式素材转换为稳定的平滑的拍摄。将效果添加到图层后，对素材的分析立即在后台开始。当分析开始时，两个横幅中的第一个将显示在【合成】面板中以指示正在进行分析，如图 10.49 所示。当分析完成时，第二个横幅将显示一条消息，指出正在进行稳定，如图 10.50 所示。

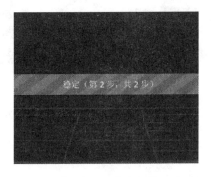

图 10.49　分析文件　　　　　　　　　　　图 10.50　稳定文件

- 【分析】：首次应用变形稳定器时不需要按此按钮，系统会自动按此按钮。【分析】按钮将保持为灰显的，直至发生某个更改。
- 【取消】：取消正在进行的分析。在分析期间，状态信息将显示在【取消】按钮旁边。
- 【稳定】：用于调整稳定流程。
  - ◆ 【结果】：控制素材的预期结果，包括【平滑运动】和【无运动】两种。
  - ◆ 【平滑度】：选择在多大程度上对摄像机的原始运动进行稳定。较低的值将更接近于摄像机的原始运动，而较高的值将更加平滑。高于 100 的值需要对图像进行更多裁切。当【结果】设置为【平滑运动】时启用。
  - ◆ 【方法】：指定变形稳定器对素材执行的用来稳定素材的最复杂操作，包括【位置】、【位置、缩放、旋转】、【透视】、【子空间变形】4 种。
  - ◆ 【保持缩放】：当勾选该复选框时，阻止变形稳定器尝试通过缩放调整来调整向前和向后的摄像机运动。
- 【边界】：设置调整为被稳定的素材处理边界(移动的边缘)的方式。
  - ◆ 【取景】：控制边缘在稳定结果中如何显示，包括【仅稳定】、【稳定、裁剪】、【稳定、裁剪、自动缩放】、【稳定、人工合成边缘】四种。
  - ◆ 【自动缩放】：显示当前的自动缩放量，并允许对自动缩放量设置限制。通过将【取景】设置为【稳定、裁切、自动缩放】可启用自动缩放。
    - ■ 【最大缩放】：限制为进行稳定而将剪辑放大的最大量。
    - ■ 【动作安全边距】：当为非零值时，指定围绕在图像边缘的不希望其可见的一个边框。因此，自动缩放不会尝试对其进行填充。
  - ◆ 【其他缩放】：使用与在【变换】下使用【缩放】属性相同的结果放大剪辑，但是避免对图像进行额外的重新取样。

10.1.19 【波纹】特效

【波纹】特效可以在图像上模拟波纹效果，其参数及前后效果如图 10.51 和图 10.52 所示。

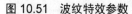

图 10.51 波纹特效参数

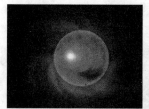

图 10.52 前后效果对比

- 【半径】：用于设置波纹的半径大小。数值越大效果就越明显。
- 【波纹中心】：用于设置波纹效果的中心位置。
- 【转换类型】：用于设置波纹的类型。其中提供了【对称】、【不对称】2 种类型。

- 【波形速度】：用于设置波纹扩散的速度。当值为正时，波纹向外扩散；当值为负时，向内扩散。
- 【波形宽度】：用于设置两个波峰间的距离。
- 【波形高度】：用于设置波峰的高度。
- 【波纹相】：用于设置波纹的相位。利用该选项可以制作波纹动画。

10.1.20 　【波形变形】特效

【波形变形】特效可以使图像产生一种类似水波浪的扭曲效果，该特效参数设置及前后效果如图 10.53 及图 10.54 所示。

图 10.53　波形变形特效参数

图 10.54　前后效果对比

- 【波浪类型】：用于设置波纹的类型。其中提供了【正弦】、【锯齿】、【半圆形】等 9 种类型。如图 10.55 所示从左向右依次为【正弦】和【锯齿】类型效果。

图 10.55　【正弦】和【锯齿】效果

- 【波形高度】：用于设置波形的高度。
- 【波形宽度】：用于设置波形的宽度。
- 【方向】：用于设置波浪弯曲方向。
- 【波形速度】：用于设置波形的移动速度。
- 【固定】：用于设置图像中不产生波形效果的区域。其中提供了【无】、【所有边缘】、【左边】、【底边】等 9 种。
- 【相位】：用于设置波形的位置。
- 【消除锯齿(最佳品质)】：用于设置波形弯曲效果的渲染品质。其中提供了【低】、【中】、【高】3 种。

10.1.21 【放大】特效

【放大】特效是在不损害图像的情况下，将局部区域进行放大，并可以设置放大后的画面与原图像的混合模式。该特效参数及前后效果对比如图 10.56 和图 10.57 所示。

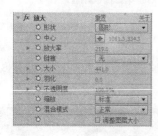

图 10.56 放大特效参数   图 10.57 前后效果对比

- 【形状】：用于选择放大区域将以哪种形状显示。其中包括【圆形】和【正方形】两种。
- 【中心】：用于设置放大区域中心在原图像中的位置。
- 【放大率】：用于调整放大镜的倍数，数值越大，放大倍数越大。
- 【链接】：用于设置放大镜与放大镜的倍数的关系，包括【无】、【大小至放大率】、【大小和羽化至放大率】3 个选项。
- 【大小】：用于设置放大镜的大小。
- 【羽化】：用于设置放大镜的边缘柔化程度。
- 【不透明度】：用于设置放大镜的透明程度。
- 【缩放】：从右侧的下拉列表中可以选择一种缩放的比例设置，包括【标准】、【柔和】、【散布】3 个选项。
- 【混合模式】：从右侧的下拉列表中选择放大区域与原图的混合模式，与层模式设置相同。
- 【调整图层大小】：勾选该复选框可以调整图层的大小。

10.1.22 【改变形状】特效

【改变形状】特效可以借助几个遮罩，通过该层中的多个遮罩，重新限定图像的形状，并产生变形效果。其特效参数及前后效果对比如图 10.58 和图 10.59 所示。

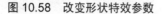

图 10.58 改变形状特效参数   图 10.59 前后效果对比

- 【源蒙版】：在右侧的下拉列表中选择要变形的遮罩。
- 【目标蒙版】：用于产生变形目标的蒙版。
- 【边界蒙版】：从右侧的下拉列表中可以指定变形的边界蒙版区域。
- 【百分比】：用于设置变形效果的百分比。
- 【弹性】：用于设置原图像与遮罩边缘的匹配度。其中提供了【生硬】、【正常】、【松散】、【液态】等 9 种选项。
- 【对应点】：用于显示源蒙版和目标蒙版对应点的数量，对应点越多，渲染时间越长。
- 【计算密度】：在右侧的下拉列表中可以选择【分离】、【线性】、【平滑】特性。

10.1.23　【光学补偿】特效

【光学补偿】特效用来模拟摄影机的光学透视效果。其参数及效果对比如图 10.60 和图 10.61 所示。

图 10.60　光学补偿特效参数　　　　　图 10.61　前后效果对比

- 【现场(FOV)】：用于设置镜头的视野范围。数值越大，光学变形程度越大。
- 【反转镜头扭曲】：勾选该复选框则镜头的变形效果反向处理。
- 【FOV 方向】：用于设置视野区域的方向，其中提供了【水平】、【垂直】和【对角】3 种方式。
- 【视图中心】：用于设置视图中心点的位置。
- 【最佳像素(反转无效)】：选中该复选框，将对变形的像素进行最佳优化处理。
- 【调整大小】：用于调节反转效果的大小。当勾选【镜头扭曲反转】复选框后才有效。

10.1.24　【果冻效应修复】特效

【果冻效应修复】特效采用一次一行扫描线的方式来捕捉视频帧。因为扫描线之间存在滞后时间，所以图像的所有部分并非恰好是在同一时间录制的。如果摄像机在移动或者目标在移动，则果冻效应会导致扭曲，可以通过果冻效应修复特效来清除这些扭曲的伪像。其参数和前后效果对比如图 10.62 和图 10.63 所示。

图 10.62　果冻效应修复特效参数　　　　　　　图 10.63　前后效果对比

- 【果冻效应率】：指定作为扫描时间的帧速率的百分比。DSLR 似乎介于 50% 至 70% 之间，iPhone 则接近 100%。调整此值，直到扭曲的线变为垂直线。
- 【扫描方法】：指定执行果冻效应扫描的方向，系统提供了 4 种扫描的方法。大多数摄像机沿传感器从上到下扫描。
- 【高级】：设置果冻效应修复的高级设置。
  - 【方法】：可以对其指定修复的方法，这里包括【变形】和【像素运动】两种。
  - 【详细分析】：勾选该复选框可以对变形执行详细的分析，此选型只适用于【变形】。
  - 【像素运动细节】：指定光流矢量场计算的详细程度。当使用【像素运动】方法时可用。

10.1.25　【极坐标】特效

【极坐标】特效可以将图形的直角坐标系和极坐标之间互相转换，从而产生变形效果。该特效参数及前后效果对比如图 10.64 和图 10.65 所示。

图 10.64　极坐标特效参数　　　　　　　　　图 10.65　前后效果对比

- 【插值】：用来设置应用极坐标时的扭曲变形程度。
- 【转换类型】：用来切换坐标类型，可以从右侧的下拉列表中选择转换类型，系统提供了【矩形到极线】和【极线到矩形】两种类型。

10.1.26　【镜像】特效

【镜像】特效可以按照指定的反射点对称的直线，并以该直线产生镜面效果，制作出镜像效果，其参数及前后效果对比如图 10.66 和图 10.67 所示。

图 10.66　镜像特效参数

图 10.67　前后效果对比

- 【反射中心】：用来设置反射中心点的坐标位置。
- 【反射角度】：用来调整反射的角度，即反射点对称直线的角度。

10.1.27　【偏移】特效

　　【偏移】特效通过在原图像范围内分割并重组画面来创建图像偏移效果。该特效参数及前后效果对比如图 10.68 和图 10.69 所示。

图 10.68　偏移特效参数

图 10.69　前后效果对比

- 【将中心转换为】：用来调整偏移中心位置。
- 【与原始图像混合】：设置偏移图像与原始图像间的混合程度，值为 100%时显示原始图像。

10.1.28　【球面化】特效

　　【球面化】特效主要使图像产生球形化的效果。该特效的参数及前后效果对比如图 10.70 和图 10.71 所示。

- 【半径】：设置变形球面化的半径。
- 【球面中心】：设置变形球体的中心位置坐标。

图 10.70　球面化特效参数

图 10.71　前后效果对比

10.1.29 【凸出】特效

【凸出】特效是通过设置透视中心点位置、区域大小来对该区域进行膨胀、收缩的扭曲效果。可以用来模拟透过气泡或放大镜的效果。该特效参数及前后效果对比如图 10.72 和图 10.73 所示。

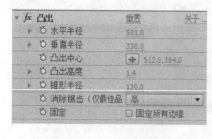

图 10.72　凸出特效参数　　　　　　　　　　图 10.73　前后效果对比

- 【水平半径】：用于设置水平方向膨胀效果的半径。
- 【垂直半径】：用于设置垂直方向膨胀效果的半径。
- 【凸出中心】：用于设置膨胀效果的中心点位置。
- 【凸出高度】：用于设置产生扭曲效果的程度。正值为凸，负值为凹。
- 【锥形半径】：用于设置产生变形效果的半径。
- 【消除锯齿(仅最佳品质)】：用于设置变形效果的品质。其中提供了【低】和【高】2 种。
- 【固定】：勾选其右侧的【固定所有边缘】复选框，将不对扭曲效果的边缘产生变化。

10.1.30 【湍流置换】特效

【湍流置换】特效主要利用分形噪波对整个图像产生扭曲变形的效果。该特效参数及前后效果对比如图 10.74 和图 10.75 所示。

- 【置换】：用于选择置换的方式。其中提供了【紊乱】、【凸出】、【扭曲】等 9 种方式。
- 【数量】：用于设置扭曲变形程度。数值越大，变形效果越明显。如图 10.76 所示是数量为 50 和 100 时不同的效果。
- 【大小】：用于设置对图像变形的范围，如图 10.77 所示是大小为 50 和 100 时的效果。

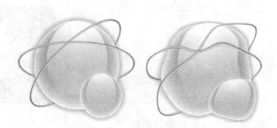

图 10.74　湍流置换特效参数　　　　　　　　图 10.75　前后效果对比

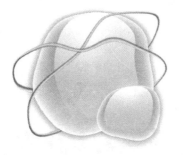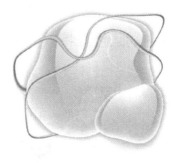

图 10.76　不同数量时的不同效果

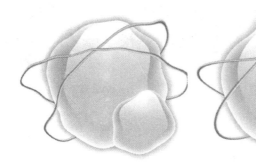

图 10.77　不同大小时的不同效果

● 　【偏移(湍流)】：用于设置扭曲变形效果的偏移量。
● 　【复杂度】：用于设置扭曲变形效果中的细节。数值越大，变形效果越强烈，细节也就越精确。如图 10.78 所示是复杂度为 1 和 10 时不同的效果。

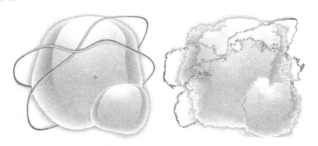

图 10.78　不同复杂度时的不同效果

● 　【演化】：用于设置随着时间的变化产生的扭曲变形的演进效果。
● 　【演化选项】：对演化进行设置。
　　◆　　【循环演化】：当勾选该复选框时，演化处于循环状态。
　　◆　　【循环(旋转次数)】：设置循环时的旋转次数。
● 　【固定】：用于设置边界的固定，其中提供了【无】、【全部固定】、【水平固定】等 15 种。
● 　【调整图层大小】：用于调整图层的大小，当【固定】处于【无】状态时此选项才可用。
● 　【消除锯齿(最佳品质)】：用于选择置换效果的质量。其中提供了【低】和【高】两种。

10.1.31 【网格变形】特效

【网格变形】特效是通过调整网格化的曲线来控制图像的弯曲效果。在设置好网格数量后，在【合成】窗口中通过鼠标拖曳网格上的节点来进行弯曲。该特效参数如图 10.79 所示。使用网格弯曲特效制作的效果如图 10.80 所示。

图 10.79　网格变形特效参数　　　　　　图 10.80　前后效果对比

- 【行数】：用于设置网格的行数。
- 【列数】：用于设置网格的列数。
- 【品质】：用于设置图像进行渲染的品质。数值越大，品质越高，渲染时的时间也越长。
- 【扭曲网格】：通过添加关键帧来创建网格弯曲的动画效果。

10.1.32 【旋转扭曲】特效

【旋转扭曲】特效可以使图像产生一种沿指定中心旋转变形的效果。该特效参数及前后效果对比如图 10.81 和图 10.82 所示。

图 10.81　旋转扭曲特效参数　　　　　　图 10.82　前后效果对比

- 【角度】：用于设置图像的旋转角度，当值为正数时，按顺时针旋转，当值为负数时，按逆时针旋转。如图 10.83 所示是值为正负效果时的变化。

图 10.83　正负时的顺逆变化

● 【旋转扭曲半径】：设置图像旋转的半径。

● 【旋转扭曲中心】：设置图像旋转的中心坐标。

10.1.33　【液化】特效

【液化】特效可以对图像进行涂抹、膨胀、收缩等变形操作。液化特效参数及前后效果对比如图 10.84 和图 10.85 所示。

图 10.84　液化特效参数　　　　　　　　图 10.85　前后效果对比

● 【工具】：在该选项下提供了多种液化工具供用户选择。

　　◆ 【变形工具】按钮：以模拟手指涂抹的效果。选择该工具，在图像中单击并进行拖曳，如图 10.85 所示。

　　◆ 【湍流工具】按钮：该工具可以使图像产生无序的波动效果。

　　◆ 【顺时针旋转工具】按钮、【逆时针旋转工具】按钮：对图像像素进行顺时针或逆时针旋转。选择该工具后在图像中按住鼠标左键不放即可进行变形操作。如图 10.86 和图 10.87 所示为顺时针和逆时针的不同效果。

图 10.86　顺时针旋转效果　　　　　　　图 10.87　逆时针旋转效果

　　◆ 【凹陷工具】按钮：该工具可以将图像像素向画笔中心处收缩，如图 10.88 所示为卡通人物头部前后效果对比。

　　◆ 【膨胀工具】按钮：功能与【凹陷工具】相反。是以画笔中心处向外膨胀，其效果卡通人物头部如图 10.89 所示。

　　◆ 【转移像素工具】按钮：沿着与绘制方向相垂直的方向移动图像素材，如图 10.90 所示。

　　◆ 【反射工具】按钮：在画笔区域中复制周围的图像像素。

　　◆ 【仿制工具】按钮：使用该工具可以复制变形效果。按住 Alt 键在需要的变形效果上单击，然后松开 Alt 键，并在要应用效果的位置单击即可。

◆ 【重建工具】按钮 ：使用该工具可以将变形的图像恢复到原始时的样子。

图 10.88 使用【凹陷工具】前后效果对比

图 10.89 使用【膨胀工具】后的效果　　　　　　图 10.90 移动图像素材

● 　【工具选项】：主要设置画笔大小及画笔硬度。
　　◆ 　【画笔大小】：用于设置画笔的大小。
　　◆ 　【画笔压力】：用于设置画笔产生变形的效果。数值越大时，变形效果越明显。
　　◆ 　【冻结区域蒙版】：用于设置不产生变形效果区域的遮罩层。
　　◆ 　【湍流抖动】：用于设置产生紊乱的程度。数值越大，效果也就越明显。只有选择【湍流工具】时，该项才被激活。
　　◆ 　【仿制位移】：当选择【仿制工具】时被激活。勾选【对齐】复选框，在复制进行可对齐相应位置。
　　◆ 　【重建模式】：当选择【恢复工具】时被激活。用于设置图像恢复方式。其中提供了【恢复】、【置换】、【放大扭曲】和【反射】4 种。
● 　【视图选项】：主要对图像对象视图进行设置，包括【扭曲网格】、【扭曲网格位移】。
　　◆ 　【扭曲网格】：设置关键帧来记录网格的变形动画。
　　◆ 　【扭曲网格位移】：设置扭曲网格中心点位置坐标。
● 　【扭曲百分比】：用于设置图形扭曲的百分比。

10.1.34 【置换图】特效

　　【置换图】特效可以指定一个图层作为置换层，应用贴图置换层的某个通道值对图像进行水平或垂直方向的变形。该特效参数及前后效果如图 10.91 和图 10.92 所示。

图 10.91　置换图特效参数　　　　　　　　　图 10.92　置换图特效

- 【置换图层】：设置置换的图层。
- 【用于水平置换】：分别用于选择映射层对本层水平方向，其中提供了【红色】、【绿色】、【蓝色】等 11 种。
- 【最大水平置换】：设置水平变形的程度。
- 【用于垂直置换】：分别用于选择映射对本层垂直方向，其中提供了【红色】、【绿色】、【蓝色】等 11 种。
- 【最大垂直置换】：设置垂直变形的程度。
- 【置换图特性】：在右侧的下拉列表中，可以选择一种置换的方式，系统提供了【中信图】、【伸缩对应图以适应】和【拼贴图】3 种置换方式。
- 【边缘特性】：勾选【像素回绕】复选框将覆盖边缘像素。
- 【扩展输出】：勾选该复选框，使用扩展输出。

10.1.35　【漩涡条纹】特效

【漩涡条纹】特效是通过一个蒙版来定义图像的变形，通过另一个蒙版来定义特效的范围，通过改变蒙版位置和蒙版旋转产生一个类似遮罩特效生成框，通过改变百分比来实现特效的生产。其漩涡条纹特效参数及前后效果如图 10.93 和图 10.94 所示。

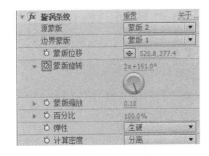  

图 10.93　漩涡条纹特效参数　　　　　　　　图 10.94　前后对比效果

- 【源蒙版】：从右侧的下拉列表中选择可以产生变形的蒙版。
- 【边界蒙版】：从右侧的下拉列表中可以指定变形的边界蒙版的范围。
- 【蒙版位移】：用于设置生成特效偏移的位置。
- 【蒙版旋转】：用于设置特效生产的旋转角度。
- 【蒙版缩放】：用于设置特效生产框的大小。
- 【百分比】：用于设置漩涡条纹特效的百分比程度。

- 【弹性】：用于控制图像与特效条纹的过渡程度，在其右侧的下拉列表中可以选择一种弹性特效。
- 【计算密度】：用于设置特效变形的过渡方式，从右侧的下拉列表中可以选择一种方式包括【分离】、【线性】和【平滑】3 种方式。

10.2 透 视 特 效

透视特效主要是用来模拟各种三维透视效果的一组特效。该特效包含【3D 摄像机跟踪器】、【3D 眼镜】、【CC 圆柱体】、【斜角边】等 10 种类型。

10.2.1 【3D 摄像机跟踪器】特效

【3D 摄像机跟踪器】特效可以模仿 3D 摄像机对动画进行跟踪拍摄，其特效参数如图 10.95 所示。

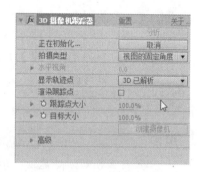

图 10.95 3D 摄像机跟踪器特效参数

- 【分析】：当对导入的视频加入特效显示时对视频进行分析。
- 【取消】：当对对象进行分析时，如果需要停止分析，可以单击【取消】按钮。
- 【拍摄类型】：在右侧的下拉列表中可以选择相应的拍摄类型，系统提供了【视图的固定角度】、【水平视角】和【指定视角】3 种类型。
- 【水平视角】：设定水平视角的角度，当拍摄类型为【指定视角】时才可用。
- 【显示轨迹点】：设置视频的显示方式，包括【2D 源】和【3D 已解析】。
- 【渲染跟踪点】：当勾选该复选框时，可以渲染设置的跟踪点。
- 【跟踪点大小】：用于设置跟踪点的大小。
- 【目标大小】：用于设置目标的大小。
- 【创建摄像机】：单击该按钮，可以在【合成】面板中设定摄像机。
- 【高级】：用于设置跟踪器的高级设置。

10.2.2 【3D 眼镜】特效

【3D 眼镜】特效主要是创建虚拟的三维空间，并将两个图层中的图像合到一个层中。该特效参数及前后效果如图 10.96 和图 10.97 所示。

图 10.96　3D 眼镜特效参数　　　　　　　图 10.97　前后对比效果

- 【左视图】：用于指定左边显示的图像层。
- 【右视图】：用于指定右边显示的图像层。
- 【场景融合】：用于设置左右两个视图的融合。
- 【垂直对齐】：用于设置垂直两个视图的融合。
- 【单位】：设置图像的单位，包括【像素】和【源的%】。
- 【左右互换】：勾选该复选框，将对左右两边的图像进行互换。
- 【3D 视图】：用于定义视图的模式。其中提供了【立体图像对】、【上下】、【隔行交错高场在左，低场在右】等 9 种模式。如图 10.98 所示从左向右依次为【立体图像对】、【左红右绿】、【平衡红蓝染色】模式效果。

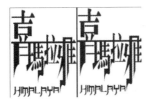  

图 10.98　不同的 3D 视图

- 【平衡】：用于设置【3D 视图】选项中平衡模式的平衡值。

10.2.3　CC Cylinder(CC 圆柱体)特效

CC Cylinder(CC 圆柱体)特效将二维图像模拟为三维圆柱体效果。该特效参数及前后效果对比如图 10.99 和图 10.100 所示。

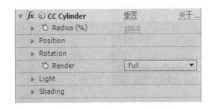  

图 10.99　CC 圆柱体特效参数　　　　　　图 10.100　前后对比效果

- Radius(半径)：用于设置模拟的轴圆柱体的半径，当半径为 100 和 200 时的不同效果如图 10.101 所示。
- Position(位置)：用于调节圆柱体在画面中的位置变化，其中包括 Position X(X 轴位置)、PositionY(Y 轴位置)和 PositionZ(Z 轴位置)，通过以上选项可以调节不同轴上的位置。

- Rotation(旋转)：设置圆柱体的旋转角度。
  - ◆ Render(渲染)：设置图像的渲染部位在右侧的下拉列表中可以设置渲染类型，包括 Full(全部)、Outside(外侧)和 Inside(内侧)3 种类型。
- Linger(光照)：设置光照。
  - ◆ Light Intensity(光强度)：用于设置照明灯光的强度，如图 10.102 所示是光强度为 100 和 200 时的不同效果。

图 10.101　不同半径的不同效果

图 10.102　不同光强度的效果

- ◆ Light Color(光颜色)：用于设置灯光的颜色。
- ◆ Light Higher(灯光高度)：用于设置灯光的高度。
- ◆ Light Direction(照明方向)：用于设置照明的方向。
- Shading(阴影)：用于设置图像的阴影。
  - ◆ Ambient(环境)：用于设置环境光的强度。数值越大模拟的圆柱体整体越亮，当数值为 100 和 200 时的效果如图 10.103 所示。

图 10.103　设置不同环境光强度时的不同效果

- ◆ Diffuse(扩散)：用于设置照明灯光的扩散程度。
- ◆ Specular(反射)：用于设置模拟圆柱体的反射强度。
- ◆ Roughness(粗糙度)：用于设置模拟圆柱体效果的粗糙程度。
- ◆ Metal(质感)：用于设置模拟圆柱体产生金属效果的程度。

10.2.4　CC Sphere(CC 球)特效

CC Sphere(CC 球)特效，将二维图像模拟成三维球体效果。该特效参数及前后效果如图 10.104 和图 10.105 所示。该特效中的参数与 CC 圆柱体特效中的参数大部分类似。

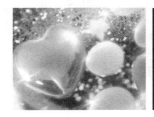 

图 10.104　CC 球特效参数　　　　　　　　图 10.105　前后对比效果

- Rotation(旋转)：设置图像对象在不同轴的旋转，包括 Rotation X(X 轴旋转)、Rotation Y(Y 轴旋转)和 Rotation Z(Z 轴旋转)。
- Radius(半径)：设置球体的半径。
- Offset(偏移)：设置球体的位置变换。
- Render(渲染)：用来设置球体的显示，在右侧的下拉列表中，可以根据需要选择 Full(整体)、Outside(外部)和 Inside(内部)中的任意一个。

10.2.5　CC Spotlight(CC 聚光灯)特效

CC Spotlight(CC 聚光灯)特效主要用来模拟聚光灯照射的效果。该特效参数及前后对比效果如图 10.106 和图 10.107 所示。

图 10.106　CC 聚光灯特效参数　　　　　　　图 10.107　前后对比效果

- From(开始)：用于设置聚光灯开始点的位置，可以控制灯光范围的大小。
- To(结束)：用于设置聚光灯结束点的位置。
- Height(高度)：模拟聚光灯照射点的高度。
- Cone Angle(边角)：用于调整聚光灯照射的范围，当将边角设置为 10 和 20 时的不同效果如图 10.108 所示。
- Edge Softness(边缘柔化)：用于设置聚光灯效果边缘的柔化程度。数值越大边缘越模糊，如图 10.109 所示。
- Intensity(亮度)：用于设置灯光以外部分的不透明度。
- Render(渲染)：在右侧的下拉列表中可以设置不同的渲染类型。

- Gel Layer(滤光层)：用于选择聚光灯的滤光层。当选择 Gel Only(仅滤光)、Gel Add(增加滤光)、Gel Add+(增加滤光+)和 Gel Showdown(滤光阴影)中的任意一项时就可以激活该选项，

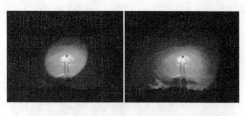

图 10.108　设置边角不同效果　　　　图 10.109　设置边缘柔化不同效果

10.2.6　【边缘斜面】特效

【边缘斜面】特效通过对图像的边缘进行设置，使其产生立体效果。另外斜角边只能对矩形的图像产生效果。该特效参数及前后效果如图 10.110 和图 10.111 所示。

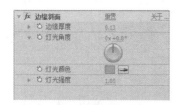

图 10.110　边缘斜面特效参数　　　　图 10.111　前后对比效果

- 【边缘厚度】：用于设置图像边缘的厚度。设置不同边缘厚度时的效果如图 10.112 所示。
- 【灯光角度】：用于调整照明灯光的方向。
- 【灯光颜色】：用于设置照明灯光的颜色。
- 【灯光强度】：用于设置照明灯光的强度。

图 10.112　设置不同边缘厚度的效果

10.2.7　【径向阴影】特效

【径向阴影】特效可以模拟灯光照射在图像上并从边缘向其背后呈放射状的阴影，阴

影的形状由图像的 Alpha 通道决定。该特效参数及前后对比效果如图 10.113 和图 10.114 所示。

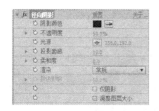

图 10.113　径向阴影特效参数　　　　　图 10.114　前后对比效果

- 【阴影颜色】：用于设置阴影的颜色。
- 【不透明度】：用于设置阴影的透明度。
- 【光源】：用于调整光源的位置。
- 【投影距离】：用于设置阴影的投射距离。
- 【柔和度】：用于设置阴影边缘的柔和程度。
- 【渲染】：用于选择不同的渲染方式。其中提供了【常规】、【玻璃边缘】2 种方式。
- 【颜色影响】：用于设置玻璃边缘效果的影响程度。
- 【仅阴影】：勾选该复选框将只显示阴影部分。
- 【调整图层大小】：勾选该复选框可以对图层图像的大小进行调整。

10.2.8　【投影】特效

【投影】特效与放射阴影特效的效果类似，阴影特效是在层的后面产生阴影，同时所产生的阴影形状也是由 Alpha 通道决定的。其参数及前后对比效果如图 10.115 和图 10.116 所示。

图 10.115　投影特效参数　　　　　图 10.116　前后对比效果

- 【阴影颜色】：用于选择阴影的颜色。
- 【不透明度】：用于设置阴影的透明度。
- 【方向】：用于调整阴影所产生的方向。
- 【距离】：用于设置阴影与图像的距离。
- 【柔和度】：用于设置阴影边缘的柔化程度。
- 【仅阴影】：勾选其右侧的【仅阴影】复选框将只显示阴影。

10.2.9 【斜面 Alpha】特效

【斜面 Alpha】特效是通过图像的 Alpha 通道使图像的边缘产生倾斜度，看上去就像三维的效果。其参数及前后效果如图 10.117 和图 10.118 所示。

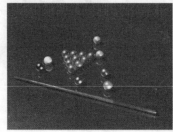

图 10.117　斜面 Alpha 特效参数 　　　　　　　　图 10.118　前后对比效果

- 【边缘厚度】：用于设置图像边缘的厚度。
- 【灯光角度】：用于调整照明灯光的方向。
- 【灯光颜色】：用于设置照明灯光的颜色。
- 【灯光强度】：用于设置照明灯光的强度。

10.3　上机实践——制作翻页动画

本例介绍翻页效果的制作，其中主要运用了一些 CC 卷页特效和一些文字预制动画，完成后的效果如图 10.119 所示。

图 10.119　翻页动画

(1) 启动 After Effects CC 软件，按 Ctrl+N 组合键，弹出【合成设置】对话框，将【合成名称】设置为"翻页动画"，将【宽度】设置为 780，将【高度】设置为 500，将【像素长宽比】设置为"方形像素"，将持续时间设置为 0:00:18:24，然后单击【确定】按钮，如图 10.120 所示。

(2) 按 Ctrl+I 组合键，在弹出的【导入文件】对话框中，选择随书附带光盘中 CDROM\素材\Cha10\045.jpg、046.jpg、047.jpg、048.jpg、049.jpg、050.mp3 素材，单击【导入】按钮，将其导入到【项目】面板中，如图 10.121 所示。

(3) 确认【时间指示器】在 0:00:00:00 的时间位置，在【项目】窗口中将导入的素材文件依次拖曳至【时间轴】面板，然后单击【046.jpg】层和【048.jpg】层左侧的 👁 按钮，将它们隐藏，如图 10.122 所示。

（4）在【时间轴】窗口中选择 045.jpg 层，在菜单栏中选择【效果】|【扭曲】|【CC 卷页】命令，为其添加 CC Page Turn 特效。在【特效控制台】窗口中将 Fold Radius(折叠半径)设置为 105，将 Light Direction(照明方向)设置为-50.0°，将 Back Page(背面)设置为 2.046.jpg，将 Back Opacity(背面透明度)设置为 100%，确认【时间指示器】在 0:00:02:12 的时间位置，将 Fold Position(折叠位置)设置为 756，489，并单击其左侧的 按钮，打开动画关键帧记录，如图 10.123 所示。

图 10.120　【合成设置】对话框

图 10.121　导入的素材文件

图 10.122　导入到【时间轴】面板

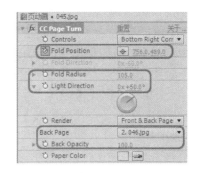

图 10.123　设置卷页效果

（5）确认【时间指示器】在 0:00:06:12 的时间位置，将 Fold Position(折叠位置)设置为-137，-788，如图 10.124 所示。

（6）选择 001.jpg 层的 CC Page Turn 特效属性，按 Ctrl+C 组合键进行复制，然后选择 003.jpg 层，按 Ctrl+V 组合键进行粘贴，将当前时间设置为 0:00:10:00 位置，然后将第 1 个关键帧移动到时间线的位置，如图 10.125 所示。

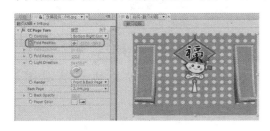

图 10.124　设置折叠位置

图 10.125　移动帧

（7）选择 047.jpg 层，在【特效控制台】面板中将 Back Page(背面)设置为 4.048.jpg，

如图 10.126 所示。

(8) 在工具栏中选择【横排文字工具】，在【合成】窗口中单击，插入光标后输入【2014 马年】。在【时间线】窗口中选择文字层，在【文字】窗口中，将字体设置为【经典粗仿黑】，将字体大小设置为 74，将填充色设置为黄色，并在【合成】窗口中调整文字的位置，如图 10.127 所示。

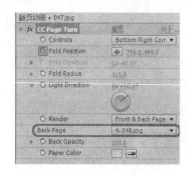

图 10.126　设置背面

图 10.127　设置文字

(9) 在【效果和预设】面板中的搜索框中输入【放大】，查找到【放大】文字预置动画效果，将其直接拖曳至文字层上，确认当前时间为 0:00:00:00，将【中心】设置为 (742，430.8)的开始位置，将【混合模式】设置为【无】，然后单击【中心】左侧的添加关键帧按钮，将当前时间设置为 0:00:02:17，将【中心点】的位置移动到文字"年"的后侧，如图 10.128 所示。

(10) 在工具栏中选择【竖排文字工具】，在【合成】窗口中单击，插入光标后输入【富贵吉祥年年在】。在【时间线】窗口中选择文字层，在【文字】窗口中，将字体设置为【经典隶变简】，将字体大小设置为 41，将填充色设置为黑色，并在【合成】面板中调整文字的位置，如图 10.129 所示。

图 10.128　设置【放大】

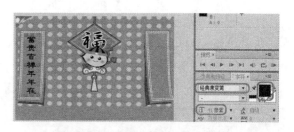

图 10.129　设置文字

(11) 选择上一步绘制的文字图并将其拖曳至 046.jpg 图层的下方，选择【径向擦除】效果添加到该图层上，如图 10.130 所示。

(12) 将当前时间设置为 0:00:06:15，选择【径向擦除】特效，将【过渡完成】设置为 100%，并单击其左侧的添加关键帧按钮，如图 10.131 所示。

(13) 将当前时间设置为 0:00:10:12 位置，将【径向擦除】特效下的【过渡完成】设置为 0，如图 10.132 所示。

(14) 将当前时间设置为 0:00:10:12，在【时间线】面板中选择【富贵吉祥年年在】图层下的【变换】|【不透明度】，并单击其左侧的添加关键帧按钮，如图 10.133 所示。

(15) 将当前时间设置为 0:00:13:06，将【变换】下的【不透明度】设置为 0，如图 10.134 所示。

(16) 在工具栏中选择【竖排文字工具】 ，在【合成】窗口中单击，插入光标后输入【如意财源滚滚来】。在【时间线】窗口中选择文字层，在【文字】面板中，将字体设置为"经典隶变简"，将字体大小设置为 41，将填充色设置为黑色，并在【合成】面板中调整文字的位置，如图 10.135 所示。

图 10.130　添加【径向擦除】效果

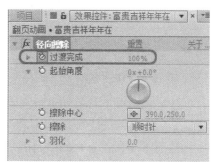

图 10.131　添加关键帧

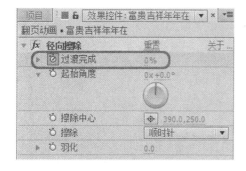

图 10.132　设置【过渡完成】

图 10.133　添加关键帧

图 10.134　设置【不透明度】

图 10.135　设置文字

(17) 选择上一步绘制文字图层并将其移动到 047.jpg 图层的上方，为其添加【径向擦除】特效，将当前时间设置为 0:00:06:15，在【效果控件】面板中将【过渡完成】设置为 100%，并将【擦除】设置为【逆时针】，然后单击【过渡完成】左侧的添加关键帧按钮，为其添加关键帧，如图 10.136 所示。

(18) 将当前时间设置为 0:00:10: 12，在【效果控件】面板中将【过渡完成】设置为 0，如图 10.137 所示。

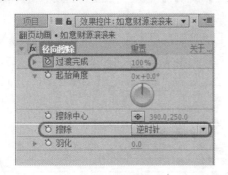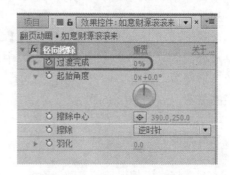

图 10.136　添加关键帧　　　　　　　　　图 10.137　设置【过渡完成】

(19) 确认当前时间为 0:00:10:12，在【时间线】面板中选择【如意财源滚滚来】图层下的【变换】|【不透明度】，并单击其左侧的添加关键帧按钮，如图 10.138 所示。

(20) 将当前时间设置为 0:00:11:16，将【变换】下的【不透明度】设置 0，如图 10.139 所示。

(21) 在工具栏中选择【横排文字工具】，在【合成】窗口中单击，插入光标后输入如图 10.140 所示的文字。

图 10.138　添加关键帧　　　　　　　　　图 10.139　设置【不透明度】

(22) 选择除【马年大吉】之外的文字，将字体设置为"方正行楷简体"，将字体大小设置 45，颜色设为黄色，选择【马年大吉】文字，将字体设置为"汉仪魏碑简"，将字体大小设置为 89，如图 10.141 所示。

图 10.140　输入文字　　　　　　　　　　图 10.141　设置文字

(23) 选择上一步绘制的文字图层，在【时间线】面板中将其拖曳至 049.jpg 图层的上方，并为其添加【百叶窗】特效，如图 10.142 所示。

(24) 将当前时间设置为 0:00:13:17，在【效果控件】面板中将【过渡完成】设置为 100%，然后单击其左侧的添加关键帧按钮，如图 10.143 所示。

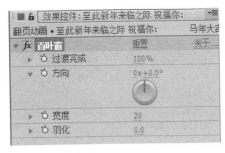

图 10.142　添加特效

图 10.143　添加关键帧

(25) 将当前时间设置为 0:00:16:17，将【百叶窗】特效的【过渡完成】设置为 0，然后单击其左侧的添加关键帧按钮，如图 10.144 所示。

图 10.144　添加关键帧

10.4　思考与练习

1. 什么特效可以模拟摄影机的光学透视效果？
2. 若发现视频有颤抖现象，利用什么特效可以帮助纠正？

第 11 章　第三方插件与渲染输出

　　After Effects CC 还可以兼容大量的第三方插件，利用丰富的插件可以实现更具视觉冲击效果的画面。After Effects CC 中提供了多种输出格式，方便了用户将制作的影片应用到不同的地方。渲染的效果直接影响到最终输出后的影片效果，所以用户一定要熟练掌握渲染技术，把握好最后一关，制作出精彩的效果。

11.1　第三方插件的应用

　　全世界有很多软件商和软件爱好者为 After Effects CC 编辑第三方插件，利用第三方插件可以基于软件本身产生更多、更强大的功能。用户安装了某个插件后可以像使用内置特效一样使用它。

11.1.1　了解插件

　　Plug-ins 被译为插件，它是遵循一定规范的应用程序接口编写出来的小程序。插件编写人员根据系统预定的接口编写插件，但在系统设计期间并不知道插件的具体功能，仅仅是在系统中为插件留下预定的接口。系统启动时根据插件的配置寻找插件，根据预定的接口把插件挂接到系统中。

　　After Effects CC 的插件存放在 After Effects CC 的安装目录下 Support Files 文件夹中的 Plug-ins 文件夹下，其扩展名为“.aex”。插件的安装一般有两种方式：一种是具有自带的安装程序，用户双击插件安装程序即可进行安装。另一种是扩展名为“.aex”的文件，将这些文件直接复制到 After Effects CC 安装目录下 Support Files\Plug-ins 文件夹下即可，如图 11.1 所示。

　　插件安装完成后启动 After Effects CC 软件，在【效果】菜单中或【效果和预设】面板中都可以找到安装的插件，如图 11.2 所示。

图 11.1　插件的安装路径

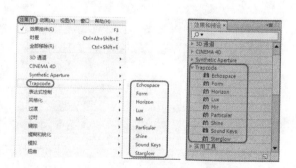

图 11.2　安装的插件

11.1.2　常用插件

TrapCode 公司推出的插件是 After Effects CC 中最为常用的插件类型。本节将对 TrapCode 提供的 Shine 和 Starglow 两个用来制作光效的插件进行介绍。

1．Shine 插件

Shine 插件是 TrapCode 公司提供的一款制作光效的插件。使用 Shine 插件可以快速制作出各种光线效果。安装完成 Shine 插件后，启动 After Effects CC 软件，在【效果】| Trapcode 子菜单中可以找到 Shine 特效。该特效参数如图 11.3 所示。为文字添加 Shine 特效后的效果如图 11.4 所示。

图 11.3　【Shine】特效参数　　　　图 11.4　为文字添加 Shine 特效效果

- Threshold(阈值)：用于调整原素材的黑白对比度。
- Use Mask(使用蒙版)：勾选该复选框将为原素材添加蒙版效果。勾选该复选框后，将激活其下方的 MaskRadius(蒙版半径)与 Mask Feather(蒙版羽化)两项。这两项分别用于设置蒙版的大小和边缘羽化，如图 11.5 所示。

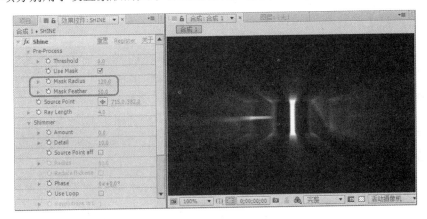

图 11.5　设置蒙版效果

- Source Point(发光点)：用于调整光线发射点的位置。如图 11.6 和图 11.7 所示为调整光线发射点位置后的效果。

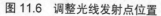

图 11.6　调整光线发射点位置　　　　图 11.7　调整光线发射点位置

- Ray Length(光线长度)：用于调整光线的长度，数值越大，光线越长。将其值分别设置为 2 和 5 的效果，如图 11.8 所示。

图 11.8　设置光线长度的效果

- Amount(幅度)：用于调整闪光效果的强弱。
- Detail(细节)：用于调整添加效果的光线细节。
- Source Point affects Shimmer(发光点影响闪光)：勾选该复选框，发光点将影响闪光的效果。勾选该复选框将激活其下方的 Radius(半径)与 Reduce flickering(减少闪烁)两项。其中 Radius(半径)用于设置闪光效果半径。勾选 Reduce flickering(减少闪烁)复选框将减少闪光产生的闪烁效果。
- Phase(阶段)：用于设置产生闪光效果的阶段。
- Use Loop(使用循环)：勾选该复选框，可使闪光产生循环效果。其下方的 Revolutions in Loop(循环旋转)用于调整闪光效果的次数。
- Boost Light(提高亮度)：用于设置光线的强度。数值越大，光线越强。
- Colorize(着色)：用于选择预置的颜色效果。其中提供了 One Color(单一颜色)、5-Color Gradient(五色颜色)、Fire(火焰)等 26 种。如图 11.9 所示从左向右依次为 Deepsea(深海)与 Desert Sun(沙漠太阳)效果。
- Base On(基于)：用于选择通道模式。其中提供了 Lightness(亮度)、Alpha、Red(红)等 7 种通道模式。
- Highlights(高光)、Mid High(中高)、Midtones(中间调)、Mid Low(中低)、

Shadows(阴影)：分用于设置高光、中高、中间调、中低、阴影等部分的颜色。

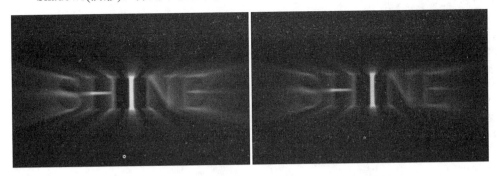

图 11.9　Deepsea(深海)与 Desert Sun(沙漠太阳)效果

- Edge Thickness(边缘厚度)：用于设置边缘的厚度。当将 Base On(基于)设为 Alpha Edges(Alpha 边缘)选项时才被激活。
- Source Opacity(来源不透明度)：用于设置来源素材的不透明度。当将 Transfer Mode(应用模式)设置为除 None(无)外的模式时才有效。
- Shine Opacity(光线不透明度)：用于设置光线的不透明度。
- Transfer Mode(应用模式)：用于设置光线与原素材的混合模式。其中提供了 None(无)、Normal(正常)、Add(叠加)等 18 种模式。如图 11.10 所示从左向右依次为 Multiply(相乘)与 Difference(差值)效果。

图 11.10　Multiply(相乘)与 Difference(差值)效果

2. Starglow 插件

Starglow 也是用于制作光效果的一种插件，它可以根据图像中的高光部分创建星光闪耀的效果。该特效的参数如图 11.11 所示。

- Preset(预设)：用于选择预置的星光效果。其中提供了 Red(红色)、Green(绿色)、Blue(蓝色)等 30 种预设效果。如图 11.12 所示为 Star Prism(星形棱镜)预设效果。
- Input Channel(输入通道)：用于选择特效基于的通道。其中提供了 Lightness(明亮)、Alpha、Red(红色)等 6 种。
- Threshold(阈值)：用于调整星光效果最小亮度值。值越大，星光效果区域的亮度要求就越高，效果就越少。将其值分别设置为 10 和 255 的效果如图 11.13 所示。

图 11.11　Starglow 特效参数

图 11.12　Star Prism(星形棱镜)效果

图 11.13　调整阈值效果

- Threshold Soft(阈值羽化)：用于调整高亮和低亮区域之间的柔和度。
- Use Mask(使用蒙版)：勾选该复选框，可以使用内置的圆形遮罩，如图 11.14 所示。
- Mask Rudius(蒙版半径)：用于设置遮罩的半径。
- Mask Feather(蒙版羽化)：用于设置遮罩的边缘羽化程度。
- Mask Position(蒙版位置)：用于设置遮罩的位置。
- Streak Length(光线长度)：用于调整光线散射的长度。
- Boost Light(提升亮度)：用于调整星光的亮度，如图 11.15 所示。
- Individual Lengths(各个方向光线长度)：通过调整该选项下的参数可以对各个方向上的光线长度进行调整，如图 11.16 所示。

图 11.14　蒙版效果

图 11.15　调整亮度　　　　　　　　　　　图 11.16　调整光线长度

- Individual Colors(各个方向颜色)：通过该选项下的参数可以选择各个方向上光线的颜色贴图。其中提供了 Colormap A(颜色贴图 A)、Colormap B(颜色贴图 B)、Colormap C(颜色贴图 C)3 种。
- Colormap A(颜色贴图 A)、Colormap B(颜色贴图 B)、Colormap C(颜色贴图 C)：分别用于调整颜色贴图 A、B、C 贴图中的颜色。
- Amount(数量)：用于调整微光的数量。
- Detail(细节)：用于调整微光的细节。
- Phase(阶段)：用于调整当前微光的相位，通过添加关键帧可以得到微光动画。
- Use Loop(循环)：勾选该复选框，可使微光产生循环效果。其下方的循环旋转用于调整循环情况下相位旋转的数目。
- Source Opacity(来源不透明度)：用于调整原素材的透明度。
- Starglow Opacity(星光不透明度)：用于调整星光效果的透明度。
- Transfer Mode(应用模式)：用于选择星光效果与原素材的混合模式。其中提供了 Normal(正常)、Add(叠加)、Hard Light(强光)等 18 种模式。如图 11.17 所示从左向右依次为 Difference(差值)效果和 Color Burn(颜色燃烧)效果。

图 11.17　Difference(差值)效果和 Color Burn(颜色燃烧)效果

11.2　设置渲染工作区

　　制作完成一部合成影片后，需要对其进行渲染输出。在 After Effects CC 中不但可以进行全部渲染输出，也可以只渲染影片的一部分，只需要在【时间轴】面板中设置渲染工作区即可。渲染工作区由【工作区域开头】和【工作区域结尾】来进行控制，如图 11.18 所示。

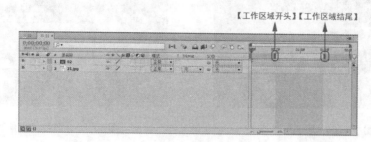

图 11.18　渲染工作区

11.2.1　手动调整渲染工作区

下面介绍如何手动调整渲染工作区，首先在【时间轴】面板中，将光标放置在【工作区域开头】位置处，当光标变为双向箭头时按住鼠标左键拖曳鼠标至合适位置后释放鼠标，即可修改工作区域开始点的位置，如图 11.19 所示。

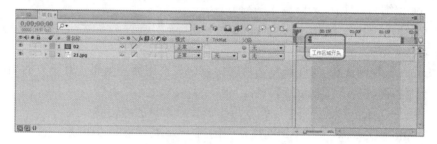

图 11.19　修改工作区域开始点

将光标放置在【工作区域结尾】位置处，当光标变为双向箭头时按住鼠标左键拖曳鼠标至合适位置后释放鼠标，即可修改工作区域结尾点的位置，如图 11.20 所示。调整完成后就可以只对工作区内的动画进行渲染。

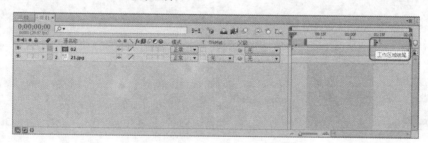

图 11.20　修改工作区域结尾点

> **提示**
>
> 我们也可以先将时间滑块调整至需要开始的时间处，在按住 Shift 键的同时拖曳【工作区域开头】至滑块位置，此时开始点可以精确吸附到滑块上，使用相同的方法设置结束位置，这样我们即可精确地控制开始和结束时间。

11.2.2　利用快捷键调整渲染工作区

使用快捷键进行调整的方法如下。

(1) 在【时间轴】面板中将时间滑块拖曳至需要开始的位置处，然后按 B 键，即可使【工作区域开头】吸附至时间滑块上。

(2) 在【时间轴】面板中将时间滑块拖曳至需要结束的位置处，然后按 N 键，即可使【工作区域结尾】吸附至时间滑块上。

11.3　开启【渲染队列】面板

完成影片的制作后，就可以对影片进行渲染输出。执行【合成】|【添加到渲染队列】命令，打开【渲染队列】面板，如图 11.21 所示。在【渲染队列】面板中，主要设置输出影片的格式，这也决定了影片的播放模式。

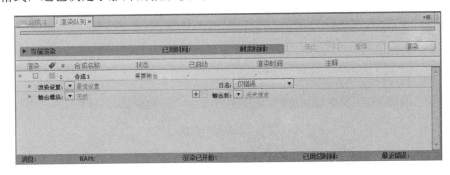

图 11.21　【渲染队列】面板

在【渲染队列】面板中可以设置每个项目的输出类型，每种输出类型都有独特的设置。渲染是一项重要的技术，熟悉渲染技术的操作是使用 After Effects CC 完成影片渲染输出的关键。

11.4　【渲染队列】面板参数介绍

11.4.1　渲染组

渲染组显示要进行渲染的合成列表以及合成的名称、状态、渲染时间等信息，并可以对其中参数进行设置。

1. 添加多个合成项目

(1) 在【项目】面板中选择多个合成文件，然后执行【合成】|【添加到渲染队列】命令，如图 11.22 所示。

(2) 设置完成后，此时【渲染队列】面板中就添加了刚选择的多个合成项目，如图 11.23 所示。

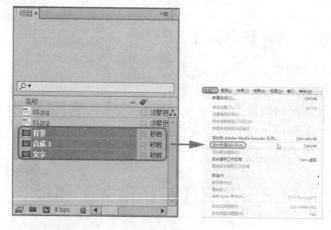

图 11.22　执行【添加到渲染队列】命令

图 11.23　添加多个合成项目

> **提 示**
>
> 　　除此方法外，我们还可以在【项目】面板中选择一个或多个合成文件，直接拖曳至【渲染队列】面板中。

2．调整渲染顺序

　　在添加了多个合成项目后，默认渲染顺序是自上而下依次渲染，如果需要修改渲染顺序，可以调整合成的位置。在渲染组中选择一个或多个合成项目，按住鼠标左键的同时拖曳鼠标至合适位置，当出现一条黑线时释放鼠标，即可调整合成位置，操作方法如图 11.24 所示。

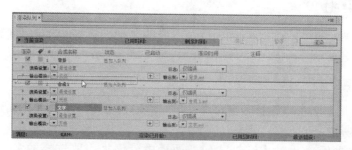

图 11.24　调整渲染顺序

3．删除渲染组中的合成项目

删除合成项目的方法有以下两种。

(1)　在渲染组中选择一个或多个需要删除的合成项目，然后执行【编辑】|【清除】命令，如图 11.25 所示，即可将选择的合成项目删除。

(2)　选择需要删除的合成项目，按 Delete 键直接将其删除。

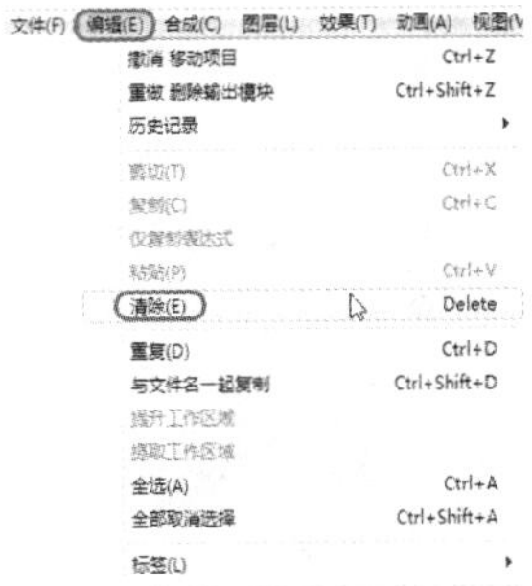

4．设置渲染组标签颜色

每一个渲染合成项目前都有一个暗黄色色块，单击该色块，即可弹出颜色选择菜单，该菜单中有多种颜色可供选择，选择相应的颜色后即可对标签颜色进行更改，如图 11.26 所示。

图 11.25　执行【清除】命令

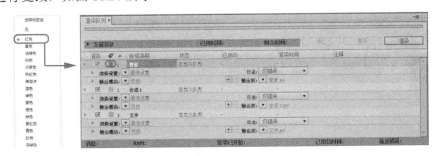

图 11.26　修改标签颜色

11.4.2　渲染细节

单击【当前渲染】左侧的▶按钮，可展开当前渲染的详细数据，如图 11.27 所示。

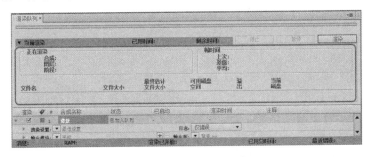

图 11.27　渲染细节窗口

- 　【合成】：显示当前区域下正在渲染的合成项目名称。
- 　【图层】：显示当前区域下正在渲染的层。
- 　【阶段】：显示当前渲染的内容。
- 　【上次】：显示当前渲染剩余时间。
- 　【差值】：显示最近时间中的差异。
- 　【平均】：显示当前渲染时间的平均值。
- 　【文件名】：显示影片输出的名称及格式。

- 【文件大小】：显示当前已经输出文件的大小。
- 【最终估计文件大小】：显示预计输出影片的最终大小。
- 【可用磁盘空间】：显示当前输出影片所在磁盘的剩余空间。
- 【溢出】：显示溢出磁盘的数值。
- 【当前磁盘】：显示输出影片所在磁盘名称。

11.4.3　渲染信息

单击【渲染】按钮后，系统开始进行渲染，相关的渲染信息也显示出来，如图 11.28 所示。

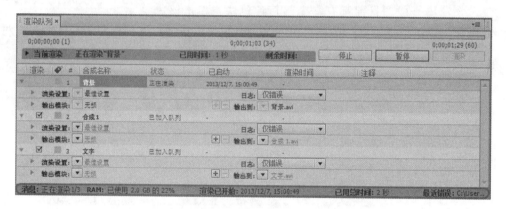

图 11.28　渲染信息

- 【消息】：渲染状态信息。
- RAM：渲染时内存的使用状况。
- 【渲染已开始】：渲染的开始时间。
- 【已用总时间】：渲染耗费的时间。
- 【最近错误】：渲染日志的文件名与位置。

> **提示**
>
> 单击【渲染】按钮后，该按钮切换为【暂停】和【停止】两个按钮，用户可暂停或停止渲染的进程。单击【继续】按钮，可继续进行渲染。

11.5　渲　染　设　置

单击【渲染设置】左侧的▼按钮，展开【渲染设置】，可查看详细的渲染数据，如图 11.29 所示。

单击【渲染设置】右侧的▼按钮，弹出如图 11.30 所示的菜单，该菜单包含【最佳设置】、【DV 设置】、【多机设置】、【当前设置】、【草图设置】、【自定义】和【创建模板】7 个选项。

选择【创建模板】命令后，打开【渲染设置模板】对话框，如图 11.31 所示。用户可以将常用的渲染设置制作为渲染模板，方便下次直接使用。

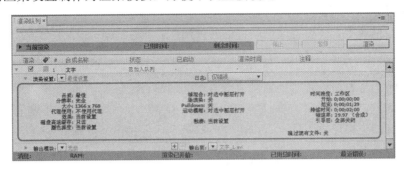

图 11.29　渲染设置数据

图 11.30　设置菜单

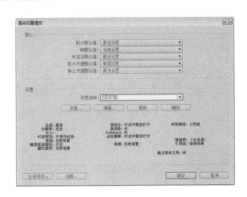

图 11.31　【渲染设置模板】对话框

11.5.1　【渲染设置】对话框

用户可在【渲染设置】对话框中设置自己需要的渲染方式，选择【自定义】命令或直接在当前设置类型的名称上单击，都可打开【渲染设置】对话框，如图 11.32 所示。

1．合成"文字"

● 【品质】：设置影片的渲染质量。有【最佳】、【草稿】、【线框图】3 种模式。

● 【分辨率】：设置影片的分辨率。有【完整】、【二分之一】、【三分之一】、【四分之一】，单击【自定义】可自己设置。

● 【大小】：设置渲染影片的尺寸。在创建合成时已经设置。

● 【磁盘缓存】：设置渲染缓存。

● 【代理使用】：设置渲染时是否使用代理。

● 【效果】：设置渲染时是否渲染效果。

图 11.32　【渲染设置】对话框

313

- 【独奏开关】：设置是否渲染独奏层。
- 【引导层】：设置是否渲染引导层。
- 【颜色深度】：设置渲染项目的颜色深度。

2. 时间采样

- 【帧混合】：设置渲染项目中所有层的帧混合。
- 【场渲染】：设置渲染时的场。如果选择关，系统将渲染不带场的影片。也可以选择渲染带场的影片，用户还要选择是上场优先还是下场优先。
- 3：2 Pulldown：设置 3：2 下拉的引导相位。
- 【活动模糊】：设置渲染项目中所有层的运动模糊。当用户选择打开已选中图层时，系统将只对【时间轴】面板中开关栏中使用了运动模糊的层进行运动模糊渲染，也可以选择关闭所有层的运动模糊选项。
- 【时间跨度】：设置渲染项目的时间范围。选择【合成长度】时，系统渲染整个项目；选择【仅工作区域】时，系统将只渲染【时间轴】面板中工作区域部分的项目；【自定义】，用户可自己设置渲染的时间范围。
- 【帧速率】：设置渲染项目的帧速率。选择【使用合成帧速率】时，系统将保持默认项目的帧速率；选择【使用此帧速率】时，用户可自定义项目的帧速率。

3. 选项

- 【跳过现有文件(允许多机渲染)】：设置渲染时是否忽略已渲染完成的文件。

11.5.2 日志

- 【日志】：该选项用于设置创建日志的文件内容，其中包括：【仅错误】、【增加设置】和【增加每帧信息】，如图 11.33 所示。

图 11.33 【日志】选项

11.6 输 出 设 置

单击【输出模块】左侧的▶按钮，展开【输出模块】，可查看详细的数据，如图 11.34 所示。

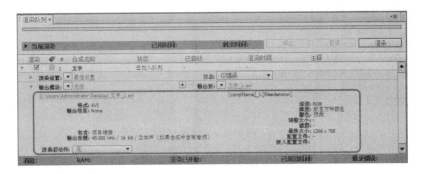

图 11.34　输出模块数据

11.6.1　【输出模块】选项

单击【输出模块】右侧的按钮，弹出如图 11.35 所示的菜单，用户可在菜单中选择输出模块的类型。其中类型包括【无损】、【多机序列】、【带有 Alpha 的 FLV】、AIFF 48kHz、AVI DV PAL 48kHz、FLV、【自定义】和【创建模板】等选项。

图 11.35　输出模块菜单

提　示

选择【创建模板】选项可打开【输出模块模板】对话框，如图 11.36 所示。用户可设置自己常用的输出模块的模板，方便下次直接使用。

11.6.2　输出模块设置

用户可在【输出模块设置】对话框中进行设置，选择【自定义】命令或直接在当前设置类型的名称上单击，都可打开【输出模块设置】对话框，如图 11.37 所示。

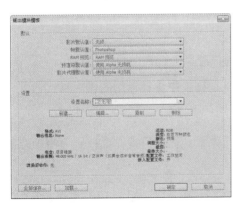

图 11.36　【输出模块模板】对话框

图 11.37　【输出模块设置】对话框

1. 主要选项

● 【格式】：用于格式设置。单击下拉菜单按钮，会显示不同的格式选项，如图 11.38 所示。选择不同的文件格式，系统将显示该文件格式的相应设置。

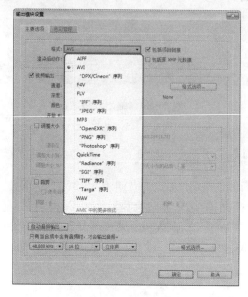

图 11.38 文件格式

● 【渲染后动作】：设置渲染后要继续的操作。

2. 视频输出

● 【通道】：设置渲染影片的输出通道。依据文件格式和使用的编码解码器的不同，输出的通道也有所不同。

● 【深度】：用于设置渲染影片的颜色深度。

● 【颜色】：用于设置产生 Alpha 通道的类型。

● 【格式选项】：单击该按钮，打开视频压缩对话框。可在该对话框中设置格式。如果在格式中选择 QuickTime 选项，则可以在该项中设置影片使用的编码解码器。

3. 调整大小

● 【调整大小】：设置是否调整渲染影片的尺寸。用户可以在【调整大小到】中输入新的影片尺寸，也可以在【自定义】下拉列表中选择常用的影片格式。

4. 裁剪

● 【裁剪】：设置是否在渲染影片边缘修剪像素。正值剪裁像素；负值增加像素。

5. 音频输出

如果影片带有音频，可以激活该选项，输出音频。单击【格式选项】按钮，可以选择相应的编码解码器。在下方的下拉列表中，分别设置音频素材的采样速率、量化位数以及回放格式。

6．色彩管理

选择【色彩管理】选项卡，如图 11.39 所示。在该选项卡中可进行影片色彩的相关设置。

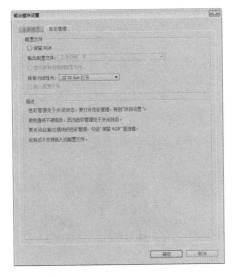

图 11.39　【色彩管理】选项卡

11.7　思考与练习

1. 简述 After Effects CC 插件的安装方法。
2. 如何只渲染影片的一部分？
3. 如何在渲染组中添加多个合成项目？

第 12 章 项目指导——常用文字特效

在视频的后期处理中，字幕成了必不可少的一部分。本章将根据前面所介绍的知识制作常用的文字特效，其中包括描边文字、烟雾文字、木板上的文字、火焰文字、拼合文字等。

12.1 描边文字

下面将利用 After Effects CC 中的横排文字工具和【描边】特效制作描边文字动画，效果如图 12.1 所示。其具体操作步骤如下。

图 12.1 描边文字

(1) 启动 After Effects CC 软件，在菜单栏中选择【合成】|【新建合成】命令，如图 12.2 所示。

(2) 在弹出的对话框中将【宽度】和【高度】分别设置为 1024、768，将【持续时间】设置为 0:00:08:00，如图 12.3 所示。

图 12.2 选择【新建合成】命令

图 12.3 【合成设置】对话框

(3) 设置完成后，单击【确定】按钮，在【项目】面板中右击，在弹出的快捷菜单中选择【导入】|【文件】命令，如图 12.4 所示。

(4) 在弹出的对话框中选择随书附带光盘中的 CDROM\素材\Cha12\001.jpg 素材文件，如图 12.5 所示。

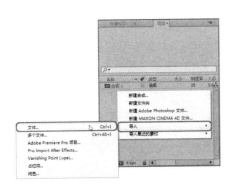

图 12.4　选择【文件】命令

图 12.5　选择素材文件

（5）单击【导入】按钮，即可将选择的素材文件导入到【项目】窗口中，如图 12.6 所示。

（6）在【项目】面板中选择导入的素材文件，按住鼠标将其拖曳至【时间轴】面板中，在【合成】面板中将会显示该图像，效果如图 12.7 所示。

图 12.6　导入的素材文件

图 12.7　【合成】面板

（7）在工具栏中单击【横排文字工具】，在【合成】面板中单击并输入文字，选中输入的文字，在【字符】面板中将字体设置为 Clarendon Lt BT，将字体大小设置为 147，将填充颜色的 RGB 值设置为 18、80、165，并在【合成】面板中调整其位置，调整后的效果如图 12.8 所示。

（8）在【时间轴】面板中选择文字图层并右击，在弹出的快捷菜单中选择【从文字创建蒙版】命令，如图 12.9 所示。

图 12.8　输入文字并设置参数

图 12.9　选择【从文字创建蒙版】命令

(9) 在【效果和预设】面板中选择【生成】|【描边】特效，如图 12.10 所示。

(10) 按住鼠标将该特效拖曳至文字蒙版上，将当前时间设置为 0:00:00:00，选中该图层，在【效果控件】面板中勾选【所有蒙版】复选框，将【画笔大小】设置为 5，单击【结束】左侧的 ⏱ 按钮，将【结束】设置为 0，如图 12.11 所示。

图 12.10 选择【描边】特效

图 12.11 设置描边参数

(11) 将当前时间设置为 0:00:07:24，在【效果控件】面板中将【结束】设置为 100%，如图 12.12 所示。

(12) 在【时间轴】面板中将文字图层调整至最上方，并显示该图层，按空格键预览效果，效果如图 12.13 所示。

图 12.12 设置结束参数

图 12.13 预览效果

(13) 在菜单栏中选择【文件】|【导出】|【添加到渲染队列】命令，如图 12.14 所示。

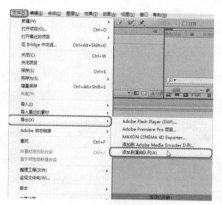

图 12.14 选择【添加到渲染队列】命令

(14) 在【渲染队列】面板中单击【输出到】右侧的【合成 01】，在弹出的对话框中指定输出路径和名称，如图 12.15 所示，设置完成后，单击【保存】按钮，在【渲染队列】面板中单击【渲染】按钮即可。

图 12.15　指定输出路径和名称

12.2　烟 雾 文 字

下面将介绍如何利用 After Effects CC 制作烟雾文字动画，效果如图 12.16 所示。其具体操作步骤如下。

图 12.16　烟雾文字

(1) 按 Ctrl+N 组合键，在弹出的对话框中将【合成名称】设置为【字幕】，将【预设】设置为 HDTV 1080 25，将【宽度】和【高度】分别设置为 1920、1080，将【持续时间】设置为 0:00:05:00，如图 12.17 所示。

(2) 设置完成后，单击【确定】按钮，在菜单栏中选择【图层】|【新建】|【文本】命令，如图 12.18 所示。

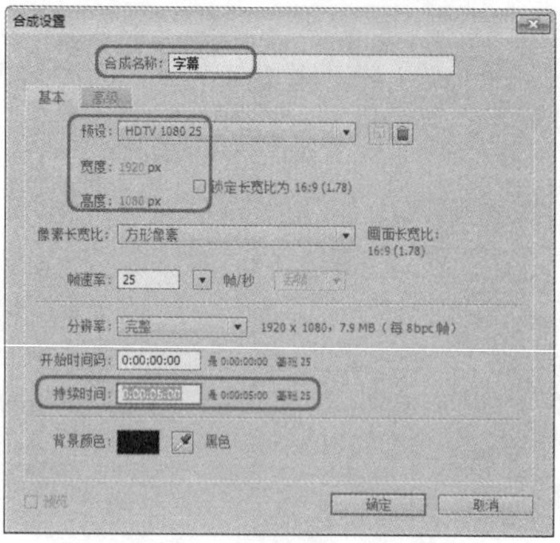

图 12.17　设置合成参数

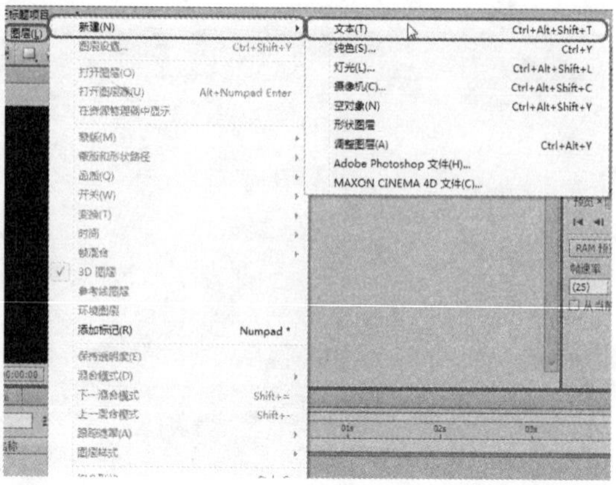

图 12.18　选择【文本】命令

(3) 在【合成】面板中输入文字，选中输入的文字，在【字符】面板中将字体设置为 Bodoni Bd BT，将字体样式设置为 Bold，将字体大小设置为 110 像素，将填充颜色设置为白色，在【时间轴】面板中打开文字图层的三维开关，并调整其位置，调整后的效果如图 12.19 所示。

(4) 按 Ctrl+N 组合键，在弹出的对话框中将【合成名称】设置为“烟雾文字”，其他参数使用其默认值即可，如图 12.20 所示。

(5) 设置完成后，单击【确定】按钮，在【项目】面板中双击，在弹出的对话框中选择随书附带光盘中的 CDROM\素材\Cha12\002.jpg 素材文件，如图 12.21 所示。

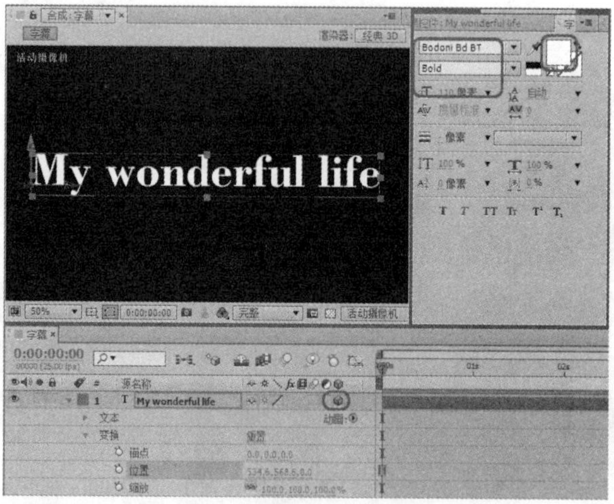

图 12.19　输入文字并进行设置

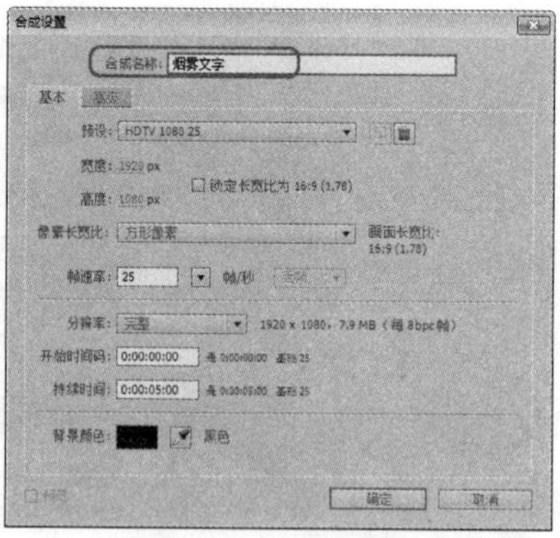

图 12.20　设置合成名称

(6) 单击【导入】按钮，在【项目】面板中选择导入的素材，按住鼠标将其拖曳至【烟雾文字】合成中，将【变换】下的【缩放】都设置为 188%，如图 12.22 所示。

图 12.21　选择素材文件

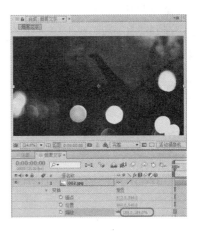

图 12.22　设置缩放参数

（7）在【项目】面板中选择【字幕】合成，按住鼠标将其拖曳至【烟雾文字】合成中，并打开其三维开关，如图 12.23 所示。

（8）在【效果和预设】面板中选择【过渡】|【线性擦除】特效，如图 12.24 所示。

（9）双击该特效，为选中的对象添加该特效，将当前时间设置为 0:00:00:00，在【效果控件】面板中单击【过渡完成】左侧的 按钮，将【过渡完成】设置为 100%，将【擦除角度】设置为 270，将【羽化】设置为 231，如图 12.25 所示。

（10）将当前时间设置为 0:00:03:00，在【效果控件】面板中将【过渡完成】设置为 0，如图 12.26 所示。

图 12.23　打开三维开关

图 12.24　选择【线性擦除】特效

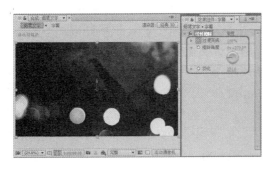

图 12.25　设置线性擦除参数

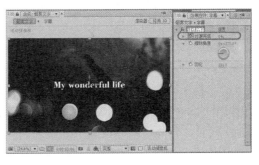

图 12.26　设置过渡完成参数

(11) 在菜单栏中选择【图层】|【新建】|【调整图层】命令，如图 12.27 所示。

(12) 在【项目】面板中选择新建的调整图层并右击，在弹出的快捷菜单中选择【替换素材】|【纯色】命令，如图 12.28 所示。

图 12.27　选择【调整图层】命令

图 12.28　选择【纯色】命令

(13) 在弹出的对话框中将【颜色】设置为黑色，其他参数保持默认值即可，如图 12.29 所示。

(14) 设置完成后，单击【确定】按钮，在【效果控件】面板中选择【模拟】|CC Particle World(粒子世界)特效，如图 12.30 所示。

(15) 在【时间轴】面板中选择【调整图层 1】，双击选中的特效，为选中的对象添加该特效，效果如图 12.31 所示。

图 12.29　设置颜色

图 12.30　选择【CC Particle World】特效

(16) 将当前时间设置为 0:00:00:00，在效果控件面板中将 Birth Rate(出生率)设置为 0.1，将 Longevity(sec)(寿命)设置为 1.87，分别单击 Position X(位置 X)、Position Y(位置 Y) 左侧的 ⌚ 按钮，将 Position X(位置 X)设置为-0.53，将 Position Y(位置 Y)设置为 0.01，将 Radius Z(半径 Z)设置为 0.435，将 Animation(动画)设置为 Viscouse，将 Velocity(速度)设置为 0.35，将 Gravity(重力)设置为-0.05，将 Particle(粒子)下的 Particle Type(粒子类型)设置为 Faded Sphere(透明球)，将 Birth Size(出生大小)设置为 1.246，将 Death Size(死亡大小)设置为 1.905，将 Birth Color(出生颜色)的 RGB 值设置为 255、255、255，将 Death Color(死亡颜色)的 RGB 值设置为 183、183、183，将 Transfer Mode(传输模式)设置为 Add(加法)，如图 12.32 所示。

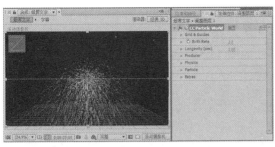
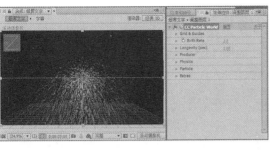

图 12.31　添加特效后的效果　　　　图 12.32　设置特效参数

(17) 将当前时间设置为 0:00:01:12，将 Position Y(位置 Y)设置为-0.01，如图 12.33 所示。

(18) 将当前时间设置为 0:00:03:00，将 Position X(位置 X)设置为 0.78，将 Position Y(位置 Y)设置为 0.01，如图 12.34 所示。

(19) 在【时间轴】面板中将【调整图层 1】的调整图层功能关闭，将【模式】设置为"屏幕"，如图 12.35 所示。

(20) 继续选中该图层，在【效果和预设】面板中选择【模糊和锐化】|CC Vector Blur(CC 矢量模糊)特效，如图 12.36 所示。

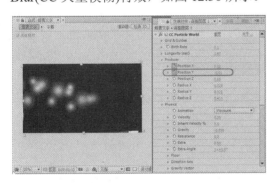
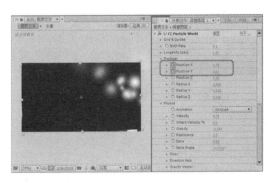

图 12.33　设置 Position Y 参数　　　　图 12.34　继续设置特效参数

图 12.35　设置图层模式　　　　图 12.36　选择 CC Vector Blur 特效

(21) 双击该特效，为选中的对象添加该特效，在【效果控件】面板中将 Amount(数量)设置为 249，将 Angle Offset(角度偏移)设置为 10，将 Ridge Smoothness 设置为 31.7，将 Map Softnes(图像柔化)设置为 24.5，如图 12.37 所示。

(22) 在【时间轴】面板中选择【调整图层 1】，按 Ctrl+D 组合键，对选中的图层进行复制，将复制后的图层命名为【调整图层 2】，如图 12.38 所示。

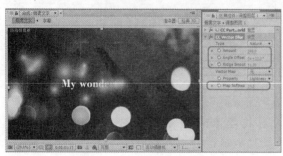

图 12.37　设置矢量模糊参数

图 12.38　复制图层

(23) 选中复制后的图层，在【效果控件】面板中将 CC Particle World(CC 粒子世界)中的 Birth Rate(出生率)设置为 0.7，将 Radius Z(半径 Z)设置为 0.47，将 Birth Size(出生大小)设置为 0.944，将 Death Size(死亡大小)设置为 1.706，将 Birth Color(出生颜色)的 RGB 值设置为 255、255、255，将 Death Color(死亡颜色)的 RGB 值设置为 196、196、196，如图 12.39 所示。

(24) 在【效果控件】面板中将 CC Vector Blur(CC 矢量模糊)特效中的 Amount(数量)设置为 339，将 Ridge Smoothness 设置为 24.3，将 Map Softness(图像柔化)设置为 23.3，如图 12.40 所示。

(25) 在【时间轴】面板中将【调整图层 2】下的【不透明度】设置为 53%，如图 12.41 所示。

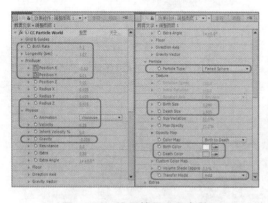

图 12.39　设置粒子世界参数

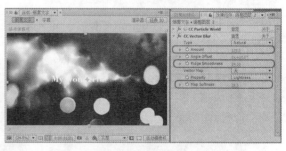

图 12.40　设置矢量模糊参数

(26) 设置完成后，按空格键在【合成】面板中预览效果，效果如图 12.42 所示，对完成后的场景进行保存和输出即可。

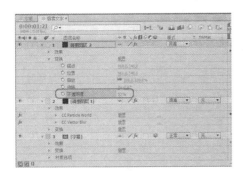

图 12.41　设置【不透明度】

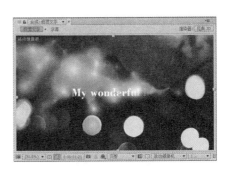

图 12.42　预览效果

12.3　木板上的文字

下面将介绍如何制作木板上的文字，效果如图 12.43 所示。其具体操作步骤如下。

(1) 按 Ctrl+N 组合键，在弹出的对话框中将【合成名称】设置为"字幕"，将【宽度】和【高度】分别设置为 352、288，将【持续时间】设置为 0:00:04:00，如图 12.44 所示。

(2) 设置完成后，单击【确定】按钮，在菜单栏中选择【图层】|【新建】|【文本】命令，如图 12.45 所示。

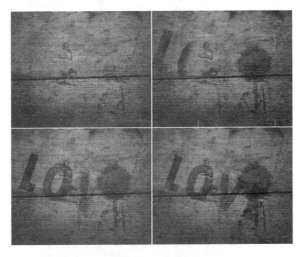

图 12.43　木板上的文字

图 12.44　设置合成参数

(3) 在【合成】面板中输入文字，选中输入的文字，在【字符】面板中将字体设置为 Tw Cen MT Condensed Extra Bold，将字体大小设置为 145 像素，将填充颜色的 RGB 值设置为 0、234、255，将字符间距设置为 50，并调整其位置，调整后的效果如图 12.46 所示。

图 12.45 选择【文本】命令

(4) 在工具栏中选择【矩形工具】，在【合成】面板中绘制一个矩形，如图 12.47 所示。

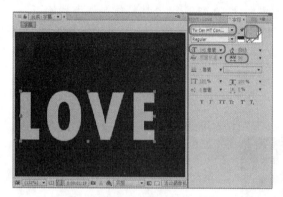

图 12.46 输入文字并进行设置

图 12.47 绘制矩形

(5) 将当前时间设置为 0:00:02:05，在【时间轴】面板中单击【蒙版 1】左侧的 ⏱ 按钮，将【蒙版羽化】都设置为 15，如图 12.48 所示。

(6) 将当前时间设置为 0:00:00:05，在【合成】面板中调整矩形的大小，调整后的效果如图 12.49 所示。

图 12.48 设置蒙版参数

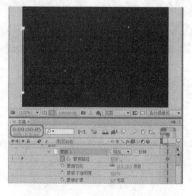

图 12.49 调整矩形的大小

(7)　按 Ctrl+N 组合键，在弹出的对话框中将【合成名称】设置为"木板上的文字"，其他参数保持默认即可，如图 12.50 所示。

(8)　设置完成后，单击【确定】按钮，按 Ctrl+I 组合键，在弹出的对话框中选择随书附带光盘中的 CDROM\素材\Cha12\ 003.jpg 素材文件，如图 12.51 所示。

图 12.50　新建合成

图 12.51　选择素材文件

(9)　选择完成后，单击【导入】按钮，将选中的素材文件导入至【项目】面板中，按住鼠标将其拖曳至【时间轴】面板中，将【变换】下的【位置】设置为 176、22，将【缩放】都设置为 55，如图 12.52 所示。

(10)　在【时间轴】面板中右击，在弹出的快捷菜单中选择【新建】|【纯色】命令，如图 12.53 所示。

(11)　在弹出的对话框中将【名称】设置为【边框】，将【颜色】的 RGB 值设置为 0、26、56，如图 12.54 所示。

(12)　设置完成后，单击【确定】按钮，在工具栏中选择【椭圆工具】，在【合成】面板中绘制一个椭圆，如图 12.55 所示。

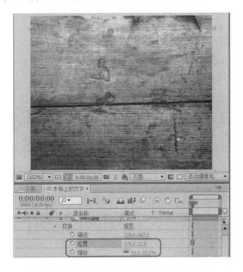

图 12.52　设置【位置】和【缩放】

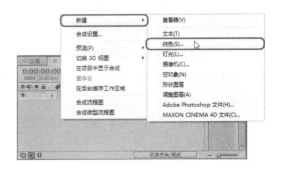

图 12.53　选择【纯色】命令

图 12.54　设置纯色名称和颜色

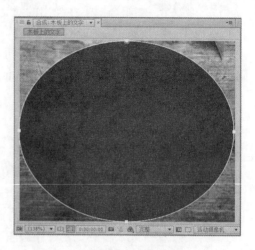

图 12.55　绘制椭圆

(13) 在【时间轴】面板中将【蒙版 1】的图层模式设置为【相减】，将【蒙版羽化】设置为 260，将【蒙版扩展】设置为 30，如图 12.56 所示。

(14) 将当前时间设置为 0:00:00:00，在【项目】面板中选择【字幕】合成对象，按住鼠标将其拖曳至【木板上的文字】合成中，将该图层的【模式】设置为"颜色加深"，将【位置】设置为 180、170，单击【缩放】左侧的 🕐 按钮，将【缩放】都设置为 125，将【旋转】设置为 20，如图 12.57 所示。

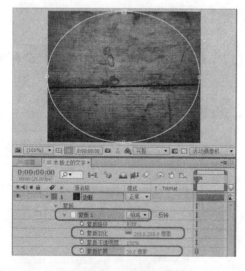

图 12.56　设置蒙版参数

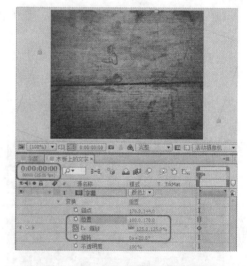

图 12.57　添加对象并进行设置

(15) 将当前时间设置为 0:00:01:15，将【锚点】设置为 176、180，将【缩放】设置为 90、90%，如图 12.58 所示。

(16) 按 Ctrl+I 组合键，在弹出的对话框中选择随书附带光盘中的 CDROM\素材\Cha12\墨点.psd 素材文件，如图 12.59 所示。

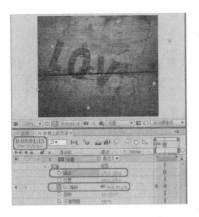

图 12.58　设置【锚点】和【缩放】参数

图 12.59　选择素材文件

(17) 单击【导入】按钮，在弹出的对话框中选中【选择图层】单选按钮，将图层设置为【墨水 1】，如图 12.60 所示。

(18) 设置完成后，单击【确定】按钮，在【项目】面板中选中新导入的素材，按住鼠标将其拖曳至【木板上的文字】合成中，将【变换】下的【位置】设置为 87、151，将【旋转】设置为 15，如图 12.61 所示。

图 12.60　设置所导入的图层

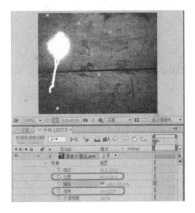

图 12.61　设置【位置】和【旋转】参数

(19) 单击【缩放】左侧的 ○ 按钮，将当前时间设置为 0:00:00:03，将【缩放】设置为 110、110%，如图 12.62 所示。

(20) 选中该图层，在【效果和预设】面板中选择【生成】|【填充】特效，如图 12.63 所示。

(21) 双击选中的特效，为选中的图层添加该特效，在【效果控件】面板中将【颜色】的 RGB 值设置为 255、0、0，将【不透明度】设置为 50%，效果如图 12.64 所示。

(22) 设置完成后，在【时间轴】面板中将该图层的【模式】设置为"叠加"，效果如图 12.65 所示。

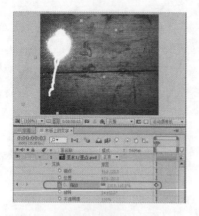

图 12.62　设置【缩放】

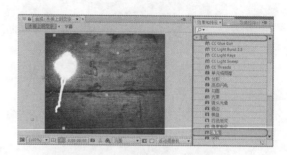

图 12.63　选择【填充】特效

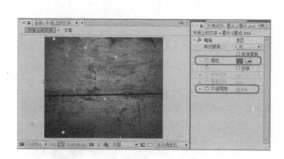

图 12.64　设置【填充】特效

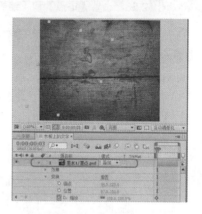

图 12.65　设置图层模式

(23) 使用同样的方法制作其他动画效果，如图 12.66 所示。对完成后的场景进行保存和输出即可。

图 12.66　制作其他动画效果

12.4　火焰文字

下面将介绍如何制作火焰文字动画，效果如图 12.67 所示。其具体操作步骤如下。

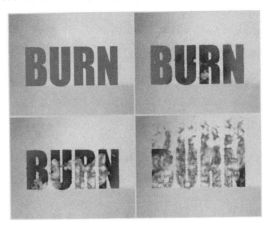

图 12.67　火焰文字

(1) 按 Ctrl+N 组合键，在弹出的对话框中将【合成名称】设置为【火焰文字】，将【预设】设置为 PAL D1/DV，将【像素长宽比】设置为 D1/DV PAL(1.09)，将【持续时间】设置为 0:00:07:00，如图 12.68 所示。

(2) 设置完成后，单击【确定】按钮，按 Ctrl+I 组合键，在弹出的对话框中选择随书附带光盘中的 CDROM\素材\Cha12\004.jpg 素材文件，如图 12.69 所示。

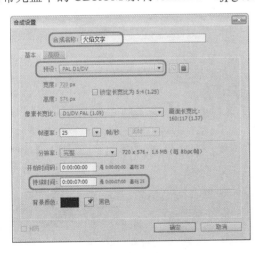

图 12.68　设置合成参数

图 12.69　选择素材文件

(3) 单击【导入】按钮，将选中的素材文件导入至【项目】面板中，按住鼠标将其拖拽曳至【时间轴】面板中，将【变换】下的【缩放】设置为 78，在【合成】面板中查看效果，效果如图 12.70 所示。

(4) 在【时间轴】面板中右击，在弹出的快捷菜单中选择【新建】|【文本】命令，如图 12.71 所示。

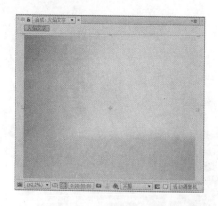

图 12.70　查看素材效果

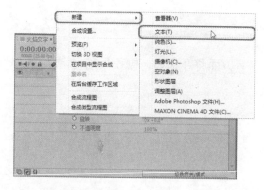

图 12.71　选择【文本】命令

(5)　在【合成】面板中输入文字，选中输入的文字，在【字符】面板中将字体设置为 Impact，将字体大小设置为 280，将填充颜色设置为白色，将【基线偏移】设置为-120，并调整其位置，效果如图 12.72 所示。

(6)　在【效果和预设】面板中选择【遮罩】|【简单阻塞工具】特效，如图 12.73 所示。

图 12.72　输入文字并进行设置

图 12.73　选择【简单阻塞工具】特效

(7)　双击该特效，为选中的图层添加该特效，将当前时间设置为 0:00:00:00，在【效果控件】面板中单击【阻塞遮罩】左侧的 按钮，将【阻塞遮罩】设置为 100，如图 12.74 所示。

(8)　将当前时间设置为 0:00:03:00，在【效果控件】面板中将【阻塞遮罩】设置为 0.1，如图 12.75 所示。

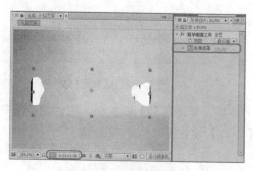

图 12.74　设置【阻塞遮罩】参数

图 12.75　继续设置【阻塞遮罩】参数

(9) 在【效果和预设】面板中选择【模糊和锐化】|【快速模糊】特效，如图 12.76 所示。

(10) 双击该特效，为选中的图层添加该特效，在【效果控件】面板中将【模糊度】设置为 10，如图 12.77 所示。

图 12.76　选择【快速模糊】特效

图 12.77　设置【模糊度】

(11) 在【效果和预设】面板中选择【生成】|【填充】特效，双击该特效，为选中的图层添加该特效，在【效果控件】面板中将【颜色】的 RGB 值设置为 0、0、0，如图 12.78 所示。

(12) 设置完成后，在【效果和预设】面板中选择【杂色和颗粒】|【分形杂色】特效，如图 12.79 所示。

图 12.78　设置填充颜色

图 12.79　选择【分形杂色】特效

(13) 双击该特效，为选中的图层应用该特效，将当前时间设置为 0:00:00:00，在【效果控件】面板中将【分形类型】设置为【湍流平滑】，将【对比度】设置为 200，将【溢出】设置为【剪切】，将【变换】中的【缩放】设置为 50，单击【偏移(湍流)】左侧的 按钮，将【偏移(湍流)】设置为 360、570，勾选【透视位移】复选框，将【复杂度】设置为 10，单击【演化】左侧的 按钮，如图 12.80 所示。

(14) 将当前时间设置为 0:00:07:00，将【偏移(湍流)】设置为 360、0，将【演化】设置为 10，如图 12.81 所示。

(15) 在【效果和预设】面板中选择【颜色校正】|CC Toner(CC 调色剂)特效，如图 12.82 所示。

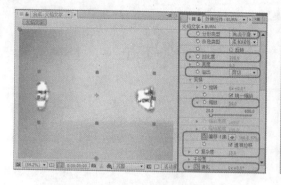
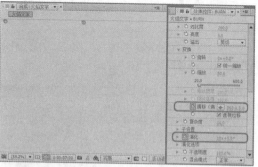

图 12.80　设置【分形杂色】参数　　　　图 12.81　设置【偏移(湍流)】和【演化】参数

(16) 在【效果控件】面板中将【Highlights(亮点)】的 RGB 值设置为 255、191、0，将 Midtones(中间调)设置为 219、117、3，将 Shadows 的 RGB 值设置为 110、0、0，如图 12.83 所示。

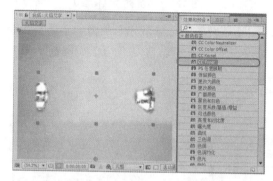

图 12.82　选择 CC Toner(CC 调色剂)特效　　　图 12.83　设置 CC 调色剂的参数

(17) 设置完成后，在【效果和预设】面板中选择【风格化】|【毛边】特效，如图 12.84 所示。

(18) 双击该特效，为选中的图层添加该特效，将当前时间设置为 0:00:00:00，在【效果控件】面板中将【边缘类型】设置为【刺状】，单击【偏移(湍流)】左侧的 按钮，将【偏移(湍流)】设置为 0、228，单击【演化】左侧的 按钮，将【演化】设置为 0，如图 12.85 所示。

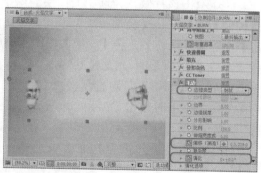

图 12.84　选择【毛边】特效　　　　图 12.85　设置【毛边】参数

(19) 将当前时间设置为 0:00:07:00，在【效果控件】面板中将【偏移(湍流)】设置为 0、0，将【演化】设置为 5，如图 12.86 所示。

(20) 将当前时间设置为 0:00:02:00，单击【变换】中的【不透明度】左侧的 ☉ 按钮，将【不透明度】设置为 0，如图 12.87 所示。

图 12.86 设置【偏移(湍流)】和【演化】参数

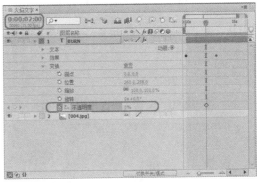

图 12.87 设置【不透明度】

(21) 将当前时间设置为 0:00:03:00，将【不透明度】设置为 100%，如图 12.88 所示。

(22) 在【时间轴】面板中选中文字图层，按 Ctrl+D 组合键对该图层进行复制，将【变换】下的【位置】设置为 360、180，如图 12.89 所示。

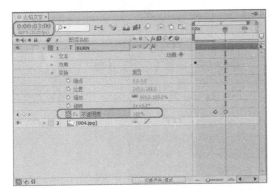

图 12.88 将【不透明度】设置为 100%

图 12.89 复制图层并设置【位置】参数

(23) 选中复制的图层，在【效果控件】面板中将【快速模糊】特效中的【模糊度】设置为 400，将【模糊方向】设置为"垂直"，如图 12.90 所示。

(24) 在【效果和预设】面板中选择【过渡】|【线性擦除】特效，双击该特效，为选中的图层添加该特效，在【效果控件】面板中将【线性擦除】特效调整至【填充】特效的上方，将当前时间设置为 0:00:02:00，单击【过渡完成】左侧的 ☉ 按钮，将【过渡完成】设置为 100%，将【擦除角度】设置为 180，将【羽化】设置为 100，如图 12.91 所示。

(25) 将当前时间设置为 0:00:07:00，在【过渡完成】设置为 0，如图 12.92 所示。

(26) 将当前时间设置为 0:00:00:00，在【效果控件】面板中将【毛边】特效中的【边缘锐度】、【分形影响】、【比例】分别设置为 0.5、0.75、300，将【偏移(湍流)】设置为 0、577，如图 12.93 所示。

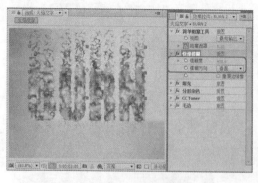

图 12.90　设置【快速模糊】参数

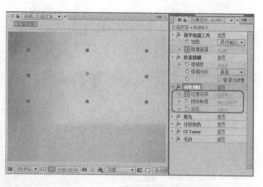

图 12.91　设置【线性擦除】参数

图 12.92　设置【过渡完成】参数

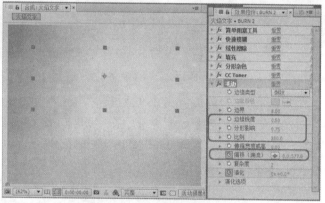

图 12.93　设置【毛边】参数

(27) 使用同样的方法制作其他文字图层的动画效果，如图 12.94 所示，对完成后的场景进行保存和输出即可。

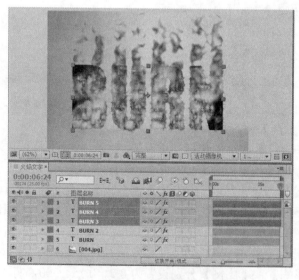

图 12.94　制作其他文字图层的动画效果

12.5 拼合文字

下面将介绍如何制作拼合文字动画，效果如图 12.95 所示。其具体操作步骤如下。

图 12.95 拼合文字

(1) 按 Ctrl+N 组合键，在弹出的对话框中将【合成名称】设置为"字幕"，将【宽度】和【高度】分别设置为 1228、768，将【像素长宽比】设置为"方形像素"，将【持续时间】设置为 0:00:04:00，如图 12.96 所示。

(2) 设置完成后，单击【确定】按钮，在【项目】面板中右击，在弹出的快捷菜单中选择【新建】|【文本】命令，如图 12.97 所示。

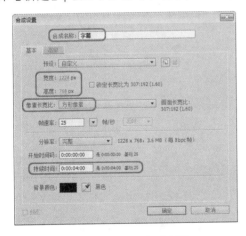

图 12.96 设置合成参数

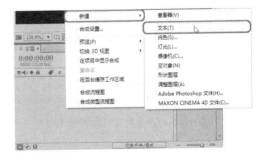

图 12.97 选择【文本】命令

(3) 在【合成】面板中输入文字，选中输入的文字，在【字符】面板中将字体设置为 Bodoni Bd BT，将字体大小设置为 147，将填充颜色的 RGB 值设置为 18、80、165，将【描边】设置为白色，将描边宽度设置为 11，将描边类型设置为"在描边上填充"，将【基线偏移】设置为 0，并调整其位置，调整后的效果如图 12.98 所示。

(4) 在【效果和预设】面板中选择【过渡】|【卡片擦除】特效，如图 12.99 所示。

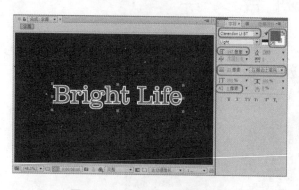

图 12.98　输入文字并进行设置　　　　　　图 12.99　选择【卡片擦除】特效

（5）双击该特效，为选中的图层添加该特效，将当前时间设置为 0:00:00:00，单击【过渡完成】左侧的 ⏱ 按钮，将【行数】、【列数】分别设置为 1、30，将【翻转轴】设置为 Y，如图 12.100 所示。

（6）将【摄像机位置】选项组中的【Z 位置】设置为 1，单击其左侧的 ⏱ 按钮，将【位置抖动】选项组中的【X 抖动量】和【Z 抖动量】分别设置为 0.5、20，分别单击其左侧的 ⏱ 按钮，如图 12.101 所示。

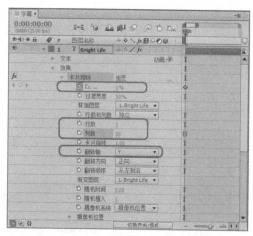

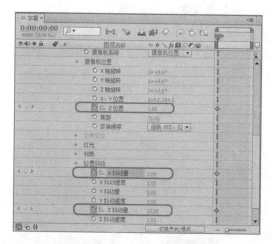

图 12.100　设置【卡片擦除】参数　　　　　　图 12.101　设置【位置】参数

（7）将当前时间设置为 0:00:02:00，将【过渡完成】设置为 100%，如图 12.102 所示。

（8）将【摄像机位置】中的【Z 位置】设置为 2，将【位置抖动】中的【X 抖动量】和【Z 抖动量】都设置为 0，如图 12.103 所示。

（9）在【时间轴】面板中选中该图层，按 Ctrl+D 组合键，对该图层进行复制，选中复制后的文字，在【字符】面板中将填充颜色设置为白色，将描边设置为无，如图 12.104 所示。

（10）在【效果和预设】面板中选择【模糊和锐化】|【定向模糊】特效，如图 12.105 所示。

图 12.102　设置【过渡完成】参数

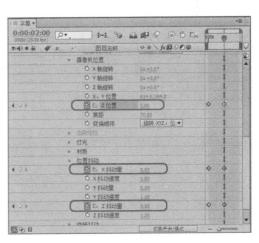

图 12.103　设置【位置】参数

图 12.104　设置文字属性

图 12.105　选择【定向模糊】特效

(11) 双击该特效，为选中的图层添加该特效，将当前时间设置为 0:00:00:00，单击【模糊长度】左侧的 按钮，将【模糊长度】设置为 50，如图 12.106 所示。

(12) 将当前时间设置为 0:00:01:00，将【模糊长度】设置为 100，如图 12.107 所示。

图 12.106　设置【模糊长度】

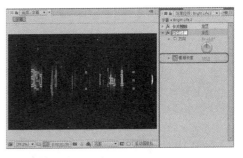

图 12.107　将【模糊长度】设置为 100

(13) 将当前时间设置为 0:00:02:00，将【模糊长度】设置为 50，如图 12.108 所示。

(14) 将当前时间设置为 0:00:03:00，将【模糊长度】设置为 800，如图 12.109 所示。

图 12.108　将【模糊长度】设置为 50

图 12.109　将【模糊长度】设置为 800

(15) 在【效果和预设】面板中选择【颜色校正】|【色阶】特效，如图 12.110 所示。

(16) 双击该特效，为选中的图层添加该特效，在【效果控件】面板中将【输入黑色】和【输入白色】分别设置为-50、20，如图 12.111 所示。

图 12.110　选择【色阶】特效

图 12.111　设置【色阶】参数

(17) 按 Ctrl+N 组合键，在弹出的对话框中将【合成名称】设置为"拼合文字"，如图 12.112 所示。

(18) 设置完成后，单击【确定】按钮，按 Ctrl+I 组合键，在弹出的对话框中选择随书附带光盘中的 CDROM\素材\Cha12\005.jpg 素材文件，如图 12.113 所示。

图 12.112　设置【合成名称】

图 12.113　选择素材文件

(19) 单击【导入】按钮，在【项目】选中导入的素材文件，按住鼠标将其拖曳至【拼合文字】合成中，在【合成】面板中查看效果，如图 12.114 所示。

(20) 在【项目】面板中选择【字幕】合成，按住鼠标将其拖曳至【拼合文字】合成，中，在【合成】面板中调整字幕的位置，如图 12.115 所示。

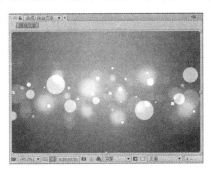

图 12.114　查看素材

图 12.115　调整字幕的位置

(21) 在【时间轴】面板中选中字幕图层，按 Ctrl+D 组合键对该图层进行复制，将【变换】下的【位置】设置为 624、501，单击【缩放】右侧的【约束比例】按钮，取消缩放比例的约束，将【缩放】设置为 100、–100，将【不透明度】设置为 20%，如图 12.116 所示。

(22) 设置完成后，按空格键在【合成】面板中预览效果，如图 12.117 所示，对完成后的场景进行保存和输出即可。

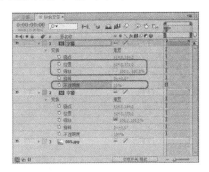

图 12.116　设置【变换】参数

图 12.117　预览效果

第 13 章　项目指导——常用特效的制作方法与技巧

After Effects CC 主要用于制作影视特效，本章将通过 4 个常用的特效案例，介绍在 After Effects CC 中制作特效的方法与技巧。

13.1　数字光球

下面制作数字光球，其中主要利用了 CC Shere 和 CC Light Burst 2.5 特效，其具体操作步骤如下。完成后的效果图如图 13.1 所示。

图 13.1　数字光球

(1) 启动 After Effects CC 软件，在【项目】面板中右击，在弹出的快捷菜单中选择【新建合成】命令，如图 13.2 所示。

(2) 打开【合成设置】对话框，将【合成名称】命名为"数字"，将【预设】设置为"自定义"，将【宽度】设置为 720，将【高度】设置为 576，将【像素长宽比】设置为 D1/DV PAL(1.09)，将【持续时间】设置为 0:00:05:00，如图 13.3 所示。

图 13.2　选择【新建合成】命令

图 13.3　【合成设置】对话框

(3) 在【时间轴】面板中右击，在弹出的快捷菜单中选择【新建】|【文本】命令，如图 13.4 所示。

(4) 在【合成】面板中输入数字信息，并将其【字体大小】设置为 35，并将其颜色设置为白色，如图 13.5 所示。

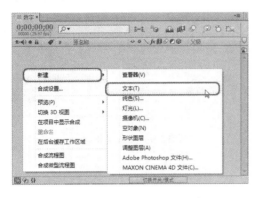

图 13.4 选择【文本】命令

图 13.5 输入数字信息

(5) 使用同样的方法，新建一个名称为【数字光球】的合成，将【背景颜色】设置为10、134、221，如图 13.6 所示。

(6) 设置完成后单击【确定】按钮，在【项目】面板中选择【数字光球】合成，双击该合成，在【时间轴】面板中打开，然后在【项目】面板中选择【数字】合成，将其拖曳至【时间轴】面板中的【数字光球】合成中，如图 13.7 所示。

图 13.6 新建合成

图 13.7 添加图层

(7) 打开【效果和预设】面板，选择【透视】| CC Sphere 特效，如图 13.8 所示。

(8) 选择该特效，将其添加至【时间轴】面板中的【数字】合成层上，将当前时间设置为 0:00:00:00，然后打开【效果控件】面板，展开 CC Sphere 特效选项，将 Radius 设置为 200，展开 Rotation 选项，单击 Rotation Y 左侧的 按钮，如图 13.9 所示。

(9) 将当前时间设置为 0:00:04:29，将 Rotation Y 设置为−1x+0°，如图 13.10 所示。

(10) 打开【效果和预设】面板，在该面板中选择【生成】| CC Light Burst 2.5 特效，如图 13.11 所示。

图 13.8　选择【CC Sphere】特效

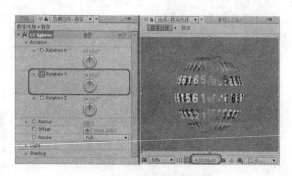

图 13.9　添加关键帧

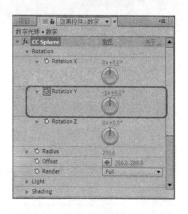

图 13.10　添加关键帧并设置参数

图 13.11　选择【CC Light Burst 2.5】特效

(11) 将该特效添加至【时间轴】面板中的【数字】层上，在【效果控件】面板中展开 CC Light Burst 2.5 特效选项，将 Intensity 设置为 4710，将 Ray Length 设置为 143，如图 13.12 所示。

(12) 在【时间轴】面板中选择【数字】合成层，按 Ctrl+D 组合键，复制该图层，并展开该层的 CC Light Burst 2.5 选项，将 Intensity 设置为 6100，将 Ray Length 设置为 13，如图 13.13 所示。

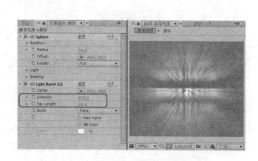

图 13.12　设置特效参数

图 13.13　设置参数

(13) 使用同样的方法，再次复制一个层，然后选择最后复制的图层，在【效果控件】

面板中将 Intensity 设置为 4070，将 Ray Length 设置为 203，将 Burst 设置为 Center，勾选 Set Color 复选框，将 Color 设置为白色，如图 13.14 所示。

(14) 至此，数字光球就制作完成了，按小键盘上的 0 键预览效果即可，在工具箱中选择【合成】|【添加到渲染队列】命令，如图 13.15 所示。

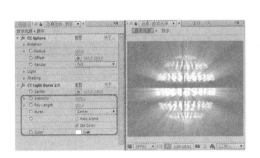

图 13.14　设置特效参数　　　　图 13.15　选择【添加到渲染队列】命令

(15) 打开【序列渲染】面板，单击【输出到右侧】的蓝色文字，在弹出的对话框中为其指定一个正确的存储路径，如图 13.16 所示。

(16) 设置完成后单击【保存】按钮，然后在【序列渲染】面板中单击【渲染】按钮，即可将效果进行渲染，如图 13.17 所示。

图 13.16　指定保存路径　　　　　图 13.17　渲染输出

13.2　古典灯光特效

本例将制作古典灯光特效，其中主要运用了一些【镜头光晕】特效和一些基本的操作，完成后的效果如图 13.18 所示。

图 13.18 古典灯光特效

(1) 启动 After Effects CC 软件，按 Ctrl+N 组合键，弹出【合成设置】对话框，将【合成名称】设置为"古典灯光"，将【宽度】设置为 1024，将【高度】设置为 512，将【像素长宽比】设置为"方形像素"，将持续时间设置为 0:00:10:00 秒，然后单击【确定】按钮，如图 13.19 所示。

(2) 按 Ctrl+I 组合键，弹出的【导入文件】对话框中选择随书附带光盘中 CDROM\素材\Cha13\01.jpg 素材，单击【导入】按钮，将其导入到【项目】面板中，如图 13.20 所示。

图 13.19 【合成设置】对话框

图 13.20 导入的素材文件

(3) 选择导入的素材文件，将其拖曳至【时间线】面板中，如图 13.21 所示。

(4) 新建一个纯色图层，并将其命名为【灯光】，将【宽度】设为 1024，将【高度】设为 512，将颜色设为黑色，并将该图层的【混合模式】设置为"屏幕"，如图 13.22 所示。

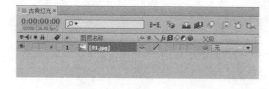

图 13.21 加入【时间线】面板

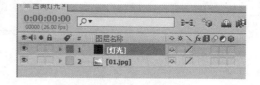

图 13.22 新建图层

(5) 为【灯光】图层添加【镜头光晕】特效，并将【光晕中心】设置为 519、209，将【光晕亮度】设为 80%，将【镜头类型】设置为"105 毫米定焦"，如图 13.23 所示。

(6) 使用同样的方法为【灯光】图层添加 CC Light Rays(CC 突发光)特效，将 Intensity(强度)设置为 10，将 Center(中心)设置为 519、209，如图 13.24 所示。

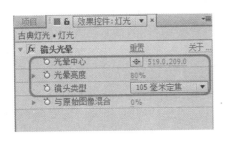

图 13.23　设置镜头光晕特效

图 13.24　设置【突发光】特效

　　(7)　选择【镜头光晕】特效和 CC Light Rays(CC 突发光)特效进行复制，并将【镜头光源 2】特效下的【光晕中心】设为 678、218，将 CC Light Rays(CC 突发光)特效下的 Center(中心)设为 678、218，如图 13.25 所示。

　　(8)　使用同样的方法为【灯光】图层添加【三色调】特效，并将【中间调】颜色设置为#AE7B42，如图 13.26 所示。

图 13.25　设置特效的位置

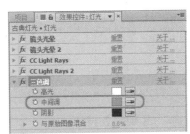

图 13.26　添加【三色调】特效

13.3　光彩丝带特效

　　本例为环境背景添加【镜头光晕】、CC Particle World(CC 粒子世界)和【色相/饱和度】等特效，并通过添加【分形杂色】、【贝塞尔曲线变形】、【色相/饱和度】和【发光】特效制作光彩丝带，制作完成后的效果如图 13.27 所示。

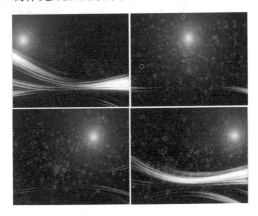

图 13.27　光彩丝带特效

(1) 启动 After Effects CC 软件，在【项目】面板中右击，在弹出的快捷菜单中选择【新建合成】命令，在弹出的【合成设置】对话框中，将【合成名称】设置为"合成 1"，【预设】设置为 PAL D1/DV，【宽度】设置为 720，【高度】设置为 576，【帧速率】设置为 25，【持续时间】设置为 0:00:10:00，【背景颜色】设置为黑色，如图 13.28 所示。

(2) 单击【确定】按钮，在菜单栏中选择【图层】|【新建】|【纯色】命令。在弹出的【纯色设置】对话框中，将【名称】设置为【背景】，大小与合成相同，【颜色】设置为黑色，如图 13.29 所示。

图 13.28 　【合成设置】对话框　　　　　图 13.29 　【纯色设置】对话框

(3) 单击【确定】按钮，选中【背景】层，在菜单栏中选择【效果】|【生成】|【镜头光晕】命令。在【合成 1】中的【背景】层的【效果】|【镜头光晕】的【光晕中心】设置为 67、171，【光晕亮度】设置为 120%，如图 13.30 所示。

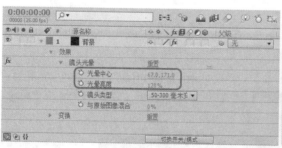

图 13.30 　设置【镜头光晕】

(4) 在【时间轴】面板中，将时间设置为 0:00:00:00，单击【镜头光晕】左侧的【时间变化秒表】按钮 。将时间设置为 0:00:09:24，将【光晕中心】设置为 641、171，如图 13.31 所示。

(5) 选中【背景】层，在菜单栏中选择【效果】|【颜色校正】|【色相/饱和度】命令。将【彩色化】设置为"开"，【着色色相】设置为-50°，【着色饱和度】设置为 60，【着色亮度】设置为-10，如图 13.32 所示。

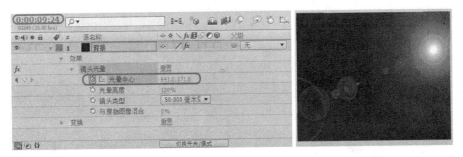

图 13.31　设置【光晕中心】

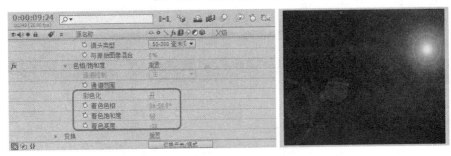

图 13.32　设置【色相/饱和度】

　　(6)　在【时间轴】面板的空白处右击，并选择【新建】|【纯色】命令。在弹出的【纯色设置】对话框中，将【名称】设置为"光彩丝带"，【宽度】设置为 400，【高度】设置为 800，【颜色】设置为白色，如图 13.33 所示。

　　(7)　单击【确定】按钮，选中"光彩效果"层，在菜单栏中选择【效果】|【杂色和颗粒】|【分形杂色】命令，在【效果控件】面板中，将【对比度】设置为 562，【亮度】设置为-111，【溢出】设置为"剪切"；在【变换】组中，取消勾选【统一缩放】复选框，将【缩放宽度】设置为 100，【缩放高度】设置为 3000，【偏移(湍流)】设置为 166、400，如图 13.34 所示。

图 13.33　【纯色设置】对话框

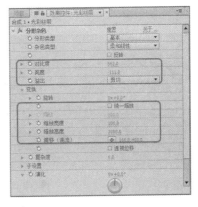

图 13.34　设置【色相/饱和度】

　　(8)　在【时间轴】面板中，将【光彩丝带】的【模式】设置为"屏幕"。将当前时间设置为 0:00:00:00，单击【效果】|【分形杂色】中【演化】左侧的【时间变化秒表】按钮 ，将【演化】设置为 0°，将当前时间设置为 0:00:04:00，将【演化】设置为 1x+0°，

将当前时间设置为 0:00:09:24，将【演化】设置为 1x+300°，如图 13.35 所示。

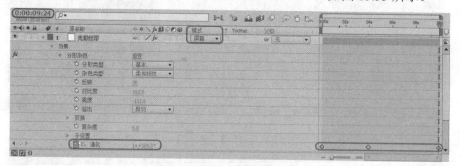

图 13.35　设置【演化】

(9) 选中【光彩效果】层，在菜单栏中选择【效果】|【扭曲】|【贝塞尔曲线变形】命令，在【合成】面板中，调整各个角点的位置，如图 13.36 所示。

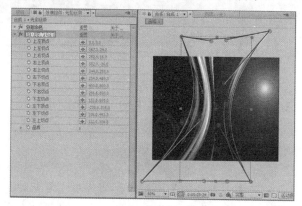

图 13.36　调整角点位置

(10) 选中【光彩效果】层，在菜单栏中选择【效果】|【颜色校正】|【色相/饱和度】命令，在【时间轴】面板中，将【彩色化】设置为"开"，【着色色相】设置为 0x+20°，【着色饱和度】设置为 42，如图 13.37 所示。

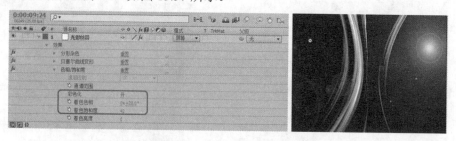

图 13.37　设置【色相/饱和度】

(11) 选中【光彩效果】层，在菜单栏中选择【效果】|【风格化】|【发光】命令，在【时间轴】面板中，将【发光半径】设置为 80，如图 13.38 所示。

(12) 将【光彩效果】层转换为 3D 图层，在【变换】组中，将【位置】设置为 360、475、100，【缩放】设置为 60、110、100，【方向】设置为 0°、0°、90°，如图 13.39 所示。

图 13.38　设置【发光半径】

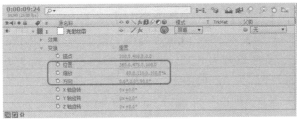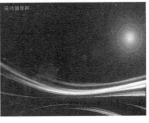

图 13.39　设置【变换】

(13) 选中【光彩效果】层，按 Ctrl+D 组合键，复制【光彩效果】层，如图 13.40 所示。

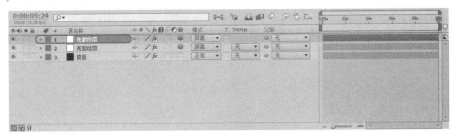

图 13.40　复制【光彩效果】层

(14) 将复制的【光彩效果】层下的【效果】|【色相/饱和度】展开，将【着色色相】设置为 280°，【着色饱和度】设置为 56，如图 13.41 所示。

图 13.41　设置色相/饱和度

(15) 在【变换】组中，将【位置】设置为 360、475、0，如图 13.42 所示。

(16) 在【时间轴】面板的空白处右击，并选择【新建】|【纯色】命令。在弹出的【纯色设置】对话框中，将【名称】设置为【气泡】，【宽度】设置为 700，【高度】设置为 576，如图 13.43 所示。

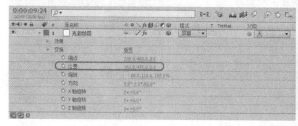

图 13.42　设置【位置】

(17) 单击【确定】按钮，选中【气泡】层，在菜单栏中选择【效果】|【模拟】| CC Particle World 命令，在【效果控件】面板中，将 Longevity(sec)设置为 3，在 Producer 组中，将 Radius X 设置为 0.81，Radius Y 设置为 0.305，Radius Z 设置为 0.645，在 Physics 组中，将 Velocity 设置为 0，Gravity 设置为 0，如图 13.44 所示。

图 13.43　【纯色设置】对话框

图 13.44　设置参数

(18) 在 Particle 组中，将 Particle Type 设置为 Lens Bubble，Birth Size 设置为 0.1，Death Size 设置为 0.2，如图 13.45 所示。

(19) 在【时间轴】面板中，将【气泡】层的模式更改为"屏幕"，如图 13.46 所示。

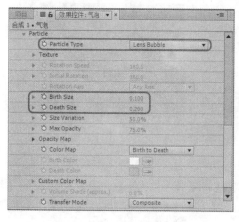

图 13.45　设置参数

图 13.46　设置模式

(20) 最后将合成渲染输出并保存文件。

13.4 水墨画效果

下面制作水墨画效果，其中主要利用了【梯度渐变】、【径向擦除】和摄影机的设置，其完成后的效果如图 13.47 所示。

图 13.47 水墨画效果

(1) 启动软件后，按 Ctrl+N 组合键，弹出【合成设置】对话框，将【合成名称】设置为"水墨画"，将【宽度】设为 1024，将【高度】设为 768，将【持续时间】设为 0:00:10:00，然后单击【确定】按钮，如图 13.48 所示。

(2) 按 Ctrl+I 组合键，弹出【导入文件】对话框，选择随书附带光盘中 CDROM\素材\Cha13\02.jpg、03.png/04.mov 素材，然后单击【导入】按钮，如图 13.49 所示。

图 13.48 【合成设置】对话框

图 13.49 选择导入的素材文件

(3) 新建一个【纯色】图层，在弹出的【纯色设置】对话框中将【名称】设置为"背景"，将【宽度】设为 1024，将【高度】设为 768，然后单击【确定】按钮，如图 13.50 所示。

(4) 在【特效和预设】面板中选择【梯度渐变】特效，并为【背景】图层添加该特效，如图 13.51 所示。

(5) 在【效果控件】面板中将【渐变起点】的位置设为 512、381，将【起始颜色】设为白色。将【渐变终点】的位置设为 512、1241，将【结束颜色】的 RGB 值设为 142、142、142，将【渐变形状】设为【径向渐变】，如图 13.52 所示。

(6) 在菜单栏选择【横排文字工具】，在【合成】面板中输入【景秀川】文字，在【字符】面板中将字体设为【方正行楷简体】，将文字颜色设为黑色，将字体大小设为 150，如图 13.53 所示。

图 13.50 新建【纯色】图层

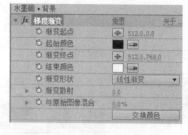

图 13.51 添加【梯度渐变】特效

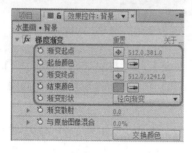

图 13.52 设置特效参数

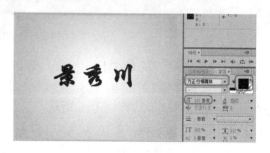

图 13.53 设置字体

(7) 选择【景秀川】图层，将开始时间设为 0，将其结束时间设为 0:00:01:15，如图 13.54 所示。

(8) 选择 02.jpg 文件将其拖曳至【时间轴】面板中，将其开始时间设为 0:00:01:16，将结束时间设为 0:00:06:00 秒，如图 13.55 所示。

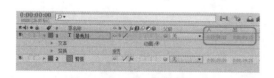

图 13.54 设置持续时间

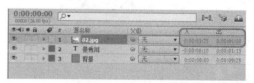

图 13.55 设置持续时间

(9) 选择 03.png 素材文件拖曳至【时间轴】面板 02.jpg 图层的上方，并开启【3D 图层】模式，将【位置】设为 590、368、0，将【缩放】设置为 218、218、218，如图 13.56 所示。

(10) 将 03.png 图层的开始时间设为 0:00:01:16，将结束时间设为 6 秒，如图 13.57 所示。

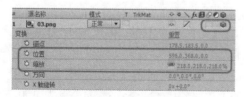

图 13.56 设置特效参数

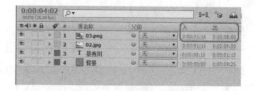

图 13.57 设置持续时间

(11) 在菜单栏中选择【直排文字工具】，在【合成】面板中输入"画中游"，将字体设为【方正行楷简体】，将字体颜色的 RGB 值设为 109、102、102，将字体大小设为 150，如图 13.58 所示。

(12) 选择【画中游】图层，将其开始时间与 03.png 图层开始与结束相同，并开启【3D 图层模式】，如图 13.59 所示。

图 13.58　设置文字　　　　　　　　　　图 13.59　设置持续时间

(13) 将 04.mov 拖曳至【时间轴】面板中，并将该图层的模式设置为"相减"，将【位置】设为 505、180，将【缩放】设为 219、219%，将【旋转】设为 0x+40°，将【不透明度】设置为 40%，如图 13.60 所示。

(14) 选择 04.mov 图层，并在该图层上右击，在弹出的快捷菜单中选择【时间】下的【时间伸缩】，随即弹出【时间伸缩】对话框，将【新持续时间】设为 0:00:02:00，然后单击【确定】按钮，如图 13.61 所示。

图 13.60　进行设置　　　　　　　　　　图 13.61　设置伸缩时间

(15) 新建一个【摄像机】图层，在弹出的【摄像机设置】对话框中，将【预设】设为 20 毫米，然后单击【确定】按钮，如图 13.62 所示。

(16) 将当前时间设 0:00:01:16，将【摄像机 1】图层下的位置的值为 512、384、-1184，并单击其左侧的添加关键帧按钮，然后将当前时间设置为 0:00:02:16，将【位置】设置为 512、384、-769，如图 13.63 所示。

(17) 在【项目】面板中将【05.jpg】文件拖曳至【时间轴】面板中，并将其起始时间设为 0:00:04:01，将结束时间设为 0:00:07:24，如图 13.64 所示。

(18) 在【效果预设】面板中选择【线性擦除】特效，并为其添加该特效，将【擦除角度】设为 0x-66°，将【羽化】设为 130，如图 13.65 所示。

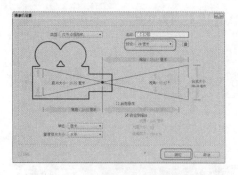

图 13.62 【摄像机设置】对话框

图 13.63 设置位置

图 13.64 设置持续时间

图 13.65 设置特效参数

(19) 将当前时间设为 0:00:04:00，在【特效控件】面板中将【过渡完成】设为 100，并单击其右侧的添加关键帧按钮，将当前列时间设为 0:00:06:00，将【过渡完成】设为 0，如图 13.66 所示。

(20) 将 06.jpg 素材拖曳至【时间轴】面板中，并将【开始时间】设为 0:00:08:00，将【结束时间】设为 0:00:09:23，如图 13.67 所示。

图 13.66 添加关键帧

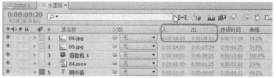

图 13.67 设置持续时间

(21) 在菜单栏选择【直排文字工具】，在【合成】面板中输入"诗情画意"，并在【字符】面板中将字体设为"方正行楷简体"，将字体颜色的 RGB 值设为 95、76、17，将字体大小设为 150，如图 13.68 所示。

(22) 选择【诗情画意】图层，将【开始时间】设为 0:00:08:00，将【结束时间】设为 0:00:09:20，如图 13.69 所示。

图 13.68 设置字体

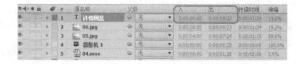

图 13.69 设置持续时间

(23) 在【效果和预设】面板中选择【凸出】特效，并为其添加该特效，将【水平半径】和【垂直半径】都设为 110，如图 13.70 所示。

(24) 将当前时间设为 0:00:08:00，将【凸出中心】设为 910、102，并单击其右侧的添加关键帧按钮，然后将当前时间设为 0:00:09:23，将【凸出中心】的位置设为 910、566，如图 13.71 所示。

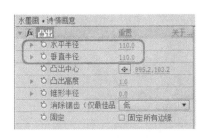

图 13.70　设置特效参数

图 13.71　添加关键帧

(25)【04.mov】素材拖曳至【时间轴】面板中，并选择该图层，将【混合模式】设为【相减】，选择该图层并右击，在弹出的快捷菜单中选择【时间】下的【时间伸缩】命令，弹出【时间伸缩】对话框，将【新持续时间】设置为 0:00:01:24，然后单击【确定】按钮，如图 13.72 所示。

(26) 选择【04.mov】图层，将【位置】设为 839、384，将【不透明度】设为 30%，如图 13.73 所示。

图 13.72　【时间伸缩】对话框

图 13.73　设置【位置】和【不透明度】

(27) 选择【04.mov】图层，将【开始时间】设为 0:00:08:00，将【结束时间】设为 0:00:09:23，如图 13.74 所示。

图 13.74　设置持续时间

第 14 章 项目指导——制作旅游宣传片

本案例将介绍制作一个旅游宣传短片，首先创建一个遮罩动画，然后将图像与遮罩合成，搭配相应的文字，最后添加一个合适的音频文件。其效果如图 14.1 所示。

图 14.1 旅游宣传片

14.1 导入素材文件

在制作视频之前，首先要收集制作视频过程中需要用到的图像文件，然后将其素材导入到【项目】面板中。导入素材的具体操作步骤如下。

(1) 启动 After Effects CC 软件，在菜单栏中选择【文件】|【导入】|【文件】命令，如图 14.2 所示。

(2) 弹出【导入文件】对话框，在该对话框中选择随书附带光盘中的 CDROM\素材\Cha14文件夹中的所有图像素材，如图 14.3 所示。

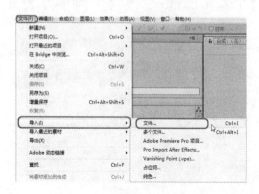

图 14.2 选择【文件】命令

图 14.3 选择素材文件

（3）　单击【导入】按钮，即可将选择的素材文件导入到【项目】面板中。

14.2　创建遮罩合成

下面制作一个遮罩的合成文件，首先创建一个纯色图层，为其添加遮罩，然后通过添加关键帧来设置透明度的过渡动画。其具体操作步骤如下。

（1）　在【项目】面板中右击，在弹出的快捷菜单中选择【新建合成】命令，如图 14.4 所示。

（2）　打开【合成设置】对话框，在对话框中将【合成名称】设置为【遮罩】，将【预设】设置为"自定义"，将【宽度】和【高度】分别设置为 1920、1080，将【像素长宽比】设置为"方形像素"，将【帧速率】设置为 30，将【持续时间】设置为 0:00:05:20，如图 14.5 所示。

图 14.4　选择【新建合成】命令

图 14.5　【合成设置】对话框

（3）　设置完成后单击【确定】按钮，即可新建一个合成文件，在【时间轴】面板中右击，在弹出的快捷菜单中选择【新建】|【纯色】命令，如图 14.6 所示。

（4）　打开【纯色设置】对话框，在该对话框中将【名称】设置为【矩形 1】，将【颜色】设置为白色，其他参数均为默认设置，如图 14.7 所示。

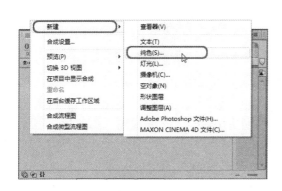

图 14.6　选择【纯色】命令

图 14.7　【纯色设置】对话框

（5）设置完成后单击【确定】按钮，在工具箱中选择【矩形工具】按钮，在【时间轴】面板中选择【矩形 1】层，在【合成】面板中绘制一个矩形，如图 14.8 所示。

（6）在【时间轴】面板中选择【矩形 1】层，展开该图层的【变换】选项，将【位置】设置为 1348、540，将当前时间设置为 0:00:00:00，将【不透明度】设置为 0，并单击该选项左侧的【时间变化秒表】按钮，如图 14.9 所示。

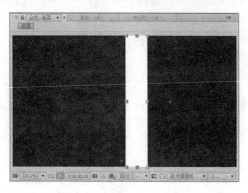
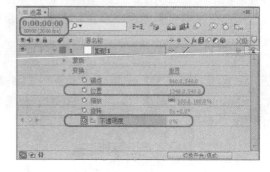

图 14.8　绘制矩形蒙版　　　　　　　图 14.9　设置【变换】参数

（7）将当前时间设置为 0:00:01:00，将【不透明度】设置为 100%，如图 14.10 所示。

（8）将当前时间设置为 0:00:03:10，单击【不透明度】左侧的【在当前位置添加或移除关键帧】按钮，然后将当前时间设置为 0:00:04:10，将【不透明度】设置为 0，如图 14.11 所示。

图 14.10　设置【不透明度】参数　　　　图 14.11　添加关键帧并设置参数

（9）在【时间轴】面板中选择【矩形 1】层，按 Ctrl+D 组合键复制该层，然后选择复制后的图层，打开该图层的【变换】选项，将【位置】设置为 1542、540，然后将当前时间设置为 0:00:00:10，选择【不透明度】右侧的两个关键点，将其拖曳，使其第一个关键点与时间线对齐，如图 14.12 所示。

（10）使用同样的方法，再次复制一个图层，展开复制后的图层的【变换】选项，将【位置】设置为 1736、540，然后将当前时间设置为 0:00:00:20，选择【不透明度】右侧的两个关键点，将其拖曳，使其第一个关键点与时间线对齐，如图 14.13 所示。

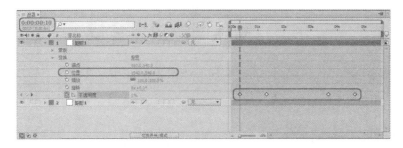

图 14.12　调整关键帧位置

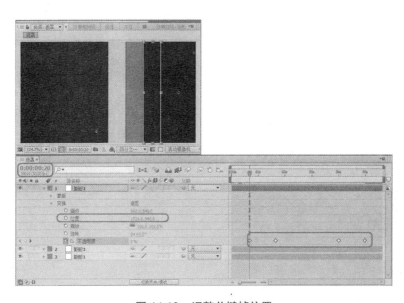

图 14.13　调整关键帧位置

(11) 使用同样的方法，复制其他图层并设置其位置及调整关键帧的位置，如图 14.14 所示。

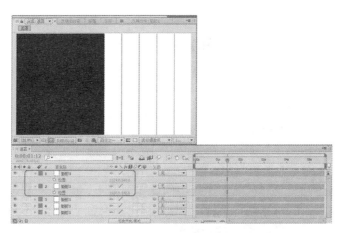

图 14.14　复制其他图层并调整关键帧

(12) 使用同样的方法，制作向左侧变换的动画效果。

14.3　制作图像过渡合成

遮罩合成制作完成了，下面将介绍怎样制作图像过渡动画。但是在制作之前，首先创建图像过渡合成中需要的合成文件。

14.3.1　制作文字动画

首先制作一个文字动画的合成文件，输入文字后为其设置各个参数，然后为其添加 Evaporate 特效。其具体操作步骤如下。

(1) 按 Ctrl+N 组合键，打开【合成设置】对话框，在该对话框中将【合成名称】设置为"文字动画"，将【预设】设置为"自定义"，将【持续时间】设置为 0:00:15:00，其他均为默认设置，如图 14.15 所示。

(2) 设置完成后单击【确定】按钮，在【时间轴】面板中右击，在弹出的快捷菜单中选择【新建】|【文本】命令，如图 14.16 所示。

图 14.15　【合成设置】对话框

图 14.16　选择【文本】命令

(3) 新建一个文本图层，在【合成】面板中输入文本信息，并选择输入的文本，在【字符】面板中将字体系列设置为"方正粗圆简体"，将字体大小设置为 9%，将字符间距设置为 150，将填充颜色设置为白色，如图 14.17 所示。

(4) 在【时间轴】面板中选择文本图层，按 P 键打开该图层的【位置】选项，将【位置】设置为 134.6、949，如图 14.18 所示。

(5) 打开【效果和预设】面板，在该面板中选择【动画预设】| Text | Evaporate 特效，如图 14.19 所示。

(6) 将该特效添加至【时间轴】面板中的文本图层上，并展开【文本】选项，然后在【文本】选项中展开 Range Selector1 选项，将当前时间设置为 0:00:00:00，选择【偏移】选项右侧的两个关键点，向左移动位置，使第一个关键点与时间线对齐，如图 14.20 所示。

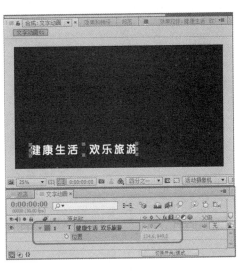

图 14.17 输入文本并设置其参数

图 14.18 设置文本位置参数

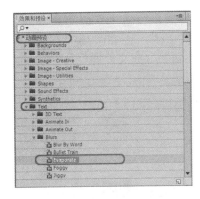

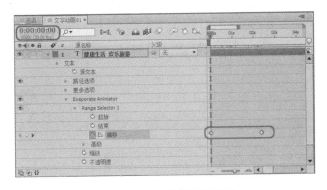

图 14.19 选择【Evaporate】特效

图 14.20 调整关键帧位置

(7) 将当前时间设置为 0:00:00:00，设置【偏移】为 30，如图 14.21 所示。

(8) 将当前时间设置为 0:00:02:11，设置【偏移】为-18，如图 14.22 所示。

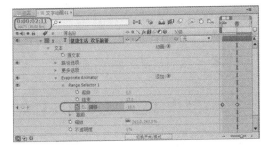

图 14.21 设置关键帧

图 14.22 设置关键帧

(9) 在【效果和预设】面板中选择【透视】|【投影】特效，并将其添加至【时间轴】的文本图层上，如图 14.23 所示。

图 14.23　添加【投影】特效

14.3.2　创建【合成图像 01】

文字动画合成文件制作完成了，下面将介绍制作合成图像，将制作的文字动画合成嵌套到合成图像中，操作方法如下。

(1) 按 Ctrl+N 组合键，在弹出的对话框中将其重命名为【合成图像 01】，其他均为默认设置，如图 14.24 所示。

(2) 设置完成后单击【确定】按钮，在【项目】面板中选择 001.png 素材和【文字动画 01】合成，将其添加至【时间轴】面板中，将【文字动画】合成文件调整至 001.png 素材文件的上层，如图 14.25 所示。

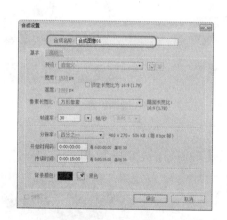

图 14.24　【合成设置】对话框

图 14.25　添加素材文件

14.3.3　制作【图像过渡 01】合成

文字动画和图像合成都制作完成了，下面将介绍怎样对这两个合成进行嵌套。其具体操作步骤如下。

(1) 按 Ctrl+N 组合键，在弹出的对话框中将其重命名为【图像过渡 01】，将【持续时间】设置为 0:00:05:20，其他均为默认设置，如图 14.26 所示。

(2) 设置完成后单击【确定】按钮，即可新建一个合成文件，在【项目】面板中选择【遮罩】合成和【合成图像 01】合成文件，将其添加至【时间轴】面板中，将【遮罩】合成调整至【合成图像 01】上方，如图 14.27 所示。

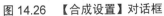

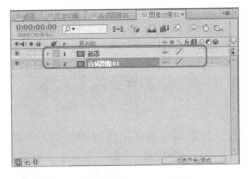

图 14.26　【合成设置】对话框　　　　　　　　　图 14.27　添加合成文件

(3)　选择【合成图像 01】图层，按 S 键打开该图层的【缩放】选项，将当前时间设置为 0:00:00:00，单击【缩放】左侧的【时间变化秒表】按钮，然后将当前时间设置为 0:00:14:29，将【缩放】设置为 120、120%，如图 14.28 所示。

(4)　选择【合成图像 01】图层，将【轨道遮罩】设置为"亮度遮罩'遮罩'"，如图 14.29 所示。

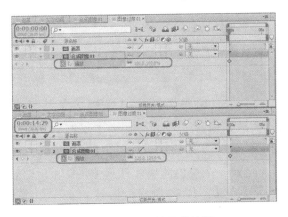

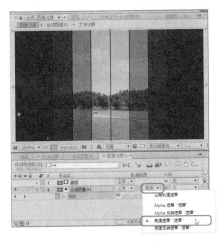

图 14.28　设置位置关键帧　　　　　　　　　　图 14.29　设置轨道遮罩

(5)　使用同样的方法，制作其他图像过渡合成，如图 14.30 所示。

图 14.30　制作完成后的效果

14.4　制作片尾合成

一个宣传片，片尾的部分也是占据着很重要的部分，下面将介绍制作宣传片的片尾部分。

14.4.1　新建【渐变层】合成

下面将介绍通过创建一个合成文件，然后在该合成文件中新建一个纯色图层，并为纯色图层添加特效，制作出渐变的效果。其具体操作步骤如下。

(1) 按 Ctrl+N 组合键，打开【合成设置】对话框，在该对话框中将其重命名为【渐变层】，并将其【持续时间】设置为 0:00:08:20，其他参数均为默认设置，如图 14.31 所示。

(2) 设置完成后单击【确定】按钮，在【时间轴】面板中右击，在弹出的快捷菜单中选择【新建】|【纯色】命令，如图 14.32 所示。

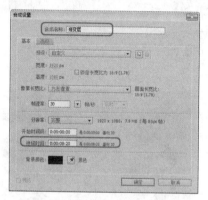
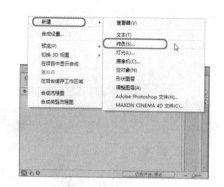

图 14.31　【合成设置】对话框　　　　图 14.32　选择【纯色】命令

(3) 打开【纯色设置】对话框，在该对话框中将【名称】设置为【渐变】，将【颜色】设置为白色，如图 14.33 所示。

(4) 设置完成后单击【确定】按钮，即可创建一个纯色图层，打开【效果和预设】面板，在该面板中选择【生成】|【梯度渐变】特效，如图 14.34 所示。

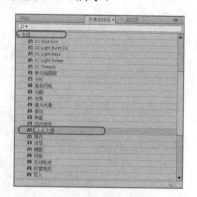

图 14.33　【纯色设置】对话框　　　　图 14.34　选择【梯度渐变】特效

(5)　选择该特效，将其添加至【时间轴】面板中的【渐变】图层上，打开【效果控件】面板，将【梯度渐变】选项下的【渐变起点】设置为 1920、541，将【渐变终点】设置为 0、541，如图 14.35 所示。

图 14.35　调整参数

14.4.2　新建 Logo 合成

下面介绍怎样创建 Logo 字幕的合成。其具体操作步骤如下。

(1)　按 Ctrl+N 组合键，打开【合成设置】对话框，在该对话框中将其重命名为 Logo，并将其【持续时间】设置为 0:00:12:10，其他参数均为默认设置，如图 14.36 所示。

(2)　设置完成后单击【确定】按钮，在【项目】面板中选择 logo.png 素材文件，将其拖曳至【时间轴】面板中，展开该素材的【变换】选项，将【位置】设置为 684、535，将【缩放】设置为 46、46%，如图 14.37 所示。

图 14.36　【合成设置】对话框

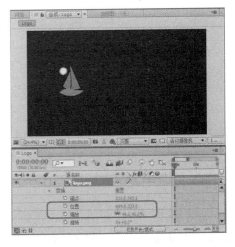

图 14.37　设置【变换】参数

(3)　在【时间轴】面板中右击，在弹出的快捷菜单中选择【新建】|【文本】命令，在

【合成】面板中输入文本，并选择输入的文本，在【字符】面板中将字体系列设置为【汉仪综艺体简】，将字体大小设置为 150，将字符间距设置为 100，将填充颜色的 RGB 值设置为 55、145、1，如图 14.38 所示。

(4) 将其调整至合适的位置，使用同样的方法，再次创建一个文本图层并输入相应的文本信息，将字体大小设置为 75，如图 14.39 所示。

图 14.38　设置文字属性

图 14.39　输入文本并设置字体大小

14.4.3　新建片尾合成

下面将介绍片尾的合成文件。其具体操作步骤如下。

(1) 按 Ctrl+N 组合键，打开【合成设置】对话框，在该对话框中将其重命名为【片尾】，将【帧速率】设置为 25，并将其【持续时间】设置为 0:00:08:20，其他参数均为默认设置，如图 14.40 所示。

(2) 设置完成后单击【确定】按钮，在【项目】面板中选择【渐变】固态层、Logo 合成、【渐变层】合成和 004.png 素材文件，将其依次拖曳至【时间轴】面板中，如图 14.41 所示。

(3) 打开【效果和预设】面板，在该面板中选择【生成】| CC Light Burst 2.5 特效，如图 14.42 所示。

(4) 将选择的特效添加至【时间轴】面板中的 Logo 图层上，然后按住 Shift 键的同时选择 004.png 图层和【渐变层】图层，单击图层左侧的 按钮，隐藏图层的显示，如图 14.43 所示。

(5) 选择 Logo 图层，将当前时间设置为 0:00:00:00，打开【效果控件】面板，将 CC Light Burst 2.5 选项下的 Center 设置为 1832、544，将 Ray Length 设置为 115，并单击 Center 和 Ray Length 左侧的 按钮，如图 14.44 所示。

(6) 将当前时间设置为 0:00:03:10，在【时间轴】面板中展开单击 CC Light Burst 2.5

选项，单击 Center 和 Ray Length 选项左侧的【在当前时间添加或移除关键点】按钮，如图 14.45 所示。

图 14.40　【合成设置】对话框

图 14.41　添加素材

图 14.42　选择【CC Light Burst 2.5】特效

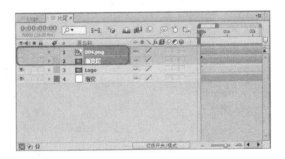

图 14.43　隐藏图层

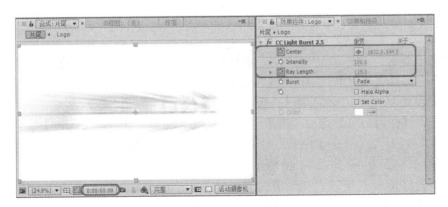

图 14.44　设置关键帧动画

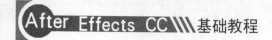

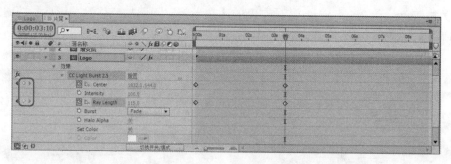

图 14.45 添加关键点

(7) 将当前时间设置为 0:00:07:15，将 Center 设置为 40、548，将 Ray Length 设置为 15，如图 14.46 所示。

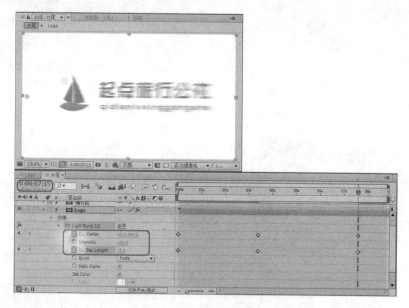

图 14.46 设置关键帧

(8) 将当前时间设置为 0:00:08:00，将【Ray Length】设置为 0.5，如图 14.47 所示。

(9) 单击 004.png 图层左侧的 按钮，显示该图层，在【效果和预设】面板中选择【模拟】|【碎片】特效，如图 14.48 所示。

(10) 将选择的特效添加至 004.png 素材文件上，并展开其选项，将【视图】设置为 "已渲染"，展开【形状】选项，将【图案】设置为 "正方形"，将【重复】设置为 40，将【源点】设置为 1648、724，将【凸出深度】设置为 0，如图 14.49 所示。

(11) 展开【作用力 1】选项，将【位置】设置为 314、710，将【深度】设置为 0.2，将【半径】设置为 2，展开【作用力 2】，将【位置】设置为 0、0，将【深度】设置为 0，将【强度】设置为 0，如图 14.50 所示。

(12) 展开【渐变】选项，将当前时间设置为 0:00:03:00，单击【碎片阈值】左侧的【时间变化秒表】按钮 ，如图 14.51 所示。

(13) 将当前时间设置为 0:00:05:00，将【碎片阈值】设置为 100%，如图 14.52 所示。

(14) 将【渐变图层】设置为【2.渐变层】，将【反转渐变】设置为【开】，展开【物理学】选项，将【旋转速度】设置为 0，将【随机性】设置为 0.2，将【黏度】设置为 0，将【大规模方差】设置为 20%，将【重力】设置为 6，将【重力方向】设置为 0x+90°，将【重力倾向】设置为 80，如图 14.53 所示。

图 14.47　设置关键帧动画

图 14.48　选择【碎片】特效

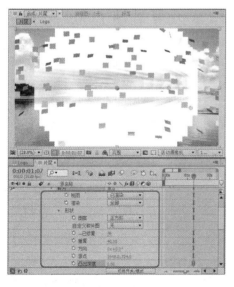

图 14.49　设置参数

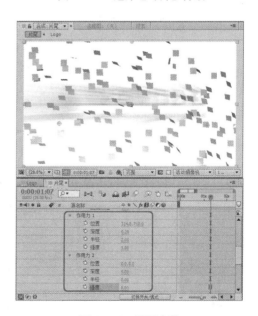

图 14.50　设置参数

(15) 展开【纹理】选项，将【摄像机系统】设置为【边角定位】选项，然后展开【灯光】选项，将【灯光位置】设置为 970、315.5，如图 14.54 所示。

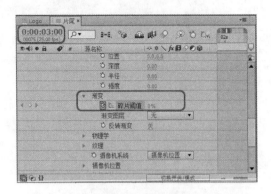

图 14.51 添加关键帧

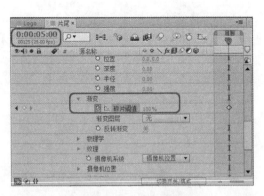

图 14.52 设置参数

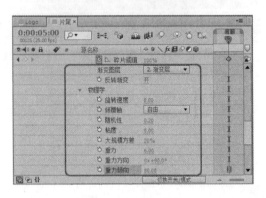

图 14.53 设置参数

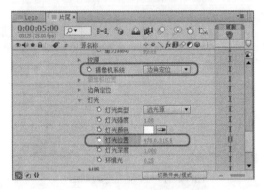

图 14.54 设置参数

(16) 在【时间轴】面板中右击，在弹出的快捷菜单中选择【新建】|【文本】命令，然后在合成面板中输入文本信息，并选择输入的文本，在【字符】面板中将字体系列设置为【方正准圆简体】，将字体大小设置为 141，将填充颜色设置为白色，将字符间距设置为 150，如图 14.55 所示。

(17) 选择文本图层，为其添加 Evaporate 特效，然后将当前时间设置为 0:00:00:20，展开【效果】选项，展开 Range Selector1 选项，选择【偏移】右侧的两个关键点，将其向右移动，使第一个关键点与时间线对齐，如图 14.56 所示。

图 14.55 设置文本属性

图 14.56 调整关键点

(18) 将当前时间设置为 0:00:00:20，将【偏移】设置为 30，如图 14.57 所示。

(19) 将当前时间设置为 0:00:02:00，调整【偏移】右侧的第二个关键点，使其与时间线对齐，如图 14.58 所示。

图 14.57 设置关键帧参数   图 14.58 设置关键帧参数

(20) 然后将当前时间设置为 0:00:03:00，单击【偏移】左侧的【在当前时间添加或移除关键帧】按钮 ，如图 14.59 所示。

(21) 将当前时间设置为 0:00:04:10，将【偏移】设置为 30，如图 14.60 所示。

(22) 至此，宣传片的片尾部分就制作完成了。

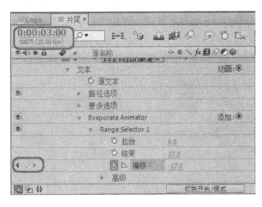
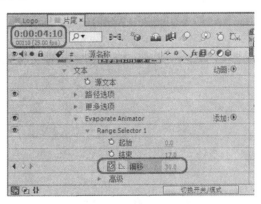

图 14.59 添加关键帧   图 14.60 设置关键帧参数

14.5 最 终 合 成

下面将介绍宣传片的最终合成文件的制作过程，将之前做好的各个合成文件嵌套到一个合成中。其具体操作步骤如下。

(1) 按 Ctrl+N 组合键，打开【合成设置】对话框，在该对话框中将其重命名为【片尾】，将【帧速率】设置为 30，并将其【持续时间】设置为 0:00:24:01，其他参数均为默认设置，如图 14.61 所示。

(2) 设置完成后单击【确定】按钮，在【项目】面板中选择【图像过渡 01】合成文件，将其拖曳至【时间轴】面板中，然后将当前时间设置为 0:00:05:05，在【时间轴】面板中添加【图像过渡 02】合成文件，将其调整至【图像过渡 01】图层的方法，将其开始位置与时间线对齐，如图 14.62 所示。

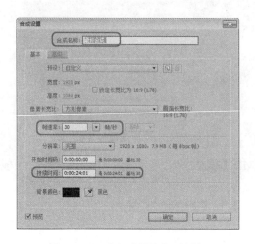

图 14.61　【合成设置】对话框

图 14.62　添加图层

(3)　使用同样的方法，将当前时间设置为 0:00:10:10，在【图像过渡 02】图层的上方添加【图像过渡 03】图层，并将其开始位置与时间线对齐，如图 14.63 所示。

(4)　将当前时间设置为 0:00:15:05，在【时间轴】的最下层添加【片尾】合成，使其开始位置与时间线对齐，如图 14.64 所示。

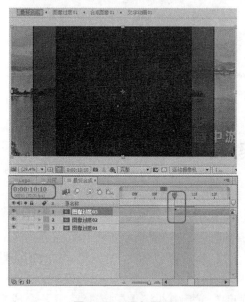

图 14.63　添加图层

图 14.64　添加图层

(5)　打开该图层的【不透明度】选项，单击【不透明度】左侧的【时间变化秒表】按钮，并将【不透明度】设置为 0，如图 14.65 所示。

(6)　将当前时间设置为 0:00:15:25，将【不透明度】设置为 100%，如图 14.66 所示。

图 14.65　设置【不透明度】

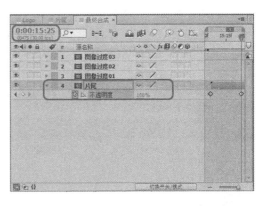

图 14.66　设置【不透明度】

14.6　添加音频文件并输入视频

下面将介绍怎样为制作的影片添加一个音频文件并导出视频。其具体操作步骤如下。

(1)　在【时间轴】面板中选择【背景音乐】素材文件，将其添加至【时间轴】面板中，如图 14.67 所示。

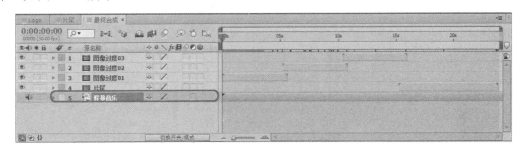

图 14.67　添加背景音乐

(2)　确认当前选择的合成为【最终合成】，在菜单栏中选择【合成】|【添加到渲染队列】命令，如图 14.68 所示。

(3)　打开【渲染队列】面板，单击【渲染设置】右侧的蓝色按钮，打开【渲染设置】对话框，在【时间采样】选项组中将【使用此帧速率】设置为 25，如图 14.69 所示。

(4)　设置完成后单击【确定】按钮，然后单击【输出模块】右侧的蓝色按钮，打开【输出模块设置】对话框，在该对话框中单击【视频输出】选项组中的【格式选项】按钮，如图 14.70 所示。

(5)　打开【AVI 选项】对话框，将【视频编解码器】设置为 DV PAL 选项，如图 14.71 所示。

(6)　设置完成后单击【确定】按钮，在该面板中单击【输出到】右侧的蓝色文字，在弹出的对话框中为其指定一个正确的存储路径，并将其重命名为"旅游宣传短片"，如图 14.72 所示。

(7)　设置完成后单击【保存】按钮，然后单击【渲染】按钮，系统便会以进度条的形式进行输出，如图 14.73 所示。

图 14.68　选择【添加到渲染队列】命令

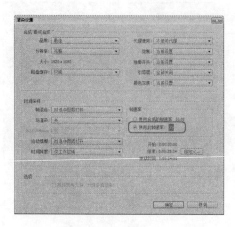

图 14.69　【渲染设置】对话框

图 14.70　【输出模块设置】对话框

图 14.71　选择 DV PAL 选项

图 14.72　指定保存路径

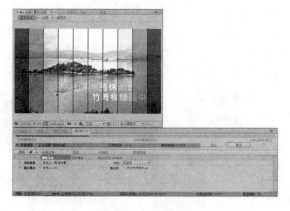

图 14.73　输出视频

第15章　项目指导——电视节目预告

随着 After Effects CC 功能的不断增强,越来越多的设计人员选择利用该软件制作电视节目的预告短片。本章将根据前面所学的知识来制作电视节目预告,效果如图 15.1 所示,其中包括如何制作开始动画、文字过渡动画、节目预告动画等。通过本章的学习,读者能够对前面所学的知识进行巩固。

图 15.1　电视节目预告短片

15.1　制作开始动画

本节将介绍如何制作电视节目预告的开始动画,其中包括制作背景合成、三角动画合成等。

15.1.1　制作背景合成

在制作开始动画之前,首先要制作背景合成,其具体操作步骤如下。

(1) 启动 After Effects CC 软件,在菜单栏中选择【合成】|【新建合成】命令,如图 15.2 所示。

(2) 在弹出的对话框中将【合成名称】设置为【背景】,将【预设】设置为 HDTV 1080 25,将【持续时间】设置为 0:00:10:00,如图 15.3 所示。

图 15.2　选择【新建合成】命令

图 15.3　【合成设置】对话框

（3）设置完成后，单击【确定】按钮，在【时间轴】面板中右击，在弹出的快捷菜单中选择【新建】|【纯色】命令，如图 15.4 所示。

（4）在弹出的对话框中将【名称】设置为"背景(图)"，将【宽度】和【高度】分别设置为 1920、1080，将【颜色】的 RGB 值设置为 157、157、157，如图 15.5 所示。

图 15.4　选择【纯色】命令

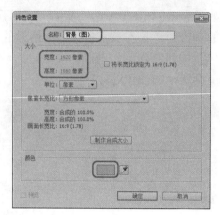

图 15.5　设置纯色

（5）设置完成后，单击【确定】按钮，再在【时间轴】面板中右击，在弹出的快捷菜单中选择【新建】|【纯色】命令，如图 15.6 所示。

（6）在弹出的对话框中将【名称】设置为【背景高光】，将【颜色】的 RGB 值设置为 255、255、255，如图 15.7 所示。

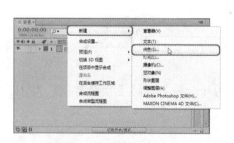

图 15.6　选择【纯色】命令

图 15.7　设置纯色

（7）设置完成后，单击【确定】按钮，在工具栏中选择【圆角矩形工具】，在【合成】面板中绘制一个圆角矩形，如图 15.8 所示。

（8）在【时间轴】面板中将【蒙版羽化】设置为 455、455，将【蒙版扩展】设置为-117，如图 15.9 所示。

（9）在【效果和预设】面板中选择【生成】|【填充】特效，如图 15.10 所示。

（10）双击该特效，为选中的图层添加该特效，在【效果控件】面板中将【颜色】的 RGB 值设置为 219、218、208，如图 15.11 所示。

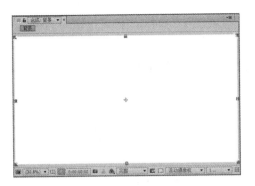

图 15.8　绘制圆角矩形

图 15.9　设置蒙版参数

图 15.10　选择【填充】特效

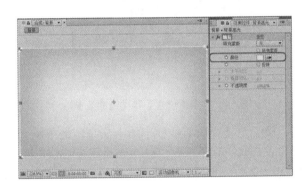

图 15.11　设置填充颜色

15.1.2　制作 Logo

下面将介绍如何制作电视节目的 Logo。其具体操作步骤如下。

(1) 按 Ctrl+N 组合键，在弹出的对话框中将【合成名称】设置为【Logo】，将【预设】设置为 HDV/HDTV 720 25，将【背景颜色】的 RGB 值设置为 255、255、255，如图 15.12 所示。

(2) 设置完成后，单击【确定】按钮，按 Ctrl+I 组合键，在弹出的对话框中选择随书附带光盘中的 CDROM\素材\Cha15\logo.png 素材文件，如图 15.13 所示。

图 15.12　设置合成参数

图 15.13　选择素材文件

381

（3）单击【导入】按钮，在【项目】面板中选择导入的素材文件，按住鼠标将其拖曳至 Logo 合成中，将【变换】下的【位置】设置为 248、364，将【缩放】设置为 28、28%，如图 15.14 所示。

（4）在【时间轴】面板中右击，在弹出的快捷菜单中选择【新建】|【文本】命令，如图 15.15 所示。

图 15.14　设置【位置】和【缩放】参数

图 15.15　选择【文本】命令

（5）在【合成】面板中输入文字，选中输入的文字，在【字符】面板中将字体设置为【方正书宋简体】，将字体大小设置为 243，将字体颜色的 RGB 值设置为 0、0、0，将字符间距设置为 10，分别单击【仿粗体】和【仿斜体】按钮，如图 15.16 所示。

（6）设置完成后，继续选中该文字图层，在【时间轴】面板中将【变换】下的【位置】设置为 352、440，如图 15.17 所示。

图 15.16　输入文字并进行设置

图 15.17　设置【位置】参数

15.1.3　制作 Logo 动画

制作完成 Logo 后，下面将介绍如何制作电视节目的 Logo 动画。其具体操作步骤如下。

（1）按 Ctrl+N 组合键，在弹出的对话框中将【合成名称】设置为"Logo 和背景"，将【持续时间】设置 0:00:10:00，如图 15.18 所示。

（2）设置完成后，单击【确定】按钮，在【项目】面板中选择【背景】，按住鼠标将其拖曳至【Logo 和背景】合成中，如图 15.19 所示。

（3）在【项目】面板中选择 Logo，按住鼠标将其拖曳至【Logo 和背景】合成中，添加后的效果如图 15.20 所示。

（4）按 Ctrl+N 组合键，在弹出的对话框中将【合成名称】设置为"形状动画 1"，将【持续时间】设置为 0:00:10:00，其他参数保持默认即可，如图 15.21 所示。

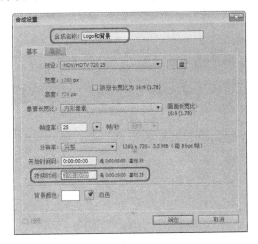

图 15.18　设置合成参数

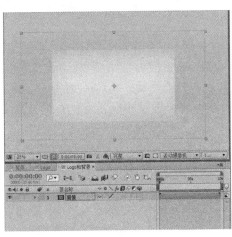

图 15.19　嵌套合成

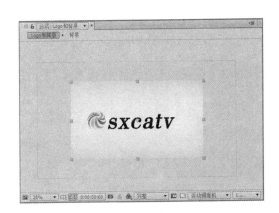

图 15.20　添加 Logo

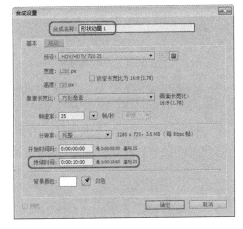

图 15.21　合成设置

（5）设置完成后，单击【确定】按钮，在【项目】面板中选择【Logo 和背景】，按住鼠标将其拖曳至【形状动画 1】合成中，如图 15.22 所示。

（6）确认该图层处于选中状态，在【时间轴】面板中单击【3D 图层】按钮，打开三维开关，选择【钢笔工具】，在【合成】面板中绘制一个如图 15.23 所示的图形，并将【锚点】设置为 400、300、0，将【位置】设置为 400、300、0。

图 15.22　添加图层

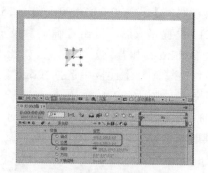

图 15.23　绘制图形并设置【锚点】和【位置】

(7)　将当前时间设置为 0:00:00:00，在【时间轴】面板中将蒙版类型设置为【差值】，单击【蒙版扩展】左侧的按钮 ○，将【蒙版扩展】设置为-1，如图 15.24 所示。

(8)　将当前时间设置为 0:00:01:23，将【蒙版扩展】设置为 1，如图 15.25 所示。

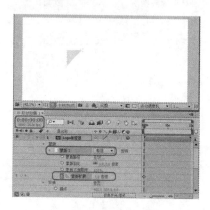

图 15.24　添加关键帧

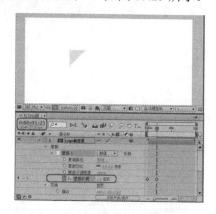

图 15.25　设置【蒙版扩展】参数

(9)　在【时间轴】面板中选择【蒙版扩展】选项，在菜单栏中选择【动画】|【添加表达式】命令，如图 15.26 所示。

(10) 打开随书附带光盘中的 CDROM\素材\Cha15\代码 1.txt 素材文件，选中该素材文件中的代码，按 Ctrl+C 组合键，进行复制，如图 15.27 所示。

图 15.26　选择【添加表达式】命令

图 15.27　复制代码

(11) 将复制的代码粘贴至蒙版扩展的右侧，如图 15.28 所示。

(12) 在【项目】面板中选择【Logo 和背景】合成，按住鼠标将其拖曳至【形状动画 1】合成中，将该图层的起始时间设置为 0:00:00:10，如图 15.29 所示。

(13) 在工具栏中选择【钢笔工具】，在【合成】面板中绘制一个三角形，确认当前时间为 0:00:00:10，将【变换】下的【锚点】设置为 400、300、1，将【位置】设置为 400、300、0，将【方向】设置为 0°、0°、45°，单击【Y 轴旋转】左侧的按钮 ，将【Y 轴旋转】设置为 180°，将【Z 轴旋转】设置为-45°，如图 15.30 所示。

(14) 将当前时间设置为 0:00:01:13，将【Y 轴旋转】设置为 0.1°，如图 15.31 所示。

(15) 在【时间轴】面板中选择【Y 轴旋转】选项，在菜单栏中选择【动画】|【添加表达式】命令，如图 15.32 所示。

(16) 将【代码 1.txt】素材文件中的代码复制到【Y 轴旋转】的右侧即可，如图 15.33 所示。

图 15.28　添加表达式

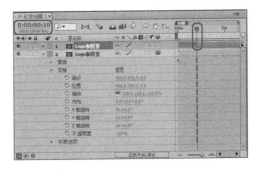

图 15.29　调整图层的起始时间

图 15.30　设置【变换】选项组中的参数

图 15.31　添加关键帧并设置参数

图 15.32　选择【添加表达式】命令

图 15.33　复制代码

(17) 设置完成后，将当前时间设置为 0:00:00:10，将蒙版类型设置为【差值】，单击【蒙版扩展】左侧的按钮，将【蒙版扩展】设置为-1，如图 15.34 所示。

(18) 将当前时间设置为 0:00:01:23，将【蒙版扩展】设置为 1，如图 15.35 所示。

图 15.34　设置蒙版参数

图 15.35　设置【蒙版扩展】

(19) 设置完成后，选中【蒙版扩展】选项，按 Alt+Shift+=组合键，将代码 1.txt 中的代码复制到其右侧的列表框中，如图 15.36 所示。

(20) 粘贴完成后，在【效果和预设】面板中选择【生成】| CC Light Sweep(CC 光扫描)特效，如图 15.37 所示。

(21) 双击该特效，为选中的对象添加该特效，将当前时间设置为 0:00:00:10，将 Center(中心)设置为 400、300，将 Direction(方向)设置为 45，将 Width(宽度)、Sweep Intensity(扫描强度)、Edge Intensity(边缘强度)、Edge Thickness(边缘厚度)分别设置为 25、0、0、0，单击 Sweep Intensity(边缘强度)左侧的 按钮，将 Light Color(灯光颜色)的 RGB 值设置为 0、0、0，将 Light Reception(光接收)设置为 Composite(综合)，如图 15.38 所示。

(22) 将当前时间设置为 0:00:00:15，在时间轴面板中单击 Sweep Intensity(扫描强度)左侧的【在当前时间添加或移除关键帧】按钮，添加关键帧，如图 15.39 所示。

图 15.36　粘贴代码

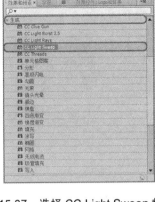

图 15.37　选择 CC Light Sweep 特效

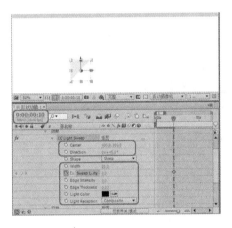

图 15.38　设置 CC Light Sweep 参数

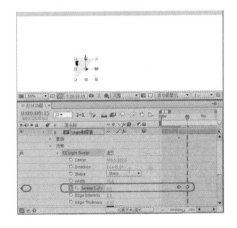

图 15.39　添加关键帧

(23) 将当前时间设置为 0:00:00:22，将 Sweep Intensity(扫描强度)设置为 18.9，如图 15.40 所示。

(24) 将当前时间设置为 0:00:01:05，将 Sweep Intensity(扫描强度)设置为 0，如图 15.41 所示。

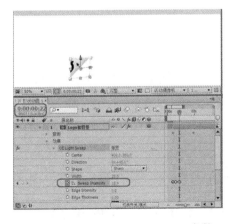

图 15.40　设置 Sweep Intensity 参数

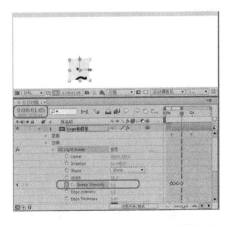

图 15.41　将 Sweep Intensity 设置为 0

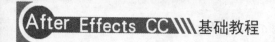

(25) 在【时间轴】面板中选择 Sweep Intensity(扫描强度)选项，单击【图表编辑器】按钮，选中 0:00:00:15 处的关键帧，单击【缓出】按钮，如图 15.42 所示。

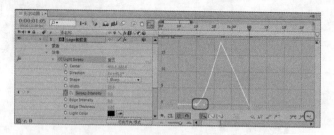

图 15.42　将关键帧设置为缓出

(26) 选中 0:00:01:05 处的关键帧，单击【缓入】按钮，如图 15.43 所示。

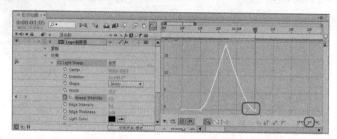

图 15.43　将选中的关键帧设置为缓入

(27) 选中 Center(中心)选项，按 Alt+Shift+=组合键，在右侧的列表框中输入：

```
temp = transform.position;
[temp[0], temp[1]]
```

如图 15.44 所示。

(28) 按 Ctrl+N 组合键，在弹出的对话框中将【合成名称】设置为 001，将【持续时间】设置为 0:00:10:00，如图 15.45 所示。

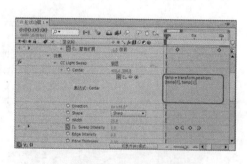

图 15.44　输入代码

图 15.45　设置合成参数

(29) 设置完成后，单击【确定】按钮，在【时间轴】面板中右击，在弹出的快捷菜单中选择【新建】|【纯色】命令，如图 15.46 所示。

(30) 在弹出的对话框中将【名称】设置为 001，将【颜色】的 RGB 值设置为 158、158、158，如图 15.47 所示。

图 15.46　选择【纯色】命令

图 15.47　纯色设置

(31) 在【效果和预设】面板中选择【生成】|【填充】特效，如图 15.48 所示。

(32) 双击该特效，为选中的图层添加该特效，在【效果控件】面板中将【颜色】的 RGB 值设置为 133、188、0，如图 15.49 所示。

图 15.48　选择【填充】特效

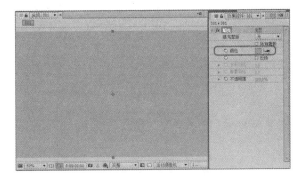

图 15.49　设置填充颜色

(33) 设置完成后，在【项目】面板中选择【001】合成，按住鼠标将其拖曳至【形状动画 1】合成中，如图 15.50 所示。

(34) 在【时间轴】面板中将当前时间设置为 0:00:00:05，将 001 合成的开始时间与时间线对齐，单击【3D 图层】按钮，打开三维图层，如图 15.51 所示。

图 15.50　嵌套合成

图 15.51　将 001 合成的开始时间与时间线对齐

(35) 将【变换】下的【锚点】设置为 400、300、0，将【位置】设置为 400、300、0，将【方向】设置为 0°、0°、45°，将【Y 轴旋转】设置为 180°，单击其左侧的 ⏱ 按钮，将【Z 轴旋转】设置为-45°，如图 15.52 所示。

(36) 将当前时间设置为 0:00:01:08，将【Y 轴旋转】设置为 0.1，如图 15.53 所示。

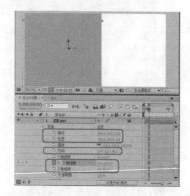

图 15.52 设置【变换】参数

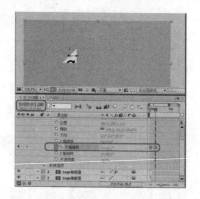

图 15.53 设置【Y 轴旋转】参数

(37) 在【时间轴】面板中选中【Y 轴旋转】选项，按 Alt+Shift+=组合键，将代码 1.txt 中的代码复制到其右侧的列表框中，如图 15.54 所示。

(38) 在工具栏中选择【钢笔工具】，在【合成】面板中绘制一个三角形，如图 15.55 所示。

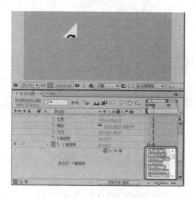

图 15.54 粘贴代码

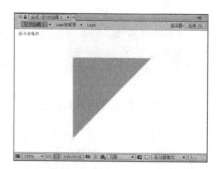

图 15.55 绘制三角形

(39) 将当前时间设置为 0:00:00:05，将蒙版类型设置为【差值】，单击【蒙版扩展】左侧的 按钮，如图 15.56 所示。

(40) 将当前时间设置为 0:00:01:08，将【蒙版扩展】设置为-1，如图 15.57 所示。

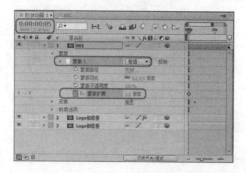

图 15.56 设置蒙版类型和【蒙版扩展】参数

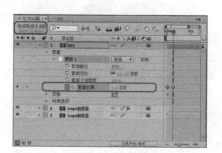

图 15.57 设置【蒙版扩展】参数

(41) 在【时间轴】面板中选择【蒙版扩展】选项，按 Alt+Shift+=组合键，将代码 1.txt 中的代码复制到其右侧的列表框中，如图 15.58 所示。

(42) 在【效果和预设】面板中选择【生成】| CC Light Sweep(CC 光扫描)特效，如图 15.59 所示。

图 15.58　粘贴代码

图 15.59　选择特效

(43) 双击该特效，为选中的图层添加该特效，将当前时间设置为 0:00:00:05，将 Center(中心)设置为 400、300，将 Direction(方向)设置为 45°，将 Width(宽度)、Sweep Intensity(扫描强度)、Edge Intensity(边缘强度)、Edge Thickness(边缘厚度)分别设置为 25、0、0、0，单击 Sweep Intensity(边缘强度)左侧的 按钮，将 Light Color(灯光颜色)的 RGB 值设置为 0、0、0，将 Light Reception(光接收)设置为 Composite(综合)，如图 15.60 所示。

(44) 将当前时间设置为 0:00:00:10，在【时间轴】面板中单击 Sweep Intensity(扫描强度)左侧的【在当前时间添加或移除关键帧】按钮，添加关键帧，如图 15.61 所示。

图 15.60　设置特效参数

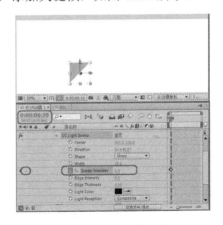

图 15.61　添加关键帧

(45) 将当前时间设置为 0:00:00:17，将 Sweep Intensity(扫描强度)设置为 18.9，如图 15.62 所示。

(46) 将当前时间设置为 0:00:01:00，将 Sweep Intensity(扫描强度)设置为 0，如图 15.63 所示。

图 15.62 设置扫描强度　　　图 15.63 设置扫描强度

(47) 在【时间轴】面板中选择 Sweep Intensity(扫描强度)选项，单击【图表编辑器】按钮，选中 0:00:00:10 处的关键帧，单击【缓出】按钮，如图 15.64 所示。

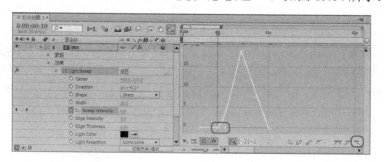

图 15.64 将选中的关键帧设置为缓出

(48) 选中 0:00:01:00 处的关键帧，单击【缓入】按钮，如图 15.65 所示。

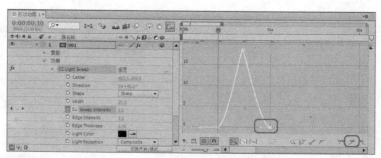

图 15.65 将选中的关键帧设置为缓入

(49) 选中 Center(中心)选项，按 Alt+Shift+=组合键，在右侧的列表框中输入代码，如图 15.66 所示。

(50) 按 Ctrl+N 组合键，在弹出的对话框中将【合成名称】设置为 002，将【持续时间】设置为 0:00:10:00，如图 15.67 所示。

图 15.66　输入代码

图 15.67　设置合成

(51) 设置完成后，单击【确定】按钮，在【时间轴】面板中右击，在弹出的快捷菜单中选择【新建】|【纯色】命令，如图 15.68 所示。

(52) 在弹出的对话框中将【名称】设置为 002，将【颜色】的 RGB 值设置为 158、158、158，如图 15.69 所示。

图 15.68　选择【纯色】命令

图 15.69　设置纯色

(53) 在【项目】面板中选择 002 合成，按鼠标将其拖曳至【形状动画 1】合成中，并根据前面所介绍的方法对该图层进行相应的设置，如图 15.70 所示。

(54) 根据相同的方法制作其他形状动画，如图 15.71 所示。

图 15.70　设置参数

图 15.71　制作其他形状动画

15.1.4　嵌套合成

制作完成后，接下来要将制作完成后的合成文件进行嵌套。其具体操作步骤如下。

（1）按 Ctrl+N 组合键，在弹出的对话框中将【合成】名称设置为"开始动画"，将【预设】设置为 HDTV 1080 25，将【持续时间】设置为 0:00:05:00，如图 15.72 所示。

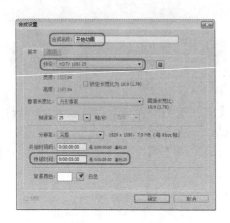

图 15.72　设置合成

图 15.73　嵌套合成

（2）设置完成后，单击【确定】按钮，在【项目】面板中选择【背景】合成，按住鼠标将其拖曳至【开始动画】合成中，如图 15.73 所示。

（3）将当前时间设置为 0:00:00:04，在【项目】面板中选择【形状动画 36】，按住鼠标将其拖曳至【开始动画】合成中，并将其开始时间与时间线对齐，如图 15.74 所示。

（4）使用相同的方法将其他合成嵌套至【开始动画】合成中，如图 15.75 所示。根据本节所介绍的方法制作结束动画效果。

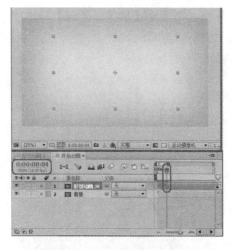

图 15.74　将开始时间与时间线对齐

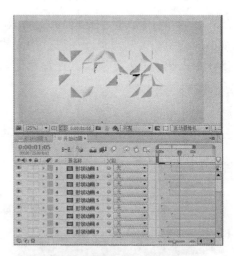

图 15.75　将其他合成嵌套至【开始动画】合成中

15.2　制作文字过渡动画

下面将介绍如何制作文字过渡动画。其具体操作步骤如下。

(1)　按 Ctrl+N 组合键，在弹出的对话框中将【合成】名称设置为"文字过渡"，将【预设】设置为 HDTV 1080 25，将【持续时间】设置为 0:00:05:00，将【背景颜色】的 RGB 值设置为 0、0、0，如图 15.76 所示。

(2)　设置完成后，单击【确定】按钮，在【项目】面板中选择【背景】合成，按住鼠标将其拖曳至【开始动画】合成中，如图 15.77 所示。

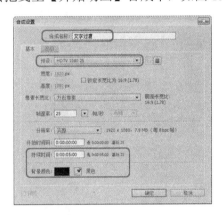

图 15.76　设置合成参数

图 15.77　嵌套合成

(3)　在【时间轴】面板中右击，在弹出的快捷菜单中选择【新建】|【文本】命令，如图 15.78 所示。

(4)　在【合成】面板中输入文字，选中输入的文字，在【字符】面板中将字体设置为【Adobe 黑体 Std】，将字体大小设置为 100，将填充颜色的 RGB 值设置为 255、255、255，取消【仿粗体】和【仿斜体】效果，如图 15.79 所示。

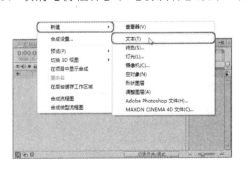

图 15.78　选择【文本】命令

图 15.79　设置字符属性

(5)　设置完成后，在【时间轴】面板中将【变换】下的【锚点】设置为 201、0，将【位置】设置为 1070.2、647.2，如图 15.80 所示。

(6)　在【时间轴】面板中选中该文字图层，按 Ctrl+D 组合键对该图层进行复制，将复制后的图层命名为【文字底纹】，并将其拖曳至文字图层的下方，如图 15.81 所示。

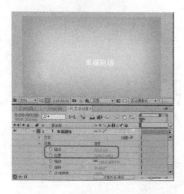

图 15.80　设置锚点和位置参数

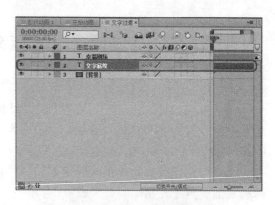

图 15.81　复制图层

(7) 在【效果和预设】面板中选择【生成】|【填充】特效，如图 15.82 所示。

(8) 双击该特效，为选中的图层添加该特效，将【填充】特效中【颜色】的 RGB 值设置为 133、188、0，如图 15.83 所示。

图 15.82　选择【填充】特效

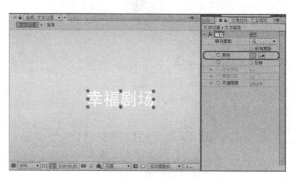

图 15.83　设置填充颜色

(9) 在【效果和预设】面板中选择【风格化】|【CC RepeTile(CC 反复平铺)】特效，如图 15.84 所示。

(10) 双击该特效，为选中的图层添加该特效，在【效果控件】面板中将 Expand Right(向右展开)、Expand Left(向左展开)、Expand Down(向下展开)、Expand Up(向上展开)都设置为 15，如图 15.85 所示。

图 15.84　选择 CC RepeTile 特效

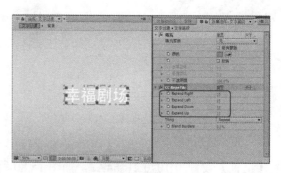

图 15.85　设置特效参数

(11) 在【效果和预设】面板中选择【通道】|【转换通道】特效，如图 15.86 所示。

(12) 双击该特效，为选中的图层添加该特效，在【效果控件】面板中将【从获取 Alpha】设置为【完全打开】，如图 15.87 所示。

图 15.86　选择【转换通道】特效

图 15.87　设置特效参数

(13) 在【时间轴】面板中选中该图层，将父级设置为【幸福剧场】，选中【源文本】选项，按 Alt+Shift+=组合键，在其右侧的列表框中输入代码，如图 15.88 所示。

(14) 使用同样的方法在【文字过渡】合成新建一个文字图层，输入文字并对其进行相应的设置，效果如图 15.89 所示。

图 15.88　设置父级并输入代码

图 15.89　输入文字并进行设置

(15) 在【项目】面板中选择【开始动画】合成，按住鼠标将其拖曳至【文字过渡】合成中，将当前时间设置为 0:00:00:03，将其开始时间与时间线对齐，如图 15.90 所示。

(16) 选中该图层，在菜单栏中选择【图层】|【时间】|【启用时间重映射】命令，如图 15.91 所示。

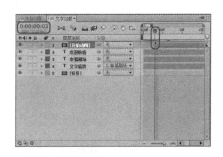

图 15.90　将开始时间与时间线对齐

图 15.91　选择【启用时间重映射】命令

(17) 在【时间轴】面板中将【时间重映射】设置为 0:00:05:00，如图 15.92 所示。

(18) 选中【时间重映射】最右侧的关键帧，按 Delete 键将其删除，选中该选项最左侧的关键帧并右击，在弹出的快捷菜单中选择【切换定格关键帧】命令，如图 15.93 所示。

 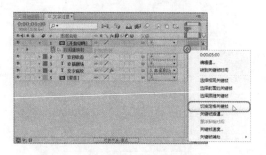

图 15.92　设置【时间重映射】　　　　图 15.93　选择【切换定格关键帧】命令

(19) 在【效果和预设】面板中选择【过渡】|【线性擦除】特效，如图 15.94 所示。

(20) 双击该特效，为选中的图层添加该特效，将当前时间设置为 0:00:00:03，单击【过渡完成】左侧的 按钮，将【擦除角度】设置为 45，如图 15.95 所示。

 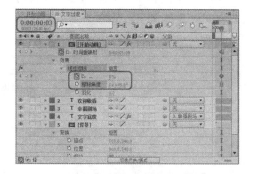

图 15.94　选择【线性擦除】特效　　　　图 15.95　设置【线性擦除】特效

(21) 将当前时间设置为 0:00:03:00，将【过渡完成】设置为 100，设置完成后，为该选项的关键帧设置【缓出】和【缓入】效果，如图 15.96 所示。

(22) 继续选中该图层，为该图层添加【投影】特效，将【不透明度】设置为 10%，将【方向】设置为-89，将【距离】设置为 0，将【柔和度】设置为 250，如图 15.97 所示。

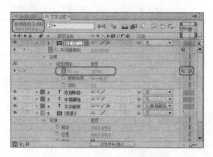 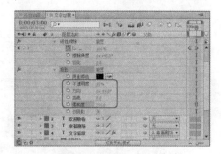

图 15.96　设置过渡完成并设置缓出和缓入效果　　　　图 15.97　设置投影参数

(23) 确认该图层处于选中状态，按 Ctrl+D 组合键，复制该图层，将当前时间设置为 0:00:00:00，将其开始时间与时间线对齐，将【线性擦除】中的【擦除角度】设置为 135，将【投影】中的【不透明度】和【方向】分别设置为 13%、-45，如图 15.98 所示。

(24) 调整完成后，将当前时间设置为 0:00:03:00，选中【过渡完成】选项的第二个关键帧，将其与时间线对齐，效果如图 15.99 所示。

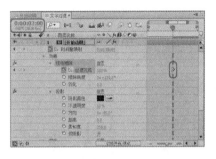

图 15.98　调整开始时间与特效参数　　　　图 15.99　将关键帧与时间线对齐

15.3　制作节目预告

制作完开始动画、结束动画以及文字过渡动画后，本节将介绍如何制作节目预告，其中包括如何制作节目预告背景、光线、预告的旋转动画等。

15.3.1　制作背景、光线

下面将介绍如何制作背景和光线，其具体操作步骤如下。

(1) 按 Ctrl+N 组合键，在弹出的对话框中将【合成】名称设置为"节目预告"，将【预设】设置为 HDTV 1080 29.97，将【持续时间】设置为 0:00:10:00，将【背景颜色】的 RGB 值设置为 0、0、0，如图 15.100 所示。

(2) 设置完成后，单击【确定】按钮，在【时间轴】面板中右击，在弹出的快捷菜单中选择【新建】|【纯色】命令，如图 15.101 所示。

图 15.100　设置合成参数　　　　　　图 15.101　选择【纯色】命令

(3) 在弹出的对话框中将【名称】设置为【节目预告】，将【宽度】和【高度】分别设置为 1024、768，如图 15.102 所示。

(4) 设置完成后，单击【确定】按钮，选中新建的图层，为其添加【梯度渐变】效果，将【渐变起点】设置为 987、768，将【起始颜色】设置为 119、119、119，将【渐变终点】设置为 497、-370，如图 15.103 所示。

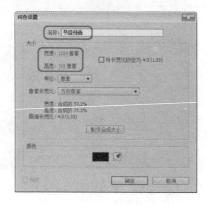

图 15.102　设置纯色

图 15.103　设置梯度渐变

(5) 在【时间轴】面板中将【变换】下的【缩放】设置为 196，如图 15.104 所示。

(6) 新建一个【光线】纯色图层，将【变换】下的【缩放】设置为 173，如图 15.105 所示。

(7) 设置完成后，为该图层添加 CC Light Sweep(CC 光扫描)特效，将 Center(中心)设置为 512、465，将 Direction(方向)设置为 90，将 Width(宽度)、Sweep Intensity(扫描强度)、Edge Intensity(边缘强度)、Edge Thickness(边缘厚度)分别设置为 11、100、50、0，如图 15.106 所示。

(8) 在工具栏中选择【矩形工具】，在【合成】面板中绘制一个矩形，将图层类型设置为【屏幕】，将【蒙版羽化】设置为 70，如图 15.107 所示，在 0:00:06:00 添加一个透明度为 100 的关键帧，在 0:00:06:01 添加一个透明度为 0 的关键帧。

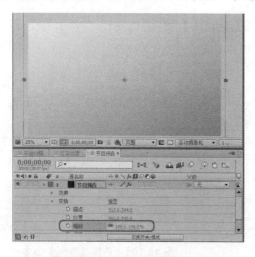

图 15.104　设置【缩放】参数

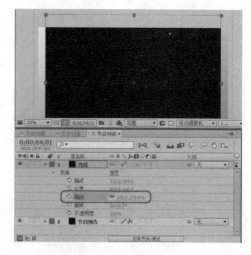

图 15.105　设置【缩放】参数

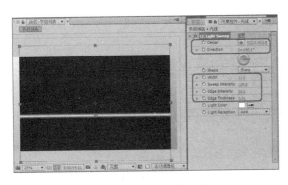

图 15.106　设置特效参数

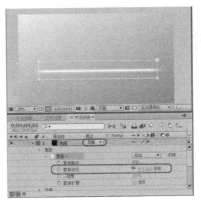

图 15.107　设置【蒙版羽化】参数

15.3.2　制作旋转的节目预告

下面将介绍如何制作旋转的节目预告。其具体操作步骤如下。

(1) 按 Ctrl+N 组合键，在弹出的对话框中将【合成】名称设置为【标牌 1】，将【宽度】和【高度】分别设置为 1024、265，将【帧速率】设置为 29.97，将【持续时间】设置为 0:00:10:00，如图 15.108 所示。

(2) 设置完成后，单击【确定】按钮，新建一个【形状】纯色图层，为其添加【梯度渐变】特效，将【渐变起点】设置为 0、384，将【起始颜色】设置为 74、121、24，将【渐变终点】设置为 1024、384，将【结束颜色】设置为 133、188、0，如图 15.109 所示。

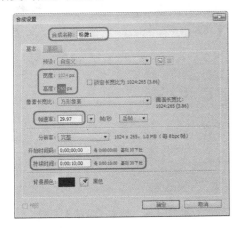

图 15.108　设置合成参数

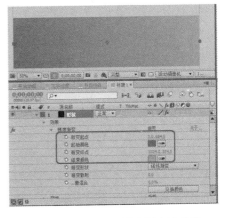

图 15.109　设置【梯度渐变】参数

(3) 在工具栏中选择【钢笔工具】，在【合成】面板中绘制一个如图 15.110 所示的图形。

(4) 新建一个文字图层，输入文字，选中输入的文字，在【字符】面板中将字体设置为"创艺简黑体"，将字体大小设置为 40，将颜色的 RGB 值设置为 255、255、255，将行距设置为 53，将垂直缩放设置为 94%，在【合成】面板中调整其位置，效果如图 15.111 所示。

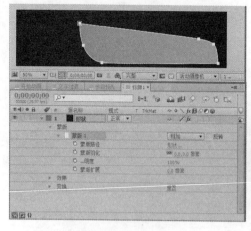

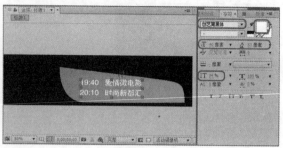

图 15.110　绘制图形　　　　　图 15.111　输入文字并对其进行设置

（5）按 Ctrl+N 组合键，在弹出的对话框中将【合成名称】设置为 01，其他参数保持默认即可，如图 15.112 所示。

（6）设置完成后，单击【确定】按钮，在【项目】面板中选择【标牌 1】，按住鼠标将其拖曳至【01】合成中，将当前时间设置为 0:00:02:10，将【变换】下的【锚点】设置为 998、246，将【位置】设置为 1000、246，单击【旋转】左侧的 按钮，如图 15.113 所示。

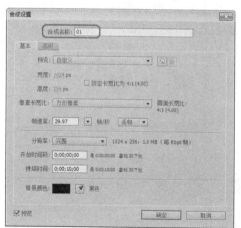

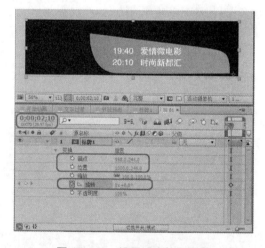

图 15.112　设置合成名称　　　　图 15.113　设置【变换】参数

（7）将当前时间设置为 0:00:02:20，将【旋转】设置为-90，如图 15.114 所示。

（8）使用同样的方法制作其他两个标牌的动画效果，按 Ctrl+N 组合键，在弹出的对话框中将【合成名称】设置为"旋转"，将【宽度】和【高度】分别设置为 1024、768，如图 15.115 所示。

（9）设置完成后，单击【确定】按钮，在【项目】面板中选中 01 合成，按住鼠标将其拖曳至【旋转】合成中，打开三维图层开关，将当前时间设置为 0:00:00:00，将【变换】下的【锚点】设置为 975、246、0，将【位置】设置为 1025、460、0，将【方向】设置为 0°、55°、6°，单击【方向】左侧的 按钮，如图 15.116 所示。

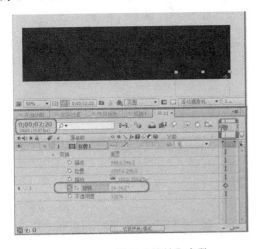

图 15.114　设置【旋转】参数

图 15.115　设置合成参数

(10) 将当前时间设置为 0:00:00:20，将【方向】设置为 0°、0°、0°，如图 15.117
所示。

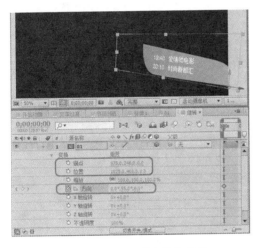
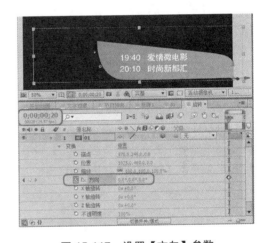

图 15.116　设置【变换】参数　　　图 15.117　设置【方向】参数

(11) 在【项目】面板中选择 02 合成，按住鼠标将其拖曳至【旋转】合成中，打开三
维图层开关，按住鼠标将其拖曳至【旋转】合成中，打开三维图层开关，将当前时间设置
为 0:00:00:00，将【变换】下的【锚点】设置为 975、246、0，将【位置】设置为 1025、
460、0，将【方向】设置为 0°、55°、6°，单击【方向】左侧的 按钮，如图 15.118 所示。

(12) 将当前时间设置为 0:00:00:20，将【方向】设置为 0°、50°、10°，如
图 15.119 所示。

(13) 将当前时间设置为 0:00:02:10，单击【方向】左侧的【在当前时间添加或移除关
键帧】按钮，添加关键帧，如图 15.120 所示。

(14) 将当前时间设置为 0:00:02:20，将【方向】设置为 0°、0°、0°，如图 15.121
所示。

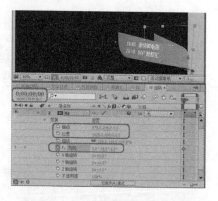

图 15.118　设置【变换】参数

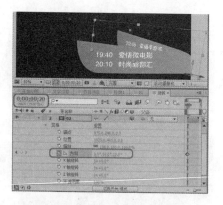

图 15.119　设置【方向】参数

图 15.120　添加关键帧

图 15.121　设置【方向】参数

(15) 为选中的图层添加【高斯模糊】特效，将当前时间设置为 0:00:02:10，单击【模糊度】左侧的 按钮，将【模糊度】设置为 20，如图 15.122 所示。

(16) 将当前时间设置为 0:00:02:20，将【模糊度】设置为 0，如图 15.123 所示。

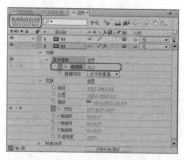

图 15.122　设置【模糊度】

图 15.123　将【模糊度】设置为 0

(17) 使用相同的方法将 03 合成添加至【旋转】合成中，并对其进行相应的设置，如图 15.124 所示。

(18) 设置完成后，在【项目】面板中选择【旋转】合成，按住鼠标将其拖曳至【节目预告】合成中，并在【合成】面板中调整其大小和位置，单击【不透明度】左侧的 按钮，并在第 0 帧和第 5 帧处分别将【不透明度】设置为 0、100%，如图 15.125 所示。

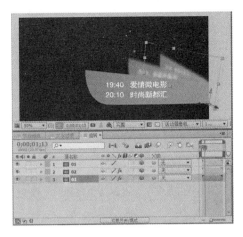

图 15.124　添加 01 合成

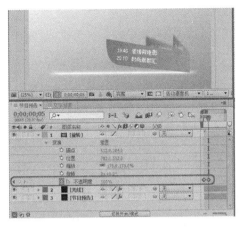

图 15.125　添加合成后的效果

15.3.3　制作倒影和其他对象

下面将介绍如何制作倒影和节目预告中的其他对象。其具体操作步骤如下。

(1) 在【时间轴】面板中选择【节目预告】中的【旋转】图层，按 Ctrl+D 组合键，对选中的图层进行复制，并将其命名为"倒影"，打开三维图层开关，将当前时间设置为 0:00:00:00，将【变换】下的【位置】设置为 787、807、0，将【方向】设置为 180°、0°、0°，单击【不透明度】左侧的 按钮，将【不透明度】设置为 0，如图 15.126 所示。

(2) 将当前时间设置为 0:00:00:05，将【不透明度】设置为 100%，如图 15.127 所示。

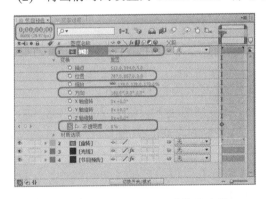

图 15.126　设置图层的【变换】参数

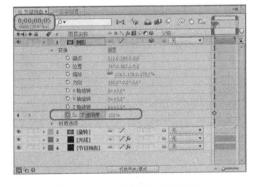

图 15.127　设置【不透明度】

(3) 设置完成后，为该图层添加【快速模糊】特效，将【模糊度】设置为 3，如图 15.128 所示。

(4) 为该图层添加【线性擦除】特效，将【过渡完成】设置为 58%，将【擦除角度】设置为 180，将【羽化】设置为 136，如图 15.129 所示。

(5) 根据前面所介绍的方法制作节目预告中的其他对象，如图 15.130 所示。

(6) 按空格键在【合成】面板中预览效果，效果如图 15.131 所示。

图 15.128　设置【模糊度】

图 15.129　设置【线性擦除】参数

图 15.130　制作其他对象

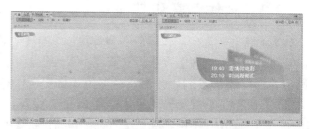

图 15.131　预览效果

15.4　合成电视节目预告

下面介绍如何将制作完成后的合成进行嵌套。其具体操作步骤如下。

(1) 按 Ctrl+N 组合键，在弹出的对话框中将【合成名称】设置为【电视节目预告】，将【预设】设置为 HDTV 1080 25，将【持续时间】设置为 0:00:26:00，将【背景颜色】的 RGB 值设置为 157、157、157，如图 15.132 所示。

(2) 设置完成后，单击【确定】按钮，在【项目】面板中选择【开始动画】合成，按住鼠标将其拖曳至【电视节目预告】合成中，打开三维图层开关，为选中的图层添加 CC RepeTile(CC 反复平铺)特效，在【效果控件】面板中将 Expand Right(向右展开)、Expand Left(向左展开)、Expand Down(向下展开)、Expand Up(向上展开)都设置为 30，将 Tiling(平铺)设置为 Unfold(展开)，如图 15.133 所示。

(3) 将当前时间设置为 0:00:05:00，在【项目】面板中选择【文字过渡】合成，按住鼠标将其拖曳至【电视节目预告】合成中，将其开始处与时间线对齐，打开三维图层开关，为选中的图层添加 CC RepeTile(CC 反复平铺)特效，在【效果控件】面板中将 Expand Right(向右展开)、Expand Left(向左展开)、Expand Down(向下展开)、Expand Up(向上展开)都设置为 30，将 Tiling(平铺)设置为 Unfold(展开)，如图 15.134 所示。

(4) 使用相同的方法将其他合成添加至【电视节目预告】合成中，并对其进行相应的设置，如图 15.135 所示。

图 15.132　设置合成参数

图 15.133　设置特效参数

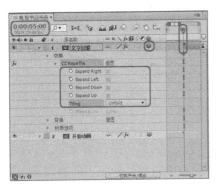

图 15.134　添加合成并将其与时间线对齐

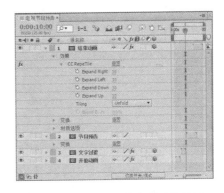

图 15.135　添加其他合成后的效果

(5)　在【时间轴】面板中右击，在弹出的快捷菜单中选择【新建】|【摄像机】命令，如图 15.136 所示。

(6)　在弹出的对话框中将【胶片大小】设置为 36 毫米，将【焦距】设置为 3 毫米，将【预设】设置为 35 毫米，将【缩放】设置为 658.52，将【视角】设置为 54.43°，如图 15.137 所示，设置完成后，单击【确定】按钮。

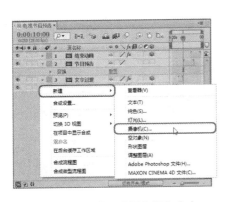

图 15.136　选择【摄像机】命令

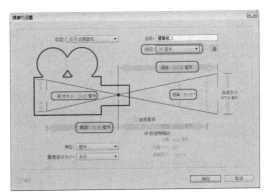

图 15.137　设置摄像机参数

(7)　按 Ctrl+I 组合键，在弹出的对话框中选择随书附带光盘中的 CDROM\素材\Cha15\

背景音乐.mp3，如图 15.138 所示。

(8) 单击【导入】按钮，将选中的音频文件导入至【项目】面板中，选中导入的音频文件，按住鼠标将其拖曳至【电视节目预告】合成中，如图 15.139 所示。

图 15.138　选择背景音乐

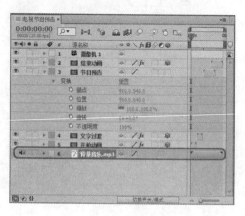

图 15.139　添加音频文件

15.5　输出文件

下面将介绍如何将制作完成后的场景文件进行输出。其具体操作步骤如下。

(1) 在菜单栏中选择【文件】|【导出】|【添加到渲染队列】命令，如图 15.140 所示。

(2) 在【渲染队列】面板中单击【输出到】右侧的【电视节目预告】，在弹出的对话框中指定保存路径和名称，如图 15.141 所示，设置完成后，单击【保存】按钮，在【渲染队列】面板中单击【渲染】按钮即可。

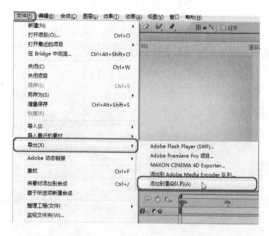

图 15.140　选择【添加到渲染队列】命令

图 15.141　指定输出路径和名称